高等工科院校无损检测专业系列教材

磁 粉 检 测

杨琳瑜　宋　凯　编

机械工业出版社

磁粉检测是一种利用漏磁现象来检测材料和工件中缺陷的方法，是无损检测五大常规检测方法之一。本书注重理论基础与工程应用，以磁粉检测原理、工艺、应用实例贯穿全书。本书内容的编排遵循理论指导实践的科学认知规律，按照从基础理论、专业原理到实际应用的逻辑关系组织章节，全面反映了磁粉检测原理、方法、工艺、规范、设备器材、标准和应用等相关知识，同时兼顾了磁粉检测技术的最新发展。全书共10章，内容包括绪论、磁粉检测物理基础、磁粉检测方法及原理、磁粉检测系统、磁粉检测工艺、磁痕分析与质量分级、磁粉检测的应用、磁粉检测通用工艺规程和工艺卡、磁粉检测质量控制与安全防护和磁粉检测标准。

本书可作为高等工科院校测控技术及仪器（无损检测方向）等专业的教材，也可作为在职无损检测技术人员培训考核的参考用书。

本书配有电子课件，凡使用本书作为教材的教师均可登录机械工业出版社教育服务网 www.cmpedu.com 注册后下载。咨询电话：010-88379375。

图书在版编目（CIP）数据

磁粉检测/杨琳瑜，宋凯编. —北京：机械工业出版社，2021.8
（2025.8 重印）
高等工科院校无损检测专业系列教材
ISBN 978-7-111-69009-2

Ⅰ.①磁…　Ⅱ.①杨…②宋…　Ⅲ.①磁粉检验-高等学校-教材
Ⅳ.①TG115.28

中国版本图书馆 CIP 数据核字（2021）第 171826 号

机械工业出版社（北京市百万庄大街22号　邮政编码100037）
策划编辑：王海峰　责任编辑：薛　礼　刘良超　王海霞
责任校对：樊钟英　责任印制：张　博
北京机工印刷厂有限公司印刷
2025 年 8 月第 1 版第 4 次印刷
184mm×260mm · 11.75 印张 · 285 千字
标准书号：ISBN 978-7-111-69009-2
定价：36.00 元

电话服务　　　　　　　　网络服务
客服电话：010-88361066　　机　工　官　网：www.cmpbook.com
　　　　　010-88379833　　机　工　官　博：weibo.com/cmp1952
　　　　　010-68326294　　金　书　网：www.golden-book.com
封底无防伪标均为盗版　　机工教育服务网：www.cmpedu.com

序

无损检测是一门综合性科学（边缘科学），它利用声、光、热、电、磁和射线等与物质的相互作用，在不损伤被检对象使用性能的前提下，探测其内部或表面的各种宏观缺陷，并判断缺陷位置、大小、形状和性质。无损检测的研究领域涉及物理学、材料学、力学、电子学、计算机、声学、自动控制和可靠性理论等多门学科。随着现代工业和科学技术的发展，该技术已在愈来愈多的行业得到了广泛的应用，其水平高低已在很大程度上反映了一个国家的工业和科技发展水平。

随着对无损检测技术人员在知识结构、理论基础、工程实践能力方面提出更高和更广的要求，对无损检测技术人才的培养也提出了不少新的和特殊的要求。南昌航空大学是我国最早创办无损检测本科专业的高等学校，多年来，为我国航空、航天、石油、化工、核工业、电力、机械等行业输送了大批无损检测专业技术人才，有力地促进了我国无损检测事业的进步和发展，也为我国无损检测教育事业的发展做出了突出贡献，在国内无损检测界享有很高的声誉。

南昌航空大学在无损检测人才培养过程中，始终关注专业教材的建设，不仅编写了一套校内教学讲义，还先后正式出版了《射线检测工艺学》《电磁无损检测》《激光全息无损检测》《无损检测技术》等教材，推动了我国无损检测高等教育工作的发展。2007 年，南昌航空大学无损检测专业通过了教育部评审，被批准为国家级特色专业建设点。在国家级特色专业建设中，该校继续把编写和出版无损检测高等教育系列教材作为主要任务之一。这次由机械工业出版社出版的这套教材，就是该校在原教材的基础上，结合多年来教学改革的经验体会，融入近年来无损检测技术发展成果并重新编写的。

这套教材对无损检测常规方法和几种非常规方法进行了系统介绍，不仅突出了各种检测方法的基本理论体系、方法工艺和检测技术这一架构，还对该领域的最新研究成果及应用前景做了系统介绍和分析，它既可作为无损检测高等教育的本科生教材，也可作为以无损检测为研究方向的硕士和博士研究生的参考教材，对从事无损检测专业的工程技术人员也必然会有重要的参考价值。相信这套教材的出版一定会为促进我国无损检测高等教育事业和推动我国无损检测技术的发展发挥重大作用。

中国无损检测学会

丛 书 序 言

无损检测是一门涉及多学科的综合性技术，其特点是在不破坏构件材质和使用性能的条件下，运用现代测试技术来确定被检测对象的特征及缺陷，以评价构件的使用性能。随着现代工业和科学技术的发展，无损检测技术正日益受到人们的重视，不仅它在产品质量控制中所起的不可替代的作用已为众多科技人员所认同，而且对从事无损检测技术的专业及相关人员提出了相应的要求。本套教材正是为了满足各方面人士对无损检测技术学习和参考的需要，促进无损检测技术的进一步发展，根据高等工科院校专业课程教学基本要求，结合南昌航空大学无损检测专业多年来的教学经验，在不断探索教学改革的基础上编写的。

南昌航空大学无损检测专业是 1984 年经原国家教委批准在国内率先创办的本科专业，经过 30 多年的建设与发展，随着本科专业名称的多次调整，南昌航空大学无损检测专业归类为测控技术与仪器专业。但学校始终坚持以无损检测为特色，始终坚持把"**培养具有扎实理论基础和较强工程实践能力的高级无损检测技术专业人才**"作为专业的培养目标。经过多年努力，把测控技术与仪器（即原无损检测）专业建设成为国家级特色专业。结合专业教学，在中国无损检测学会的支持下，经过多年的艰苦努力，我们编写了国内首套无损检测专业教材。该套教材曾被国内多所高等院校同类及相近专业采用，其中，《射线检测工艺学》和《电磁无损检测》等教材已正式出版。近年来，在国家特色专业建设过程中，为了紧跟无损检测技术进步对人才培养提出的新要求，我们按照新的教学计划对教材进行了重新规划和编写。本套教材不仅汇集了当前无损检测技术的最新成果，有一定的深度和广度，注重理论联系实际，而且更加注意教材的系统性与可读性，以满足各层次读者的需要。

本套教材共 10 册，包括《超声检测》《射线检测》《磁粉检测》《涡流检测》《渗透检测》《声发射检测》《激光全息与电子散斑检测》《质量控制》《无损检测专业英语》《无损检测技能训练教程》。

由于无损检测技术涉及的基础学科知识和工业应用领域十分广泛，而且新材料、新工艺不断涌现，以及信息、电子、计算机等新技术在无损检测中的应用越来越多，许多内容很难在教材编写中得到及时反映，因此所编教材难免会有疏漏和不足之处，恳请读者批评指正。

在编写过程中，我们参考了国内外同类的教学和培训教材，得到了国内诸多同行专家、教授的指导和支持，在此一并致谢！愿本套教材能为促进无损检测专业的发展起到积极的推动作用。

无损检测专业教材编写组

前　　言

磁粉检测是一种利用漏磁现象来检测材料和工件中缺陷的方法，是无损检测五大常规检测方法之一，广泛应用于航空、机械、铁路、冶金、石油等各工业领域。磁粉检测课程以磁粉检测基本原理、检测方法、检测工艺规范、检测系统、检测应用实例、质量控制及安全防护、检测标准等为主要内容，是高等工科院校测控技术与仪器专业（无损检测）的重要课程。

本书是在南昌航空大学测控技术与仪器（无损检测）专业使用多年的磁粉检测讲义的基础上编写而成的，在内容和结构上进行了重新修改及补充。本书注重理论基础与工程应用，按照"磁粉检测物理基础→磁粉检测方法及原理→磁粉检测系统→磁粉检测工艺→磁粉检测的应用（包含工艺编制）→磁粉标准"的思路编写。书中既有基础理论，又有工程案例，以适应培养质量检测领域高层次人才的需要。

全书由10章构成。第1章绪论：阐述磁粉检测技术的发展历程及趋势；第2章磁粉检测物理基础：阐述电磁场相关理论、铁磁性材料磁化机制及漏磁场的性质等内容；第3章磁粉检测方法及原理：阐述磁化电流、磁化方法及磁化规范等内容；第4章磁粉检测系统：主要介绍磁粉检测设备、标准试件及磁粉和磁悬液；第5章磁粉检测工艺：阐述磁粉检测工艺程序、检测方法、磁化方法和磁化电流的选择、退磁及检测工艺规范等内容；第6章磁痕分析与质量分级：对伪显示、非相关显示、相关显示进行了详细介绍，并给出了磁粉检测质量分级标准；第7章磁粉检测的应用：阐述了各类构件的磁粉检测方法及工艺；第8章磁粉检测通用工艺规程和工艺卡：以工程实例的形式分析了不同零件磁粉检测规程及工艺卡的编制方法；第9章磁粉检测质量控制与安全防护：阐述了磁粉检测质量控制要求和安全防护注意事项；第10章磁粉检测标准：介绍了标准的基本知识及磁粉检测常用标准，对磁粉检测标准 NB/T 47013.4—2015 进行了解析。除第10章外，其他各章均配有一定数量的复习思考题，包括问答题和计算题。

与其他同类教材比较，本书具有以下特点：

1）基础理论体系完整，将磁粉检测相关电磁场理论深入浅出地表述出来，为后续对磁粉检测原理、方法、规范的理解奠定基础。

2）以周向磁化和纵向磁化为主线，以磁粉检测工艺为落脚点，将磁粉检测的核心技术、规范讲解透彻。

3）将磁粉检测技术与工程应用案例紧密结合，以检测理论与应用实例相结合的方式强化课程的实用性和工程性。

4）兼顾本科理论教学与职业培训，通过引入工艺例题、工程案例等，为报考无损检测资格考核的人员提供具有实用性和科学性的参考教材。

本书由南昌航空大学测试与光电工程学院杨琳瑜、宋凯编写，全书由杨琳瑜统稿。

其中第1~5章、第9章和第10章由杨琳瑜编写；第6~8章由宋凯、杨琳瑜共同编写；付跃文参与了本书的校订。在本书编写过程中，得到了我国磁粉检测领域有关专家和学者的帮助和支持，书中参考和引用了不少任吉林、高春法等教师所著著作的内容、数据和案例，在此一并对相关人员表示感谢。

本书可作为高等工科院校测控技术及仪器（无损检测方向）等专业的教材，也可作为在职无损检测技术人员培训考核的参考用书。

由于编者水平有限，书中难免有不足之处，希望广大读者批评指正。

编　者

目　　录

第1章 绪 论

1.1 磁粉检测技术的发展简史

人们发现磁现象比发现电现象的时间要早,大约公元前6世纪,古希腊人就记录了磁石吸铁和摩擦后的琥珀吸引轻小物体的现象;春秋战国时期,我国劳动人民也发现了磁石吸铁的现象,并用磁石制成了司南,在此基础上制成的指南针是我国古代的伟大发明之一,最早应用于航海。但是,对电现象和磁现象的系统研究直到17世纪才正式开始,通过总结前人对磁的研究,人们进行了大量实验,周密地讨论了地磁的性质,使磁学开始从经验转变为科学。

1.1.1 电磁场理论的早期研究

1650年,德国物理学家格里凯在研究静电的基础上,制造了第一台摩擦起电机。

1720年,格雷研究了电的传导现象,发现了导体与绝缘体的区别,同时也发现了静电感应现象。

1733年,杜菲经过实验区分出两种电荷,称其为松脂电和玻璃电,即现在的负电和正电。他还总结出静电相互作用的基本特征——同性相斥,异性相吸。

1745年,荷兰莱顿大学的穆欣布罗克和德国的克莱斯特发明了一种能存储电荷的装置——莱顿瓶,其发明和起电机一样意义重大,为电的实验研究提供了基本的实验工具。

1752年,美国科学家富兰克林对放电现象进行了研究,他冒着生命危险进行了著名的风筝实验,并发明了避雷针。

1777年,法国物理学家库仑通过研究毛发和金属丝的扭转弹性而发明了扭秤。

1785—1786年,库仑用这种扭秤测量了电荷之间的作用力,并且从牛顿的万有引力定律中得到启发,用类比的方法得到了电荷之间的相互作用力与距离的二次方成反比的规律,该规律后来被称为库仑定律。

1800年,伏特进一步把锌片和铜片夹在用盐水浸湿的纸片中,重复地叠成一堆,形成了很强的电源,这就是著名的伏特电堆(Voltaic pile)。把锌片和铜片插入盐水或稀酸中,也可以形成电源,称为伏打电池。伏打电堆(电池)的发明,提供了产生恒定电流的电源,使人们有可能从各方面研究电流的各种效应。从此,电学进入了一个飞速发展的时期——研究电流和电磁效应的新时期。

19世纪以前,人们将电、磁现象作为两种独立的物理现象,没有发现电与磁之间的联系,但上述研究为电磁学理论的建立奠定了基础。

1.1.2 电磁场理论的建立

18世纪末期,德国哲学家谢林认为,宇宙是有活力的,电就是宇宙的活力,是宇宙的灵魂；电、磁、光、热是相互联系的。奥斯特受其启发，从 1807 年开始研究电与磁之间的关系。1820 年，他观察到电流使其附近的磁针发生偏转的现象，发现电流以力的形式作用于磁针。

1822 年，安培在实验的基础上，以严密的数学形式表述了电流产生磁力的基本定律，即安培定律。该定律表明，两个电流元的作用力与它们之间距离的二次方成反比，这与库仑定律很类似，但是，它们之间作用力的方向却要由右手定则来判断。通过研究电流和磁铁的磁力情况，安培认为磁铁的磁力在本质上和电流的磁力是一样的，进而提出了著名的安培分子电流假说。

法拉第是一位伟大的实验物理学家，他在电磁学方面的主要贡献是法拉第电磁感应定律，并且他提出了力线和场的概念。1824—1828 年，法拉第进行了多次电磁学实验。他仔细分析了电流的磁效应，认为电流与磁的相互作用除了电流对磁、磁对磁、电流对电流，还应有磁对电流的作用。1831 年 8 月 29 日，法拉第用铁粉做实验，形象地证明了磁力线的存在。

1832 年，亨利发现了自感现象。

1833 年，楞次发现了楞次定则，说明了感应电流的方向、定义了电动势的概念。电流磁效应的发现，使电流的测量成为可能。

1845 年，纽曼以定律的形式提出了电磁感应的定量规律。

在法拉第力线思想的激励下，汤姆生对电磁作用的规律也进行了有益的研究，他利用类比的方法，把法拉第的力线思想转变为定量的表述，为麦克斯韦的工作提供了十分有益的经验。

欧姆严格推导了关于电压、电流与电阻之间关系的电路定律，称为欧姆定律。欧姆定律的建立在电学发展史中有重要意义。

1855 年，24 岁的麦克斯韦发表了论文《论法拉第的力线》，对法拉第的力线概念进行了数学分析。

1862 年，韦克斯韦继续发表了《论物理的力线》。在这篇论文中，他不但解释了法拉第的实验研究结果，还发展了法拉第的场的思想，提出了涡旋电场和位移电流的概念，初步提出了完整的电磁学理论。

1873 年，麦克斯韦完成了电磁理论方面的经典著作——《电磁学通论》，建立了著名的麦克斯韦方程组，以非常优美简洁的数学语言概括了全部电磁现象。麦克斯韦方程组把电荷、电流、磁场和电场的变化用数学公式全部统一了起来。

变化的磁场能够产生电场，变化的电场能够产生磁场，它们将以波动的形式在空间传播，麦克斯韦预言了电磁波的存在，并且推导出电磁波的传播速度就是光速，因此，他也同时说明了光波就是一种特殊的电磁波。

麦克斯韦方程组的建立标志着完整的电磁学理论体系的建立，《电磁学通论》的科学价值可以与牛顿的《自然哲学的数学原理》相媲美。

1886 年，赫兹在进行放电实验时，发现近处一个没有闭合的线圈也出现了火花，他得到启发，很快制出了可以检测电磁波的电波环，证明了电磁波的存在。至此，电磁场理论的"大厦"完整地建立了起来。

这些伟大的科学家在电磁学史上树立了光辉的里程碑，也给电磁检测方法的创立奠定了理论基础。

1.1.3　磁粉检测的发展

磁粉检测是利用漏磁现象来检测材料和工件中缺陷的方法，该方法采用由高磁导率材料制成的粉末（磁粉）来指示漏磁场的变化。

早在 18 世纪，人们就已经开始进行漏磁通检测实验。1868 年，英国工程杂志首先发表了利用罗盘仪和磁铁探查磁通，以发现炮（枪）管上不连续性的报告，八年之后，赫林利用罗盘仪和磁铁检查了钢轨的不连续性，并获得了美国专利。

1918 年，美国人霍克发现，由磁性夹具夹持的硬钢块上磨削下来的金属粉末会在该钢块表面形成一定的花样，而此花样常与钢块表面裂纹的形态一致，他认为该现象是由钢块被纵向磁化而引起的，他的发现促进了磁粉检测方法的诞生。

1928 年，德·福雷斯特和多恩为了解决油井钻杆断裂失效的问题，研制出周向磁化法，还提出使用尺寸和形状受控并具有磁性的磁粉的设想，经过不懈的努力，磁粉检测方法基本研制成功，并获得了较可靠的检测结果。

1930 年，德·福雷斯特和多恩将他们研制出的干磁粉成功应用于焊缝及各种工件的检测。1934 年，生产磁粉检测设备和材料的美国磁通（Magnaflux）公司创立，对磁粉检测的应用和发展起到了很大的推动作用，在此期间，首次用来演示磁粉检测技术的一台实验性的固定式磁粉检测装置问世。

磁粉检测技术早期被用于航空、航海、汽车和铁路部门，用来检测发动机、车轮轴和其他高应力部件中的疲劳裂纹。在 20 世纪 30 年代，各种类型的固定式、移动式磁化设备和便携式磁轭相继研制成功并得到应用，退磁问题也基本上得到了解决。

1935 年，油磁悬液在美国开始使用。

1936 年，法国申请了在水磁悬液中添加润湿剂和防锈剂的专利。

1938 年，德国出版了《无损检测论文集》，对磁粉检测的基本原理和装置进行了描述。

1940 年，美国编写并出版了《磁通检验的原理》教科书。

1941 年，荧光磁粉投入使用。至此，磁粉检测从理论研究到实践，已初步形成了一种无损检测方法。

苏联全苏航空研究院的瑞加德罗，为磁粉检测的发展做出了卓越的贡献。20 世纪 50 年代初，他系统地研究了各种因素对检测灵敏度的影响，在大量实验的基础上制定了磁化规范，得到了世界许多国家的认可。

在我国，1949 年前仅有几台从美国进口的蓄电池式直流检测机，用于航空工件的维修检查。1949 年后，随着我国工业的发展和科学技术的进步，磁粉检测技术发展迅速。北京航空材料研究院的郑文仪始终致力于智能检测技术的研发工作，是我国磁粉检测技术的奠基人。从 20 世纪 50 年代初开始，我国先后引进苏联、欧美等国家的磁粉检测技术，制定了我国的标准规范，还研发了新工艺和新设备、新材料，使我国磁粉检测技术实现了从无到有的突破。在广大磁粉检测工作者和相关设备器材制造者的共同努力下，磁粉检测已发展成一种成熟的无损检测方法，并在航空航天、兵器、船舶、火车、汽车、石油、化工、压力容器、压力管道和特种设备等众多领域得到广泛应用。

1.1.4　漏磁检测技术的发展

漏磁检测技术是从磁粉检测技术发展而来的，该技术同样是利用漏磁现象来检测铁磁性材料工件的表面及近表面缺陷，只是其漏磁场是通过磁敏传感器进行检测的。

根据漏磁场的检测方法不同，可将漏磁检测分为以下三种类型：

（1）漏磁场测定法　这是利用某种传感器件，直接对漏磁场进行检测的方法。能够检测漏磁场的器件很多，主要有两大类，即检测线圈和磁敏元件。检测线圈是利用电磁感应原理，当线圈接收到漏磁场的变化时，其中将产生感应电流；将感应电流进行放大和分析处理，就可以得到材料缺陷状况的信息。磁敏元件（霍尔元件、磁敏二极管等）是一种能将磁信号变换成电信号的磁电转换器件，利用它们可以检查材料表面是否存在由缺陷引起的漏磁场。

（2）磁性记录法　这是一种利用录磁材料（如磁带）来记录缺陷产生的漏磁信息，然后将这些信息设法再现以供分析处理的检测技术。

（3）磁粉检测法　这是用磁粉作为漏磁场的检测介质，根据磁化后工件缺陷处漏磁场吸引磁粉形成的磁痕显示，来确定缺陷存在的一种检测方法。因此，磁粉检测也是漏磁检测的一种形式。

比较上述三种方法，磁粉检测法最简单、实用，灵敏度较高，成本也较低廉，适用于多种场合和不同产品，因而在生产实际中得到了广泛应用。但是，磁粉检测法检测速度慢，难以实现自动化，人为影响因素复杂，在实现自动控制方面不如其他方法。利用漏磁和录磁的检测方法，能实现对大批量工件的自动化检测，不仅可以检出缺陷，还能对缺陷的某些特性进行测量。对形状复杂、检测影响因素多的工件，磁粉检测优势较大；而对形状或检测要求单一，并且批量很大的工件，漏磁和录磁检测则具有较大优势。

国外对漏磁检测技术的研究较早，Zuschlug 于 1933 年首先提出应用磁敏传感器测量漏磁场的思想，但直至 1947 年 Hastings 设计出第一套漏磁检测系统，漏磁检测技术才开始得到人们的普遍认可。20 世纪 50 年代，德国的 Forster 研制出产品化的漏磁检测装置。1965年，美国 Tubescope 国际公司采用漏磁检测装置 Linalog 首次进行了管内检测，开发了 Well-check 井口探测系统，能可靠地探测到管材内外径上的腐蚀坑、横向伤痕和其他类型的缺陷。1973 年，英国天然气公司采用漏磁检测法对其所管辖的一条直径为 600mm 的天然气管道的管壁腐蚀减薄状况进行了在役检测，首次引入了定量分析方法。ICO 公司的漏磁检测系统通过漏磁检测部分来检测管体的横向和纵向缺陷，并结合漏磁通测量壁厚，可提供完整的现场检测图。

对漏磁检测缺陷漏磁场的计算始于 1966 年，此后，苏联、日本、美国、德国、英国等国相继对这一领域展开研究，形成了两大学派，分别主要研究磁偶极子法和有限元法。我国从 20 世纪 90 年代初才开始较大范围地进行漏磁检测技术的研究工作，并于 2002 年研制出检测管道和钢板腐蚀状况的漏磁检测仪，当时的总体技术水平落后于欧美的发达国家。

但近年来，清华大学、华中科技大学、上海交通大学、沈阳工业大学、南昌航空大学等高校对漏磁检测技术开展了大量的研究，在理论研究、实际应用、仪器开发等方面均取得了可喜的成果，逐步缩小了与国际水平的差距。

1.2　磁粉检测的基本原理和特点

　　磁粉检测是利用漏磁现象来检测铁磁材料工件表面及近表面缺陷的一种无损检测方法。其基本原理是：铁磁材料工件表面或近表面若存在裂纹等不连续情况，则在外加磁场的作用下，不连续处的磁感应线方向会发生改变，这与光和声波的折射相似，称为磁感应线的折射。若两种介质（如铁和空气）的磁导率相差悬殊，磁感应线折射进入空气后几乎垂直于界面，从而引起磁场路径的改变，导致部分磁通泄漏于铁磁材料的表面而形成漏磁场，如图1-1所示。

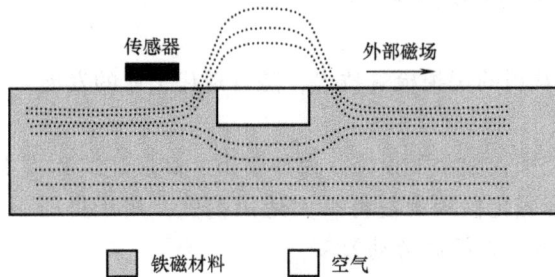

图 1-1　漏磁场示意图

　　磁粉检测时，在材料表面施加磁导率高、矫顽力低的磁粉，磁粉颗粒将立即被缺陷漏磁场磁化，使每个磁粉颗粒都成为具有 N 极、S 极的小磁铁，并与缺陷磁极相互作用，异性磁极相互吸引，使磁粉呈链状吸附在缺陷所在的表面上，聚集成缺陷磁痕，从而显示出缺陷的位置、形状和大小，如图1-2所示。由于漏磁场的作用范围比实际缺陷的宽度大数倍至数十倍，因此，磁痕的宽度比实际缺陷的宽度大得多，很便于观察。正因为如此，磁粉检测能发现非常细小的缺陷，检测灵敏度高。

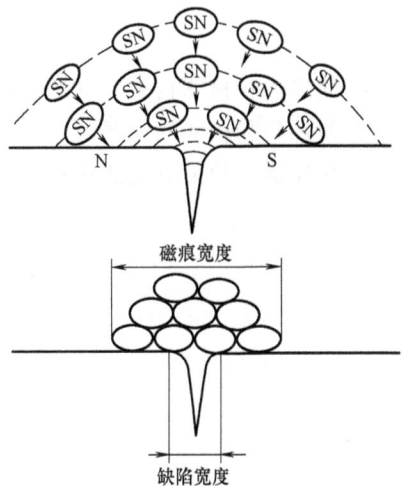

图 1-2　磁痕形成示意图

　　磁粉检测作为一项较为成熟的无损检测技术，与其他无损检测方法一样，由其方法和原理所决定，具有其自身的特点，其中包含优点和局限性两方面。

　　（1）优点

　　1）显示直观。由于磁粉直接附着在缺陷位置上形成磁痕，能直观地显示缺陷的形状、位置、大小，从而可大致判断缺陷的性质。

　　2）检测灵敏度高。磁粉在缺陷上聚集形成的磁痕具有"放大"作用，可检测的最小缺陷宽度达 $0.1\mu m$，能发现深度只有 $10\mu m$ 左右的微裂纹。

　　3）适应性好。几乎不受工件大小和几何形状的限制，综合采用多种磁化方法，能检测工件的各个部位；采用不同的检测设备，能适应各种场合的现场作业。

　　4）效率高、成本低。磁粉检测设备简单、操作方便，检测速度快，费用低廉。

（2）局限性

1）只能用于检测铁磁性金属材料（如碳钢、合金结构钢、电工钢等），不适用于非铁磁性金属材料的检测（如铜、铝、镁、钛和奥氏体型不锈钢等）。

2）只能用于检测工件表面和近表面缺陷，不能检出埋藏较深的内部缺陷，可探测的内部缺陷埋藏深度一般在 1～2mm 范围内，对于很大的缺陷，检测深度可达 10mm。

3）难以定量检测缺陷的深度。

4）通常采用目视法检查缺陷，磁痕的判断和解释需要检测人员具有一定的技术经验和素质。

1.3　磁粉检测技术的发展趋势

磁粉检测作为一种常用的无损检测技术，随着现代工业的发展，具有以下几个主要发展趋势：

1）继续拓宽应用范围，如水下设施、海底管道、高层建筑和检测难度大的领域。

2）各种专用和复合磁化检测设备将扩大适用范围，用于进行一些形状复杂、批量大、检测要求高的工件的检测，以提高劳动效率。

3）与计算机、光电扫描、激光扫描等技术相结合，半自动化、自动化磁粉检测装置相继问世，检测设备的智能化是当今时代的一个重要发展趋势。

复习思考题

1. 简述磁粉检测技术的发展历程。

2. 简述磁粉检测的原理。

3. 简述磁粉检测方法的优点和局限性。

第2章　磁粉检测物理基础

磁粉检测的基本原理：在外加磁场作用下，铁磁材料的表面和近表面不连续将产生漏磁场，通过磁粉指示漏磁场的大小来检测材料表面和近表面缺陷。决定磁粉检测成败的关键是产生合适的漏磁场：漏磁场太小，则不能形成磁痕；漏磁场太大，又会造成过度背景，影响检测效果。因此，磁粉检测的关键技术在于确定合适的磁化方法并选取合适的磁化电流。要理解这些内容，必须对电磁场有基本的认识，本章将以电磁场理论为基础，介绍电磁场相关理论及其在磁粉检测中的应用，以帮助读者理解磁粉检测中的相关规范。

2.1　矢量场的基本概念

物理世界中存在着各种各样的场。例如：自由落体现象说明存在重力场；指南针在地球磁场中的偏转，说明存在磁场；人们对冷暖的感觉，说明空间中分布着温度场。

场是一种特殊的物质，它是具有能量的，场中每个点的某种物理特性，都可以用一个确定的物理量来描述。场可分为矢量场和标量场。

当对这些物理量的描述与空间坐标或方向性有关时，通常需要使用矢量来描述它们，这些矢量在空间的分布就构成了所谓的矢量场。分析矢量场在空间的分布和变化情况时，需要应用矢量的分析方法和场论的基本概念。

场的一个重要属性是它占有空间，是物质存在的表现形式，它把物理状态作为空间和时间的函数来描述。而且在此空间区域中，除了有限个点或某些表面外，场函数是处处连续的。若物理状态与时间无关，则为静态场；反之，则为动态场或时变场。

为了形象地描述矢量场，通常在矢量场中作一些曲线，使曲线上每一点的切线方向与相应的场矢量方向一致。某点附近曲线的疏密和该点矢量的大小成正比，这样的曲线族称为矢量的"力线"和"场线"。通过"力线"可以形象地描述和分析矢量场的分布及性质，如图2-1所示。矢量场的空间变化规律通常用散度和旋度描述。

为了形象地描述标量场，常画出其一系列等值间隔的等值面来直观地表达标量场的空间分布情况。标量场的变化规律通常用梯度来描述。

图2-1　铁屑显示出的U形磁铁矢量场的分布

场既然是某种物理量的空间分布，就应服从因果律。其因，称为场源，场都是由场源产生的；其果，就是空间某种分布形式的场。

分析讨论一个场的时候，要注意场、场源和场的环境这三者之间的关联性。如果能用一个数学关系来描述场，那么，这样的数学关系中一定包含了体现场、场源和场的环境的相关因素。电磁场理论主要研究以下内容：

1）电磁场的基本性质及其分析方法。

2）电磁场与场源的关系及其相互作用。

3）电磁场的相互作用。

2.1.1 矢量和标量的定义

（1）标量　只有大小，没有方向的物理量称为标量，如温度 T、长度 L 等。

（2）矢量　不但有大小，而且有方向的物理量称为矢量，如力 F（或 $\vec{F}$）、速度 v（或 $\vec{v}$）、电场 E（或 $\vec{E}$）等，本书采用黑斜体字母。矢量可以表示为

$$A = |A| a^0 = Aa^0 = Ae_A \tag{2-1}$$

式中　　$|A|$——矢量 A（或 $\vec{A}$）的模，表示该矢量的大小；

　　　　a^0——单位矢量，表示矢量的方向，其大小为 1。

因此，矢量可表示成矢量的模与单位矢量的乘积。

2.1.2 矢量的运算法则

1. 加法

矢量的加法是矢量的几何和，服从平行四边形法则，如图 2-2 所示。

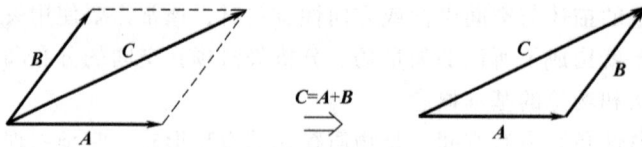

图 2-2　矢量的加法运算

（1）交换律

$$A + B = B + A \tag{2-2}$$

（2）结合律

$$(A + B) + (C + D) = (A + C) + (B + D) \tag{2-3}$$

2. 减法

将矢量的减法转换成加法运算为

$$D = A - B = A + (-B) \tag{2-4}$$

逆矢量：B 和 $-B$ 的模相等、方向相反，则两者互为逆矢量，如图 2-3a 所示。

推论：任意多个矢量首尾相连组成闭合多边形，则其矢量和必为零，如图 2-3b 所示。

3. 乘法

（1）标量与矢量的乘积

$$kA = k|A|a^0 \begin{cases} k > 0 & （方向不变，大小为 k 倍）\\ k = 0 & \\ k < 0 & （方向相反，大小为 k 倍）\end{cases} \tag{2-5}$$

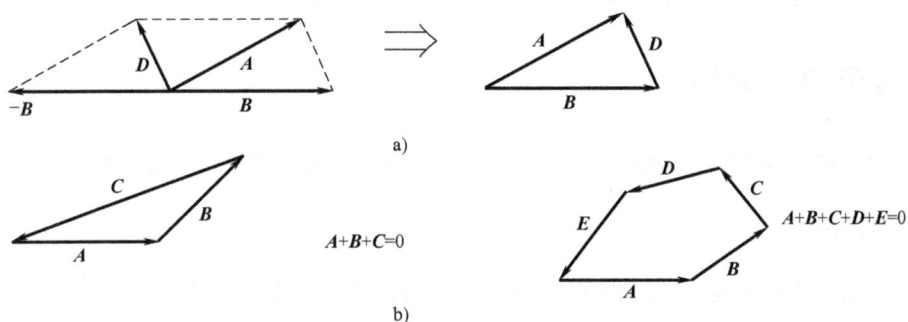

图 2-3　矢量的减法运算和逆矢量

（2）矢量与矢量的乘积

矢量与矢量的乘积分为三种情况：标量积、矢量积和混合积。下面介绍前两种情况。

1）标量积（点积）

$$\boldsymbol{A} \cdot \boldsymbol{B} = |\boldsymbol{A}||\boldsymbol{B}|\cos\theta \tag{2-6}$$

两矢量点积的含义：一矢量在另一矢量方向上的投影与另一矢量模的乘积，其结果是一标量，如图 2-4 所示。

推论 1：两矢量的点积满足交换律。即

$$\boldsymbol{A} \cdot \boldsymbol{B} = \boldsymbol{B} \cdot \boldsymbol{A} \tag{2-7}$$

推论 2：两矢量的点积满足分配律。即

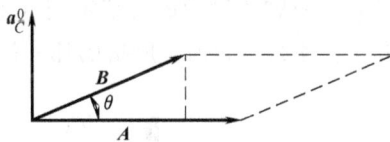

$$\boldsymbol{A} \cdot (\boldsymbol{B}+\boldsymbol{C}) = \boldsymbol{A} \cdot \boldsymbol{B} + \boldsymbol{A} \cdot \boldsymbol{C} \tag{2-8}$$

推论 3：当两个非零矢量的点积为零时，这两个矢量必正交。

2）矢量积（叉积）

$$\boldsymbol{C} = \boldsymbol{A} \times \boldsymbol{B} = |\boldsymbol{A}||\boldsymbol{B}|\sin\theta \boldsymbol{a}_C^0 \tag{2-9}$$

两矢量叉积的含义：两矢量叉积，结果是一新矢量，其大小为这两个矢量组成的平行四边形的面积，方向为该面的法线方向，且三者符合右手螺旋定则（四指弯曲，从矢量 $\boldsymbol{A}$ 指向矢量 $\boldsymbol{B}$，则拇指方向是叉积得到的新矢量的方向），如图 2-5 所示。

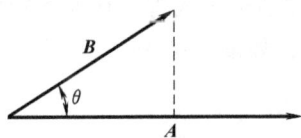

图 2-4　矢量的点积　　　　　　　图 2-5　矢量的叉积

推论 1：两矢量的叉积不服从交换律。即

$$\boldsymbol{A} \times \boldsymbol{B} \neq \boldsymbol{B} \times \boldsymbol{A}, \ \boldsymbol{A} \times \boldsymbol{B} = -\boldsymbol{B} \times \boldsymbol{A} \tag{2-10}$$

推论 2：两矢量的叉积服从分配律。即

$$\boldsymbol{A} \times (\boldsymbol{B}+\boldsymbol{C}) = \boldsymbol{A} \times \boldsymbol{B} + \boldsymbol{A} \times \boldsymbol{C} \tag{2-11}$$

推论 3：两矢量的叉积不服从结合律。即

$$\boldsymbol{A} \times (\boldsymbol{B} \times \boldsymbol{C}) \neq (\boldsymbol{A} \times \boldsymbol{B}) \times \boldsymbol{C} \tag{2-12}$$

推论 4：当两个非零矢量的叉积为零时，这两个矢量必平行。

2.2 真空中的磁场

首先讨论最简单的真空中的磁场，分析磁场的基本性质，即磁场和场源的关系。

2.2.1 磁场力

磁场力包括磁场对运动电荷作用的洛伦兹力和磁场对电流作用的安培力，安培力是洛伦兹力的宏观表现。

运动电荷在磁场中所受的力称为洛伦兹力，它是因荷兰物理学者亨德里克·洛伦兹而得名的。根据洛伦兹力定律，洛伦兹力可以用方程来表示，称为洛伦兹力方程。假定一电量为 q 的电荷以速度 v 在磁场中运动，则它所受到的磁场力大小为

$$F_B = q\,v \times B \tag{2-13}$$

式中　F_B——电子所受磁场力（也称洛伦兹力）；

　　　q——电子电荷量；

　　　v——电子运动的速度；

　　　B——磁场的磁感应强度。

洛伦兹力的方向可以用左手定则来判断：伸开左手，使拇指与其余四个手指垂直，并且都与手掌处于同一水平面，让磁感线从掌心进入，四指指向正电荷运动的方向，拇指指的方向即洛伦兹力的方向。注意：按该方法判断的洛伦兹力方向与矢量叉积右手定则判断的方向是一致的。

当电荷之间存在相对运动时，如两根载流导线中的电荷，会发现另外一种力，它存在于这两根导线中的电流之间，是运动的电荷即电流之间的作用力，称其为安培力。

1820 年，奥斯特发现了电流磁效应，安培马上集中精力进行研究，几周内就提出了安培定则，即右手螺旋定则，它是表示电流和电流激发磁场的磁感线方向间关系的定则。

（1）通电直导线中的安培定则（安培定则一）　用右手握住通电直导线，让大拇指指向电流的方向，那么，其余四指的指向就是磁感线的环绕方向，如图 2-6a 所示。

（2）通电螺线管中的安培定则（安培定则二）　用右手握住通电螺线管，让四指指向电流的方向，那么，大拇指所指的那一端就是通电螺线管的 N 极，如图 2-6b 所示。

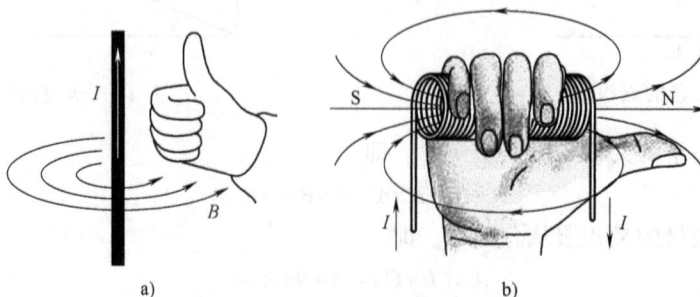

图 2-6　安培定则（右手螺旋定则）

a）通电直导线　b）通电螺线管

在随后几个月的时间里，安培连续发表了三篇论文，并设计了九个著名的实验，总结了载流回路中电流元在电磁场中的运动规律，即安培定律：真空中，线电流回路 C_1 对 C_2 的作用力为 F_{21}，如图 2-7 所示，则

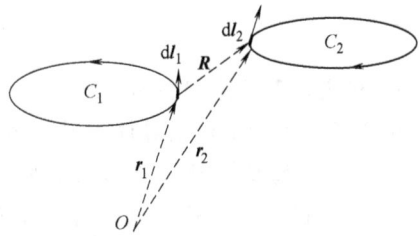

图 2-7　安培定律

$$F_{21} = \frac{\mu_0}{4\pi} \oint_{C_2} \oint_{C_1} \frac{I_2 dl_2 \times (I_1 dl_1 \times e_R)}{R^2} \quad (2\text{-}14)$$

式中　　μ_0——真空中的磁导率（H/m），$\mu_0 = 4\pi \times 10^{-7}\,\text{H/m}$；

$I_1 dl_1$、$I_2 dl_2$——线电流回路 C_1、C_2 的电流元；

R——两电流元之间的距离。

对比式（2-13）和式（2-14）可知，此处电流之间的作用力也可以用磁感应强度 B 来描述。

2.2.2　磁感应强度

电流在其周围空间中产生磁场，描述磁场分布的基本物理量是磁感应强度 B。磁场的特征是能对运动电荷施力，对场中的电流有磁场力的作用。如图 2-7 所示，载流回路 C_1 对载流回路 C_2 的作用力，是 C_1 中的电流 I_1 产生的磁场对 C_2 中电流 I_2 的作用力。其施力情况虽然比较复杂，但可以用磁感应强度进行描述，即将其定义为一个单位电流受到另外一个电流的作用力。

考虑磁场中载流线元 Idl 的受力情况，由于

$$Idl = \frac{dq}{dt}dl = dq\frac{dl}{dt} = dq\,\boldsymbol{v} \quad (2\text{-}15)$$

因此

$$d\boldsymbol{F}_B = dq\,\boldsymbol{v} \times d\boldsymbol{B} = Idl \times d\boldsymbol{B} \quad (2\text{-}16)$$

电流元 $I_1 dl_1$ 和 $I_2 dl_2$ 之间的作用力为

$$d\boldsymbol{F}_{21} = I_2 dl_2 \times \left[\frac{\mu_0}{4\pi} \frac{I_1 dl_1 \times e_R}{R^2} \right] \quad (2\text{-}17)$$

代入式（2-16），可得

$$d\boldsymbol{B} = \frac{\mu_0}{4\pi} \frac{I_1 dl_1 \times e_R}{R^2} \quad (2\text{-}18)$$

运用叠加原理，可得闭合回路 I_1，在空间中产生的磁感应强度为

$$\boldsymbol{B} = \frac{\mu_0}{4\pi} \oint_{l_1} \frac{I_1 dl_1 \times e_R}{R^2} \quad (2\text{-}19)$$

式（2-19）是计算线电流周围磁感应强度的公式，称为毕奥-萨伐尔定律。磁感应强度的国际单位制单位为特斯拉（T），$1\text{T} = 1\text{N/(A·m)}$。在高斯单位制中，磁感应强度的单位是高斯（Gs），$1\text{T} = 10^4\,\text{Gs}$。

当电流分布在某一曲面上时，若面电流密度为 J_S，则面电流在空间产生的磁感应强度为

$$\boldsymbol{B} = \frac{\mu_0}{4\pi} \int_S \frac{J_S \times e_R}{R^2} dS \quad (2\text{-}20)$$

当电流分布在某一体积内时，若体电流密度为 J，则体电流在空间产生的磁感应强度为

$$B = \frac{\mu_0}{4\pi} \int_V \frac{\boldsymbol{J} \times \boldsymbol{e}_R}{R^2} dV \qquad (2\text{-}21)$$

1. 载流长直导体周围的磁场

设有长为 L 的载流直导体，其上电流为 I，计算离直导体距离为 a 的 P 点处的磁感应强度。如图 2-8 所示，在直导体上任取一电流元 $I d\boldsymbol{l}$，按毕奥-萨伐尔定律，该电流元在 P 点的磁感应强度为

$$d\boldsymbol{B} = \frac{\mu_0}{4\pi} \frac{I \sin\theta d l}{r^2} \qquad (2\text{-}22)$$

因为 $r = \dfrac{a}{\sin\theta}$，$l = -a\cot\theta$，则 $dl = \dfrac{a d\theta}{\sin^2\theta}$，所以

$$B = \frac{\mu_0 I}{4\pi a} \int_{\theta_1}^{\theta_2} \sin\theta d\theta = \frac{\mu_0 I}{4\pi a} (\cos\theta_1 - \cos\theta_2) \qquad (2\text{-}23)$$

对于无限长载流直导体，可取 $\theta_1 = 0$，$\theta_2 = \pi$，代入式（2-7）可得

图 2-8　载流长直导体
周围的磁场

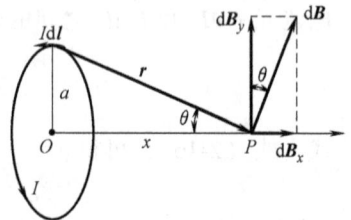

$$B = \frac{\mu_0 I}{4\pi a} (\cos 0 - \cos\pi) = \frac{\mu_0 I}{2\pi a} \qquad (2\text{-}24)$$

2. 载流圆线圈轴线上的磁场

设有圆线圈 L，半径为 a，通以电流 I，如图 2-9 所示，求圆线圈轴线上的磁感应强度。根据毕奥-萨伐尔定律，圆线圈上任意电流元 $I d\boldsymbol{l}$ 在轴线上 P 点产生的磁感应强度 $d\boldsymbol{B}$ 为

$$d\boldsymbol{B} = \frac{\mu_0}{4\pi} \frac{I d l}{r^2} \qquad (2\text{-}25)$$

如图 2-9 所示，各电流元在 P 点的磁感应强度大小相等，方向各不相同，但各 $d\boldsymbol{B}$ 与轴线成一相等的夹角。将 $d\boldsymbol{B}$ 分解为平行于轴线的分矢量 $d\boldsymbol{B}_x$ 和垂直于轴线的分矢量 $d\boldsymbol{B}_y$。由于对称关系，任意直径两端的电流元在 P 点的磁感应强度的垂直分量 $d\boldsymbol{B}_y$ 大小相等，方向相反，因此，载流圆线圈上电流在 P 点的磁感应强度垂直分量 $d\boldsymbol{B}_y$ 互相抵消；而水平分量 $d\boldsymbol{B}_x$ 方向相同，互相加强，所以 P 点磁感应强度为圆线圈上所有电流元的 $d\boldsymbol{B}_x$ 的代数和，即

图 2-9　载流圆线圈轴线上磁场的计算

$$B = \int_L dB_x = \int_L dB \sin\theta = \frac{\mu_0 I \sin\theta}{4\pi r^2} \int_0^{2\pi a} d l = \frac{\mu_0 I a}{2r^2} \sin\theta \qquad (2\text{-}26)$$

式中　θ——r 与轴线的夹角。

因为

$$r = \sqrt{a^2 + x^2}$$

$$\sin\theta = \frac{a}{\sqrt{a^2 + x^2}}$$

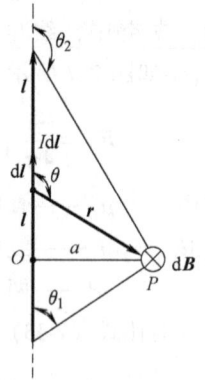

所以
$$B = \frac{\mu_0 I a^2}{2(a^2 + x^2)^{3/2}} \qquad (2\text{-}27)$$

圆线圈轴线上各点的磁感应强度都沿轴线方向，与电流方向形成右手螺旋关系，与圆心的距离 x 越大，磁场越弱。在圆心 O 点处，$x = 0$，由式（2-27）得

$$B_0 = \frac{\mu_0 I}{2a} \qquad (2\text{-}28)$$

3. 有限长载流直螺线管内部的磁场

直螺线管是指均匀地密绕在直圆柱面上的螺旋形线圈，如图 2-10a 所示。设螺线管的半径为 R，电流为 I，单位长度上有 n 匝线圈，在螺线管上任取一小段 dl，这一小段上有 ndl 匝线圈，如图 2-10b 所示。由于管上线圈绕得很紧密，这一小段上的线圈中的电流相当于 $Indl$ 的圆形电流，由式（2-27）可知，这一小段上的线圈在轴线上某点 P 所激发的磁感应强度为

$$dB = \frac{\mu_0 R^2 I n dl}{2(R^2 + x^2)^{3/2}} \qquad (2\text{-}29)$$

式中　l——P 点到螺线管上 dl 处的长度。

磁感应强度的方向沿轴线向右，由于螺线管的各小段在 P 点所产生的磁感应强度的方向都相同，因此，整个螺线管在轴线上某点 P 处所产生的总磁感应强度为

$$B = \int_L dB = \int_L \frac{\mu_0}{2} \frac{R^2 I n dl}{(R^2 + l^2)^{3/2}} \qquad (2\text{-}30)$$

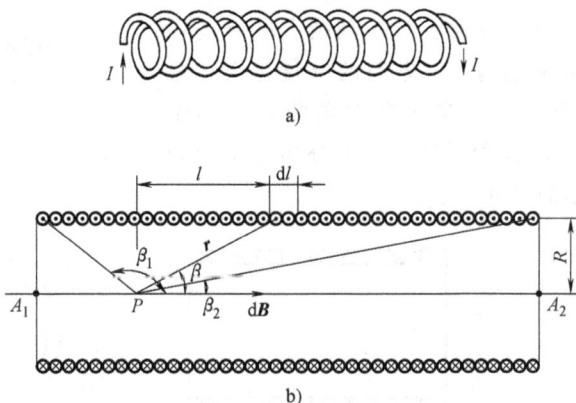

a)

b)

图 2-10　有限长载流直螺线管内部的磁场

为了便于积分，引入参变量 β 角，也就是螺线管的轴线与 P 点到 dl 处线圈上任意一点的矢量 r 的夹角。由图 2-10b 可知

$$l = R\cot\beta \qquad (2\text{-}31)$$

对式（2-31）求微分得

$$dl = -R\csc^2\beta d\beta \qquad (2\text{-}32)$$

又因为
$$R^2 + l^2 = r^2$$

$$\sin^2\beta = \frac{R^2}{r^2}$$

所以
$$R^2 + l^2 = \frac{R^2}{\sin^2\beta} = R^2\csc^2\beta \tag{2-33}$$

将式（2-31）、式（2-33）及积分变量 β 的上、下限 β_2 和 β_1 代入式（2-30）得

$$B = \int_{\beta_1}^{\beta_2}\left(-\frac{\mu_0}{2}nI\sin\beta\right)\mathrm{d}\beta = \frac{\mu_0}{2}nI(\cos\beta_2 - \cos\beta_1) \tag{2-34}$$

如果螺线管为"无限长"，即螺线管的长度比直径大得多时，$\beta_1 \to \pi$，$\beta_2 \to 0$，则

$$B = \mu_0 nI \tag{2-35}$$

这一结果说明，任何绕得很紧密的长螺线管内部轴线上的磁感应强度都和点的位置无关，因此，无限长螺线管内部的磁场是均匀的。

对于长螺线管端面上的中心点，如 A_1、A_2 点来说，$\beta_1 \to \frac{\pi}{2}$，$\beta_2 \to 0$，所以 A_1 点处的磁感应强度为

$$B = \frac{1}{2}\mu_0 nI \tag{2-36}$$

注意：以上分析的是长螺管线圈内部轴线上的磁场分布，而其他位置上某点 Q 的磁感应强度，由于任意直径两端的电流元 $I\mathrm{d}l$ 在 Q 点的磁感应强度的垂直分量 $\mathrm{d}\boldsymbol{B}_y$ 大小不等，因此垂直分量 $\mathrm{d}\boldsymbol{B}_y$ 不能互相抵消，即 $\mathrm{d}\boldsymbol{B}_y \neq 0$。所以 Q 点的磁感应强度不是沿 x 方向的，而是 x 和 y 方向分量的矢量和，其值也应大于对应轴线上的磁场强度，且越接近线圈的周向边缘，y 方向的分量越大，总磁感应强度越大。综上分析，螺线管中场的分布如图 2-11 和图 2-12 所示，螺线管中磁场的实际分布是不均匀的，且分布特征与线圈的尺寸有关。

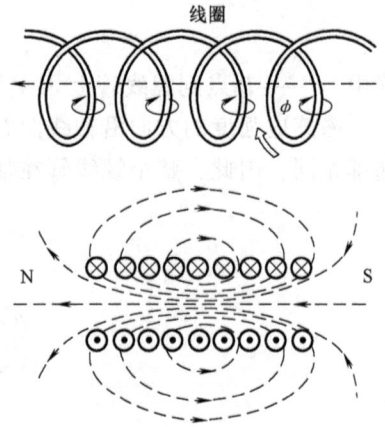

图 2-11 有限长螺线管轴线上的磁场分布

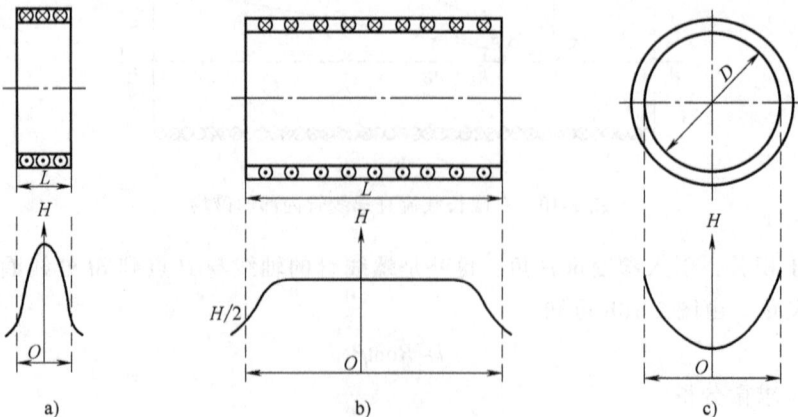

图 2-12 有限长螺线管的磁场分布

a) 短螺线管线圈轴线上的磁场分布 b) 有限长螺线管轴线上的磁场分布 c) 螺线管横截面上的磁场分布

2.2.3　恒定磁场的散度和旋度

1. 散度和磁通连续性方程

穿过某一曲面 S 的磁感应强度 $\boldsymbol{B}$ 的通量，称为穿过该曲面的磁通量，即

$$\Phi_{\mathrm{m}} = \oint_S \boldsymbol{B} \cdot \mathrm{d}S \tag{2-37}$$

以载流回路 C 产生的磁感应强度为例，计算恒定磁场在一个闭合曲面上的磁通量。为了方便讨论，用不带撇的坐标表示场点，用带撇的坐标表示源点。

由毕奥-萨伐尔定律，可得

$$\Phi_{\mathrm{m}} = \oint_S \frac{\mu_0}{4\pi} \oint_{l'} \frac{I\mathrm{d}l \times \boldsymbol{e}_R}{R^2} \cdot \mathrm{d}S \tag{2-38}$$

根据梯度规则

$$\nabla\left(\frac{1}{R}\right) = -\frac{\boldsymbol{e}_R}{R^2} \tag{2-39}$$

式（2-38）中的被积函数变成

$$\frac{I\mathrm{d}l' \times \boldsymbol{e}_R}{R^2} = \nabla\left(\frac{1}{R}\right) \times I\mathrm{d}l \tag{2-40}$$

根据高斯定律

$$\oint_S \boldsymbol{B} \cdot \mathrm{d}S = \int_V \nabla \cdot \boldsymbol{B}\mathrm{d}V \tag{2-41}$$

则

$$\Phi_{\mathrm{m}} = \frac{\mu_0}{4\pi} \int_V \nabla \cdot \oint_{l'} \nabla\left(\frac{1}{R}\right) \times I\mathrm{d}l\mathrm{d}V$$

$$\Phi_{\mathrm{m}} = \frac{\mu_0}{4\pi} \int_V \oint_{l'} \nabla \cdot \left[\nabla\left(\frac{1}{R}\right) \times I\mathrm{d}l\right]\mathrm{d}V \tag{2-42}$$

利用矢量恒等式

$$\nabla \cdot (\boldsymbol{F} \times \boldsymbol{G}) = \boldsymbol{G} \cdot \nabla \times \boldsymbol{F} - \boldsymbol{F} \cdot \nabla \times \boldsymbol{G} \tag{2-43}$$

可得

$$\nabla \cdot \left[\nabla\left(\frac{1}{R}\right) \times I\mathrm{d}l'\right] = I\mathrm{d}l \cdot \nabla \times \nabla\left(\frac{1}{R}\right) - \nabla\left(\frac{1}{R}\right) \cdot \nabla \times I\mathrm{d}l \tag{2-44}$$

因为

$$\nabla \times \nabla\left(\frac{1}{R}\right) = 0$$

所以　　　　　　　　　　$\nabla \times I\mathrm{d}l = 0$

这表明整个积分为零，即

$$\oint_S \boldsymbol{B} \cdot \mathrm{d}S = \int_V \nabla \cdot \boldsymbol{B}\mathrm{d}V = 0 \tag{2-45}$$

$$\nabla \cdot \boldsymbol{B} = 0 \tag{2-46}$$

磁感应强度的散度为零，即恒定磁场是一个无通量源的矢量场。

磁通连续性原理：穿过任意闭合面的磁感应强度的通量为零，磁力线是无头无尾的闭合线。该原理表明：恒定磁场是无散场，磁感应线是无起点和终点的闭合曲线。自然界中不存在孤立磁荷、磁单极。

2. 恒定磁场的旋度与安培环路定理

由毕奥-萨伐尔定律，面电流在其周围产生的磁场为

$$B = \frac{\mu_0}{4\pi}\int_{V'}\frac{J(r')\times R}{R^3}\mathrm{d}V' \tag{2-47}$$

通常一个矢量场，可以用它的散度和旋度来描述，因此对矢量场 B 取旋度运算，得到（证明省略）

$$\nabla\times B(r) = \begin{cases} \mu_0 J & \text{（有电流区）} \\ 0 & \text{（无电流区）} \end{cases} \tag{2-48}$$

式（2-48）两边取面积分，得

$$\oint_S(\nabla\times B)\cdot\mathrm{d}S = \mu_0\oint_S J\cdot\mathrm{d}S \tag{2-49}$$

由斯托克斯定理

$$\oint_S(\nabla\times B)\cdot\mathrm{d}S = \oint_l B\cdot\mathrm{d}l \tag{2-50}$$

得到

$$\oint_l B\cdot\mathrm{d}l = \mu_0\oint_S J\cdot\mathrm{d}S \tag{2-51}$$

即

$$\oint_l B\cdot\mathrm{d}l = \mu_0 I \tag{2-52}$$

式（2-52）称为真空中的安培环路定理，即在稳恒磁场中，磁感应强度 B 沿任何闭合路径 l 的线积分，等于该闭合路径所包围的各电流的代数和乘以真空磁导率。

恒定磁场的旋度为

$$\nabla\times B(r) = \mu_0 J(r) \tag{2-53}$$

式（2-53）即为安培环路定理的微分形式。

安培环路定理表明：恒定磁场是有旋场，是非保守场，电流是磁场的旋涡源。

用安培环路定理，可以简单地分析出无限长螺线管的磁场。考虑到无限长螺线管中轴线方向的磁场分布基本是均匀的，假定螺线管内部磁感应强度为 B，其方向沿轴向，大小沿轴向不变。由于螺线管外部的磁场远小于内部的磁场，可以近似认为其外部磁场 $B_2 = 0$。

如图 2-13 所示，设空心螺线管单位长度上的线圈匝数为 n，线圈中通过的电流强度为 I，取闭合环路 $L = ABC-DA$。路径 AB 平行于螺线管轴线，AB 上的磁感应强度 B 为恒量；路径 BC 和 DA 与螺线管轴线垂直，路径 CD 在螺线管外，$B_2 = 0$。根据安培环路定理，有

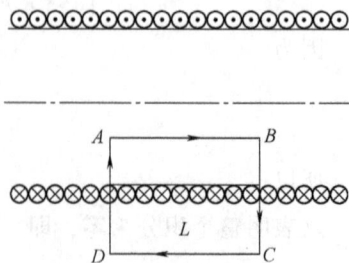

图 2-13　无限长螺线管轴线上的磁场分布

$$\oint_L \boldsymbol{B} \cdot \mathrm{d}\boldsymbol{l} = B \cdot \overline{AB} + B_2 \cdot \overline{CD} = B \cdot \overline{AB} = \mu_0 n I \cdot \overline{AB} \tag{2-54}$$

因此
$$B = \mu_0 n I \tag{2-55}$$

　　式（2-55）与毕奥-萨伐尔定律推导的无限长螺线管轴线上的磁场分布一致，对于对称分布的均匀磁场，用安培环路定理求解可以简化计算。

2.3　介质的磁化

　　在磁场作用下表现出磁性的物质称为磁介质。物质在外磁场作用下表现出磁性的现象称为磁化。所有物质都能被不同程度地磁化，故都是磁介质。

2.3.1　分子电流假说

　　安培认为，构成磁体的分子内部存在一种环形电流——分子电流。由于分子电流的存在，每个磁分子都成为一个小磁体，两侧相当于两个磁极。通常情况下，磁体分子的分子电流取向是杂乱无章的，它们产生的磁场互相抵消，对外不显磁性。在外界磁场作用下，分子电流的取向大致相同，两端显示较强的磁体作用，形成磁极，磁体就被磁化了。磁体受到高温或猛烈撞击时会失去磁性，这是因为激烈的热运动或振动使分子电流的取向又变得杂乱无章了。

　　电子绕原子核做轨道运动产生轨道磁矩 m_1，电子自旋产生自旋磁矩 m_s。分子内所有电子的全部磁矩的矢量和，称为分子的固有磁矩——分子磁矩。即

$$m_{分子} = m_1 + m_s \tag{2-56}$$

　　分子磁矩可以用一个等效圆电流（磁偶极子如图 2-14 所示）来表示，从而可以用磁偶极矩来描述，即

$$\boldsymbol{p}_m = i \Delta S \tag{2-57}$$

式中　i——电子运动形成的微观电流；

　　　ΔS——分子电流所围面元。

图 2-14　磁偶极子

　　在没有外加磁场作用时，绝大部分材料中所有分子的磁偶极矩的取向是杂乱无章的，因此总的磁矩为零，对外不呈现磁性。

　　在外磁场作用下，物质中的分子磁矩将受到一个力矩的作用，所有分子磁矩都趋于与外磁场方向一致地排列，彼此不再抵消，结果是对外产生磁效应，影响磁场分布，这种现象称为物质的磁化。

　　磁介质被磁化后，在其内部与表面上可能出现宏观的电流分布，称为磁化电流，如图 2-15 所示。介质中的电子和原子核都是束缚电荷，它们所做的轨道运动和自旋运动都是微观运动，由束缚电荷的微观运动形成的电流，称为束缚电流，也称为磁化电流。介质对磁化场的响应即为产生磁化电流。各向同性的磁介质只有在介质表面处，分子电流未被抵消，从而形成磁化电流。

　　传导电流和磁化电流的异同：传导电流是由载流子的定向流动形成的，是电荷迁移的结果，产生焦耳热和磁场，遵从电流产生磁场的规律；磁化电流是磁介质受到磁场作用后被磁化的结果，是大量分子电流叠加形成的在宏观范围流动的电流，是大量分子电流统计平均的

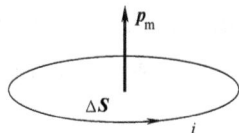

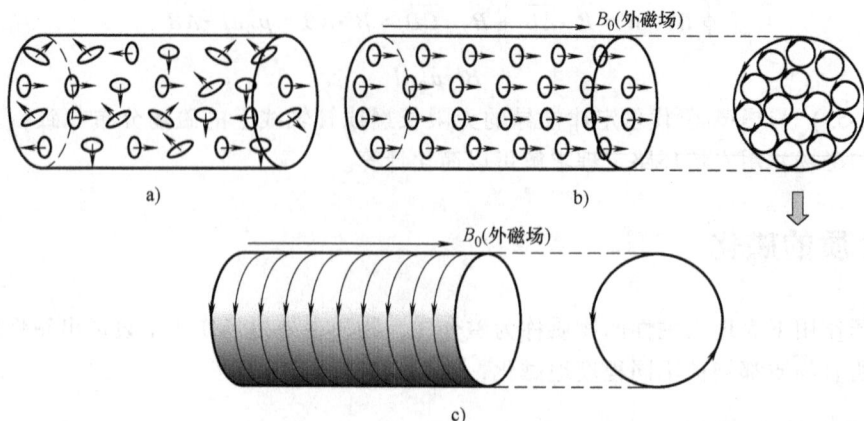

图 2-15 介质的磁化

a）未磁化　b）磁化后　c）磁化后的宏观效果

宏观效果，电子被限制在分子范围内运动，分子电流运行时无阻力，即无热效应，磁化电流产生磁场，也遵从电流产生磁场的规律。

2.3.2 介质中的安培环路定理

为了描述及衡量介质的磁化程度，将磁化强度矢量定义为单位体积内磁偶极矩的矢量和，即

$$M = \lim_{\Delta v \to 0} \frac{\sum p_m}{\Delta v} = n p_m \tag{2-58}$$

式中　p_m——一个分子电流的磁矩，也称为磁偶极矩（A/m），$p_m = i\Delta S$。

可以证明，磁介质磁化后对磁场的影响可等效为磁化电流密度 J_m，即

$$J_m = \nabla \times M \tag{2-59}$$

若传导电流 I_0 产生磁化场 B_0，B_0 作用于介质，使介质磁化，产生磁化电流 I'，I' 产生附加磁场 B'，$B_0 + B'$ 构成总磁场 B，由于磁化电流产生磁场，因此遵从电流产生磁场的规律。由此，安培环路定理可理解为

$$\oint_L B \cdot dl = \mu_0 \sum_{L_{内}} I = \mu_0 \left(\sum I_0 + \sum I' \right) = \mu_0 \sum_{L_{内}} I_0 + \mu_0 \oint M \cdot dl$$

则

$$\oint_L \left(\frac{B}{\mu_0} - M \right) \cdot dl = \sum_{L_{内}} I_0 \tag{2-60}$$

令

$$H = \frac{B}{\mu_0} - M \tag{2-61}$$

式中　H——磁场强度（A/m），其在高斯单位制中的单位为奥斯特（Oe），$1Oe = (1000/4\pi)$ A/m ≈ 80A/m。

因此，介质中的安培环路定理为

$$\oint_L H \cdot dl = \sum I_0 = \oint_S J \cdot dS \quad （积分形式） \tag{2-62}$$

$$\nabla \times \boldsymbol{H} = \boldsymbol{J} \quad （微分形式） \tag{2-63}$$

2.3.3　磁介质的本构关系

磁强场度 $\boldsymbol{H}$ 和磁化强度 $\boldsymbol{M}$ 之间的关系由磁介质的物理性质决定，对于线性各向同性介质，$\boldsymbol{M}$ 与 $\boldsymbol{H}$ 之间存在简单的线性关系

$$\boldsymbol{M} = \chi_m \boldsymbol{H} \tag{2-64}$$

式中　χ_m——介质的磁化率（也称为磁化系数）。

$$\boldsymbol{B} = \mu_0 (1 + \chi_m) \boldsymbol{H} = \mu \boldsymbol{H} \tag{2-65}$$

式中　μ——介质的磁导率（H/m），$\mu = \mu_0 (1 + \chi_m) = \mu_r \mu_0$。

μ_r——介质的相对磁导率（量纲为 1），$\mu_r = 1 + \chi_m$。

式（2-65）称为磁介质的本构关系。

2.3.4　磁介质分类

根据物质的磁效应不同，磁介质通常可以分为抗磁质、顺磁质、铁磁质、亚铁磁质等类型。

（1）抗磁质　无外磁场时，分子固有磁矩（电子轨道、自旋磁矩的矢量和）为零；有外磁场时，在外磁场的作用下，分子中电子的轨道运动将受到影响——引起与外磁场方向相反的附加反向感应磁矩，自旋磁矩可以忽略。这时磁化率 $\chi_m < 0$，相对磁导率 $\mu_r < 1$，$\boldsymbol{M}$ 与 $\boldsymbol{B}$ 的方向相反，磁介质内 $\boldsymbol{B}$ 变小。典型的抗磁质有铜、硫、铋、氢气、水及惰性气体等。

（2）顺磁质　无外磁场时，分子固有磁矩（电子轨道、自旋磁矩的矢量和）不为零，分子的无规则热运动使分子磁矩取向混乱，故物质并不显示磁性。有外加场时，分子固有磁矩受外磁场的作用，导致分子磁矩沿外磁场方向排列而产生附加磁场。这时磁化率 $\chi_m > 0$，相对磁导率 $\mu_r > 1$，$\boldsymbol{M}$ 与 $\boldsymbol{B}$ 的方向相同，磁介质内 $\boldsymbol{B}$ 增大。大多数玻璃、锰、铝、铁盐与镍盐的溶液等都属于顺磁质材料。

（3）铁磁质　在外磁场的作用下，铁磁质材料呈现强烈的磁化，能明显地影响磁场的分布。在铁磁材料中，存在许多天然小磁化区，即磁畴。每个磁畴由多个磁矩阵方向相同的原子组成，在无外磁场作用时，各磁畴排列混乱，总磁矩相互抵消，对外不显示磁性。但在外磁场作用下，磁畴企图转向外磁场方向排列，形成强烈磁化。因此，铁磁性物质的磁化，是外磁场与磁畴相互作用的结果。撤去外磁场后，部分磁畴的取向仍保持一致，对外仍然呈现磁性，称为剩余磁化。随着时间的延长或温度的升高，磁性会消失。铁磁质的磁化与温度之间的关系很奇特，在某一温度 T_C 以下，随着温度的上升，饱和磁化强度逐渐减小；达到 T_C 时，饱和磁化强度降为零；而在 T_C 以上，铁磁质则变成一般的顺磁质。这一温度 T_C 称为居里点或居里温度。铁磁质材料包括铁、钴、镍及其合金，铁氧体等。

2.4　铁磁材料的磁化机制

2.4.1　磁畴

近代科学实验证明，铁磁质的磁性主要来源于电子自旋磁矩。在没有外磁场的条件下，

铁磁质中电子自旋磁矩可以在小范围内"自发地"排列起来，形成一个个小的"自发磁化区"——磁畴（图 2-16）。自发磁化的原因是相邻原子中电子之间存在一种交换作用（一种量子效应），使电子的原子磁矩平行地排列起来而达到自发磁化的饱和状态。

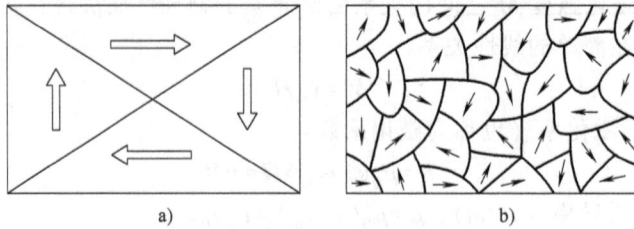

图 2-16　单晶和多晶磁畴结构示意图
a）单晶磁畴　b）多晶磁畴

图 2-17 所示为光学镜头下真实的磁畴结构。其中图 2-17a、b 所示为铁氧体单晶基面上的磁畴结构，图 2-17c 所示为钴的两个晶粒上的磁畴结构，L 为晶体厚度。

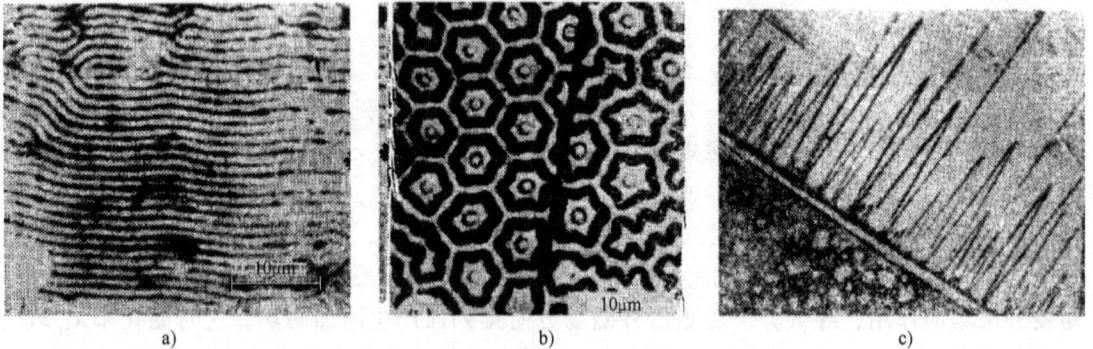

图 2-17　几种铁磁材料的磁畴结构
a）片形畴（$L=8\mu m$）　b）蜂窝畴（$L=75\mu m$）　c）楔形畴

2.4.2　磁化曲线

铁磁材料是一种非线性磁介质，其特性曲线与磁化历史有关。铁磁材料的 M-H、B-H 均为非线性关系，而且是复杂的多值关系，铁磁质在外磁场中的磁化情况是通过外磁场强度和其中磁感应强度 B 的关系曲线——磁滞回线来表示的。μ_r 的值很大，不再是常量，而是 H 的函数，并且与磁性物质的磁化过程有关。即 μ_r 为非常量，且呈各向异性。

当铁磁质第一次（或退磁后）被磁化时，其磁化过程如图 2-18 所示。第一次磁化的 B-H 曲线为起始磁化曲线，如图 2-19 所示，图中 M-H、B-H 关系是非线性和非单值的。

（1）OA 段　施加的磁场 H 较小，称为初始磁化区，磁化强度 M 随其中磁场强度 H 的增加缓慢增加，并且磁化是可逆的。这是因为该阶段起主要作用的是畴壁位移，而磁畴磁矩可逆转动的作用很小。

（2）AB 段　磁化强度 M 随 H 的增加而急剧增加，此时若去掉磁化场，磁化强度将不再恢复为零，而是保留足够大的剩磁。因此，AB 段称为不可逆磁化区。该段起主要作用的是不可逆的畴壁位移，同时，也有不少磁畴磁矩开始逐渐转向外磁场方向，因而出现了强烈磁

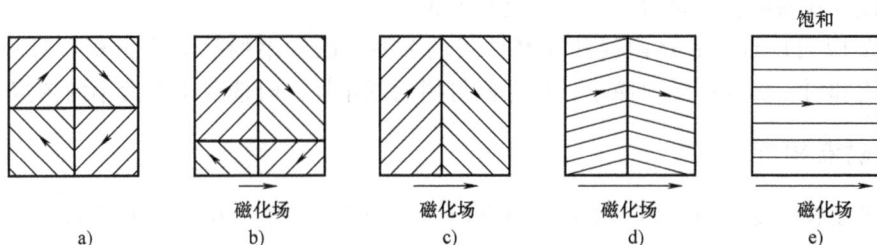

图 2-18 磁化过程示意图

a）未磁化时的状态 b）畴壁的可逆位移阶段（*OA* 段） c）不可逆磁化区（*AB* 段）

d）旋转磁化区（*BC* 段） e）趋于饱和区（*CS* 段）

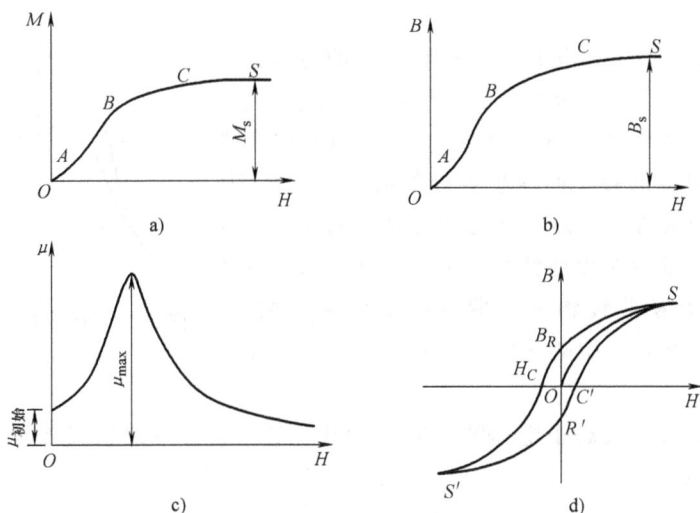

图 2-19 磁化曲线

a）初始磁化曲线 *M-H* b）初始磁化曲线 *B-H* c）铁磁材料的 *μ-H* 曲线 d）磁滞回线

M_s—饱和磁化强度 B_s—饱和磁感应强度

化。最大磁导率就出现在这个区域。

（3）*BC* 段 磁化强度 *M* 随 *H* 增加的变化速度开始减慢。该段也称为旋转磁化区，磁化中起主要作用的是磁畴磁矩的转动。

（4）*CS* 段 随着 *H* 的增加，磁化强度的变化很小，这是因为各磁畴的磁矩与外磁场方向成很小的角度，磁化以可逆磁畴磁矩的转动为主。该区域称为趋于饱和区。

（5）*S* 点以上段 这时，各磁畴已全部转向外磁场方向，随着磁场强度 *H* 的增加，磁化强度 *M* 不再增加。因此，这一区域称为饱和区。

不同铁磁性材料的初始磁化曲线是不一样的，软磁性材料的初始磁化曲线比较陡峭，说明这种材料易于磁化；电磁性材料（如高碳钢、高合金钢等）的磁化曲线较为平坦，说明这种材料不易磁化。

当铁磁材料被磁化达到饱和后，外磁场从 H_s 开始逐渐减小，磁感应强度 *B* 并不沿原来的磁化曲线 *SCBAO* 减小，而是沿另一条曲线 *SR* 比较缓慢地下降。这种 *B* 的变化落后于 *H* 的变化的现象，称为磁滞现象，该曲线称为磁滞回线。产生磁滞的原因是铁磁质中含有杂质和内应力或存在缺陷，而阻碍了磁畴恢复到原来的状态。

由图 2-19 可以看出 *B-H* 曲线和 μ-*H* 曲线的关系，磁导率的最大值出现在激烈磁化区，当达到磁饱和时，磁导率迅速减小，这是制订周向磁化规范时选取磁场大小的依据。

2.4.3　磁滞损耗

当铁磁质在交变磁场作用下被反复磁化时，由于磁滞效应，磁体将发热而散失热量，这种能量损失称为磁滞损耗。可以证明：*B-H* 曲线中磁滞回线所包围的"面积"代表在一个反复磁化的循环过程中，单位体积的铁心内损耗的能量，磁滞回线越"胖"，曲线下的面积越大，能量损耗越多；磁滞回线越"瘦"，曲线下的面积越小，能量损耗越少。

2.4.4　剩磁曲线

用不同的外磁场反复磁化铁磁性材料一周的时间，可以得到一系列面积不等的磁滞回线，每个磁滞回线分别对应一个剩余磁感应强度 B_{r1}、B_{r2}、B_{r3}…。根据这些剩余磁感应强度与其所对应的磁滞回线顶点处的磁场强度作图，即可得到剩余磁感应强度随磁场强度变化规律的曲线，称为剩余磁化曲线（简称剩磁曲线），如图 2-20 所示。由图 2-20 可以看出，B_r-*H* 曲线和 *B-H* 曲线的形状基本相同，并可划分为三个区域：初始磁化区Ⅰ、剧烈磁化区Ⅱ和趋于饱和区Ⅲ。

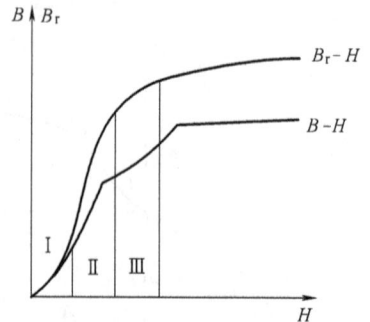

图 2-20　剩余磁化曲线和磁化曲线
B_r—剩余磁感应强度

与 *B-H* 曲线相比，在趋于饱和区，B_r-*H* 曲线比较平坦。一般情况下，该磁场强度可近似认为饱和磁场强度。

2.4.5　退磁曲线与最大磁能积

将外磁场去掉后，铁磁材料中仍然保留一定的剩磁，要将其中的剩余磁感应强度降为零，必须加一反向磁场，当反向磁场 $H_c = H$ 时，材料才完全退磁（即 $B = 0$ 或 $M = 0$ 的状态）。通常把从具有剩磁状态到完全退磁状态这段曲线 *RC* 称为退磁曲线，如图 2-21 所示。

退磁曲线上任意一点对应的 *B* 与 *H* 的乘积，表示在该点上磁性材料单位体积所具有的能量，因为乘积（*BH*）的量纲是磁能密度，所以称（*BH*）为磁能积，乘积（*BH*）正比于图 2-21 中画斜线的矩形面积。可以在退磁曲线上找到一点 *P*，其所对应的 *B* 与 *H* 的乘积为最大值，该点即为最大磁能积点，其值（*BH*）$_m$ 称为最大磁能积。（*BH*）$_m$ 是 B_r 和 H_c 的综合参数，它表明工件在磁化后所能保留磁能量的大小，即剩磁的大小，这在磁粉检测中是很有意义的。

例 2-1　如图 2-22 所示，有一磁导率为 μ、半径为 a 的无限长导磁圆柱，其轴线处有无限长的线电流 *I*，圆柱外是空气（磁导率为 μ_0），试求圆柱内外 ***B***、***H*** 和 ***M*** 的分布。

解：依据右手定则，由无限长电流产生的磁场，且到圆心距离为 *r* 处的磁场强度 *H* 大小相等，方向为圆周切线方向，且具有轴对称性。应用介质中的安培环路定理，以轴线上的一点为圆心作半径为 *r* 的封闭曲线 *l*，则磁场强度 *H* 在该曲线上的线积分为

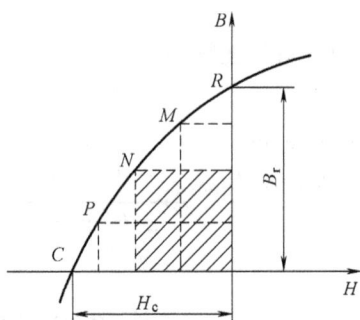

图 2-21　退磁曲线

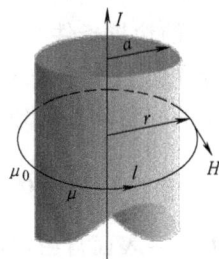

图 2-22　无限长导磁圆柱

H_c—矫顽力（使剩磁降为零所施加的反向磁场强度）

$$\oint_l \boldsymbol{H} \cdot \mathrm{d}\boldsymbol{l} = 2\pi r H_\phi = I \qquad (2\text{-}66)$$

磁场强度

$$\boldsymbol{H} = \boldsymbol{e}_\phi \frac{I}{2\pi r} \; (0 < r < \infty) \qquad (2\text{-}67)$$

磁感应强度

$$\boldsymbol{B} = \mu \boldsymbol{H} = \begin{cases} \boldsymbol{e}_\phi \dfrac{\mu I}{2\pi r} & (0 < r \leqslant a) \\[2mm] \boldsymbol{e}_\phi \dfrac{\mu_0 I}{2\pi r} & (a < r < \infty) \end{cases} \qquad (2\text{-}68)$$

磁化强度

$$\boldsymbol{M} = \frac{\boldsymbol{B}}{\mu_0} - \boldsymbol{H} = \begin{cases} \boldsymbol{e}_\phi \dfrac{\mu - \mu_0}{\mu_0} \dfrac{I}{2\pi r} & (r \leqslant a) \\[2mm] 0 & (a < r < \infty) \end{cases} \qquad (2\text{-}69)$$

2.5　磁场边界条件

　　图 2-23 所示两种磁介质的磁导率分别为 μ_1 和 μ_2，在两种不同媒质的分界面两侧，由于媒质不均匀，媒质的性质发生了突变，使得场量也发生突变。因此，微分形式的方程不再适用，而只能从麦克斯韦方程组的积分形式出发，推导出边界条件。磁场边界条件揭示了分界面两边磁场矢量间的联系。

1. $\boldsymbol{B}$ 的边界条件

　　如图 2-23 所示，在分界面上取一个小的柱形闭合面，其上、下底面与分界面平行。在柱形闭合面上应用磁通连续性方程（麦克斯韦第三方程）

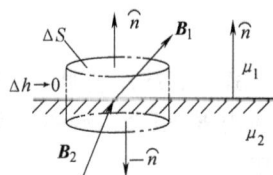

图 2-23　$\boldsymbol{B}$ 的边界条件

$$\oint \boldsymbol{B} \cdot \mathrm{d}\boldsymbol{S} = 0 \qquad (2\text{-}70)$$

$$\boldsymbol{B}_1 \cdot \mathrm{d}\boldsymbol{S}_1 + \boldsymbol{B}_2 \cdot \mathrm{d}\boldsymbol{S}_2 = 0$$
$$B_{1n} S - B_{2n} S = 0$$

因此
$$B_{2n} = B_{1n} \tag{2-71}$$

式 (2-71) 说明：在分界面上，磁感应强度 B 的法向分量是连续的。

2. H 的边界条件

在分界面上作一条矩形封闭曲线，方向如图 2-24 所示，依据介质中的安培环路定理（麦克斯韦第四方程），在分界面上有

$$\oint H \cdot dl = I = \oint J_S \cdot dl$$

式中 J_S——表面自由电流密度。

图 2-24 H 的边界条件

$$H_{1t}l - H_{2t}l = J_s l$$

$$H_{1t} - H_{2t} = J_s \tag{2-72}$$

若分界面上无自由电流，则

$$H_{1t} = H_{2t} \tag{2-73}$$

即 H 的切向分量是连续的。

在理想介质分界面上，如图 2-25 所示，表面电流密度为 0，则

$$\begin{cases} B_{1n} = B_{2n} \\ H_{1t} = H_{2t} \end{cases} \Rightarrow \begin{cases} B_1\cos\theta_1 = B_2\cos\theta_2 \\ H_1\sin\theta_1 = H_2\sin\theta_2 \end{cases} \Rightarrow \frac{\tan\theta_1}{\mu_1} = \frac{\tan\theta_2}{\mu_2} \Rightarrow \frac{\tan\theta_1}{\tan\theta_2} = \frac{\mu_1}{\mu_2} \tag{2-74}$$

式 (2-74) 表明：在两种不同磁导率材料的分界面上，磁场的方向会突变，媒质两侧的磁场方向与媒质特性相关，称为磁场的折射，式 (2-74) 称为磁场折射定理。

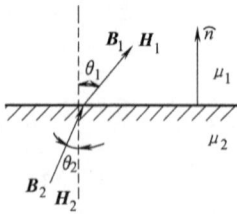

图 2-25 B 的折射

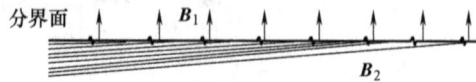

图 2-26 铁磁性材料中 B 的折射

例如，位于空气中的铁磁性媒质表面，如图 2-26 所示，铁磁性媒质的相对磁导率 $\mu_{r1} \gg 1$，空气的相对磁导率 $\mu_{r2} \approx 1$，则

$$\begin{cases} \tan\theta_1 \gg 1 \\ \tan\theta_2 \to 0 \end{cases} \Rightarrow \begin{cases} \theta_1 \to \dfrac{\pi}{2} \\ \theta_2 \to 0 \end{cases} \tag{2-75}$$

式 (2-75) 表明：在铁磁性媒质表面，磁场方向与表面垂直。由图 2-26 可知，铁磁性媒质内 B_1 很大，铁磁性媒质外 B_2 很小，说明磁力线集中在铁磁性材料中，很少泄漏到空气中。

2.6 磁路

在铁磁材料内（包括气隙），磁感应线通过的闭合路径称为磁路。铁磁材料被磁化后，不仅能产生附加磁场，由于磁导率远大于非铁磁材料，还能够把绝大部分磁力线约束在一个

闭合的路径上，磁路可以用电路来模拟。

　　设一密绕螺线环的横截面面积为 S，长度为 L，如图 2-27 所示，介质的磁导率为 μ，环中的磁场大小相等。作一条与磁路形状相同的封闭曲线，根据安培环路定理求其中的磁场，则

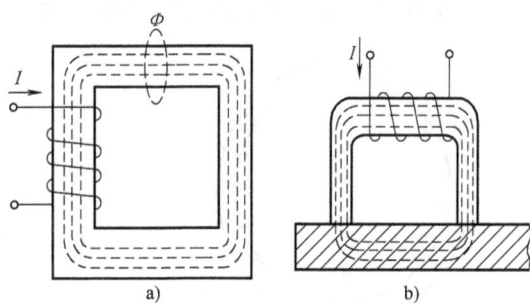

图 2-27　磁路

$$HL = NI \qquad (2\text{-}76)$$

将式（2-76）代入式（2-77）得

$$\Phi = BS = \mu HS \qquad (2\text{-}77)$$

$$\Phi = \frac{NI}{\dfrac{L}{\mu S}} = \frac{NI}{r_m} \qquad (2\text{-}78)$$

$$r_m = \frac{L}{\mu S} \qquad (2\text{-}79)$$

　　r_m 称为磁阻，式（2-78）与电路中的欧姆定律相似，Φ 相当于电流，磁动势 NI 相当于电压，$r_m = \dfrac{L}{\mu S}$ 相当于电阻。

　　如果铁环中留有空气隙，如图 2-28 所示，设铁环中的磁场强度为 H，气隙中的磁场强度为 H_0，气隙长度为 l_0。此时为串联磁路，根据安培环路定理，有

$$Hl + H_0 l_0 = NI$$

$$B = \mu H$$

$$B_0 = \mu_0 H_0$$

$$\Phi = \frac{NI}{\dfrac{l}{\mu S} + \dfrac{l_0}{\mu_0 S}} = \frac{NI}{R_{m1} + R_{m2}} = \frac{NI}{R_m}$$

$$R_m = R_{m1} + R_{m2} \qquad (2\text{-}80)$$

　　式（2-80）表明：与串联电路相似，串联磁路的磁阻等于各部分磁阻之和。

　　当磁路并联组合时，如图 2-29 所示的一个有分支的磁路，设磁路中部的磁通量为 Φ，另外两个支路中的磁通量分别为 Φ_1 和 Φ_2。根据磁通连续性原理，有

$$\Phi = \Phi_1 + \Phi_2$$

$$NI = \Phi R_{m\Phi} + \Phi_1 R_{m1}$$

$$NI = \Phi R_{m\Phi} + \Phi_2 R_{m2}$$

$$\Phi = \frac{NI}{R_m + R_{m\Phi}}$$

$$\frac{1}{R_m} = \frac{1}{R_{m1}} + \frac{1}{R_{m2}} \qquad (2\text{-}81)$$

式中　R_{m1}、R_{m2}、$R_{m\Phi}$——每个分支磁路及中部磁路的磁阻。

与并联电路相似，并联磁路的磁阻 [式（2-81）] 的倒数等于各分支磁阻倒数之和。

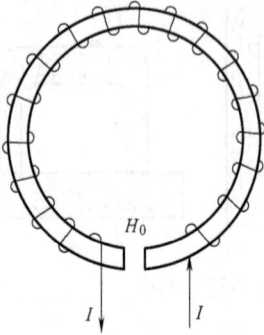

图 2-28　磁路的串联

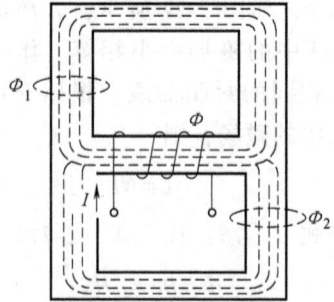

图 2-29　磁路的并联

例 2-2　设环式线圈铁心的长度 $l = 60\text{cm}$，缝隙的宽度 $l_0 = 0.1\text{cm}$，环式线圈的横截面面积 $S = 12\text{cm}^2$，总匝数 $N = 1000$，电流 $I = 1\text{A}$，铁心的相对磁导率为 600。试求缝隙内的磁场强度 H_0。

解：环式线圈内的磁通量为

$$\Phi = \frac{NI}{l/(\mu S) + l_0/(\mu_0 S)}$$

缝隙内的磁感应强度为

$$B_0 = \frac{\Phi}{S} = \frac{NI}{l/\mu + l_0/\mu_0}$$

所以

$$H_0 = \frac{B_0}{\mu_0} = \frac{1}{\mu_0}\frac{NI}{l/\mu + l_0/\mu_0} = \frac{NI}{l/\mu_r + l_0} = \frac{1000 \times 1}{0.6/600 + 0.001}\text{A/m} = 5 \times 10^5\text{A/m}$$

例 2-3　设螺线环的平均长度为 50cm，其横截面面积为 4cm^2，用磁导率为 $65 \times 10^{-4}\text{H/m}$ 的材料做成，若环上绕线圈 200 匝，试计算产生 $4 \times 10^{-4}\text{Wb}$ 的磁通量需要的电流。若将环切去 1mm，即留一空气隙，要维持同样的磁通量，需要多大的电流？

解：磁阻为

$$R_\text{m} = \frac{l}{\mu S} = \frac{50 \times 10^{-2}}{65 \times 10^{-4} \times 4 \times 10^{-4}}\text{A/Wb} \approx 1.92 \times 10^5\text{A/Wb}$$

磁动势为

$$NI = \Phi R_\text{m} = 4 \times 10^{-4} \times 1.92 \times 10^5\text{A} \approx 77\text{A}$$

所以

$$I = \frac{77}{N}\text{A} = \frac{77}{200}\text{A} = 0.385\text{A}$$

当有空气隙时，空气隙的磁阻为

$$R_\text{m}' = \frac{l'}{\mu_0 S} = \frac{1 \times 10^{-3}}{4\pi \times 10^{-7} \times 4 \times 10^{-4}}\text{A/Wb} \approx 2 \times 10^6\text{A/Wb}$$

环长度的微小变化可忽略不计，它的磁阻与先前相同，即 $1.92 \times 10^5\text{A/Wb}$。这时，全部磁路的磁阻为

$$R_\text{m} + R_\text{m}' = (2 \times 10^6 + 1.92 \times 10^5)\text{A/Wb} \approx 2.2 \times 10^6\text{A/Wb}$$

维持同样的磁通量所需的磁动势为

$$NI' = \Phi(R_m + R'_m) = 4 \times 10^{-4} \times 2.2 \times 10^6 \text{A} = 880 \text{A}$$

所需电流为

$$I' = \frac{880}{N} \text{A} = \frac{880}{200} \text{A} = 4.4 \text{A}$$

通过例 2-3，可以看出空气隙对磁路的影响。由于空气的磁导率（近似为真空磁导率）比铁磁质的磁导率小得多，因此空气隙的长度虽小，其磁阻却有可能比铁磁质大得多，所需线圈的安匝数也很大。可见，当磁路中有空气隙时，维持相同的磁通量所需线圈的安匝数将大大增加，因此，在进行磁轭法磁化时，磁极一定要紧密接触工件。

另外，必须指出，在以上两个例子中，磁导率都是事先给定的，这是不符合实际的。因为铁磁质的磁导率随 B 和 Φ 而变化，它不是一个常量，也不会是已知的，必须从相应材料的磁化曲线上查出其值。因此，磁化曲线是磁路设计的重要依据。

2.7 趋肤效应

2.7.1 电磁感应

1831 年法拉第发现，当穿过导体回路的磁通量发生变化时，回路中就会出现感应电流和电动势，且感应电动势与磁通量的变化有密切关系，由此总结出了著名的法拉第电磁感应定律。当通过导体回路所围面积的磁通量 Φ 发生变化时，回路中产生的感应电动势的大小等于磁通量的时间变化率的负值，其方向是要阻止回路中磁通量的改变。

法拉第电磁感应定律：

$$e = -\frac{d\Phi_m}{dt} \tag{2-82}$$

负号表示感应电流产生的磁场总是阻止磁通量的变化。

2.7.2 交流电的趋肤效应

假设半径为 R、长度为 h 的圆导体通过直流或低频电流时，电流在横截面内的分布是均匀的。当通以高频交流电 I_0 时，变化的电流将产生变化的磁场 B，根据法拉第电磁感应定律，变化的磁场将产生感应电动势，由此产生涡流 I_f，其方向如图 2-30 所示。由图可见，中心部分涡流 I_f 的方向与电流 I_0 的方向相反，削弱了电流；而边缘部分涡流 I_f 的方向与电流 I_0 的方向相同，增强了电流。正是这种感应电流使高频交流电的

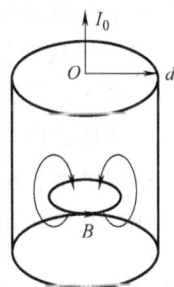

图 2-30 趋肤效应

电流在导体横截面上的分布不再是均匀的，而是集中在导体表面，该现象称为趋肤效应。其分布规律为

$$j = j_0 e^{-\frac{d}{d_s}} \tag{2-83}$$

式中 d——从导线表面到轴线方向的深度；

j_0——导线表面（$d=0$）处的电流密度；

d_s——趋肤深度，即 j 减小到 j_0 的 $1/e$（36.7%）时的深度。

$$d_s = \frac{1}{\alpha} = \sqrt{\frac{2}{\omega\mu\sigma}} \tag{2-84}$$

2.8　缺陷漏磁场

2.8.1　漏磁场的形成

当工件的表层存在切割磁力线的缺陷时，由于缺陷的磁导率小，磁阻很大，磁感应线将改变路径。大部分改变路径的磁通将优先从磁阻较小的缺陷底部的工件内通过，部分磁通会从缺陷部位逸出工件，越过缺陷上方后再进入工件，这种磁通的泄漏同时使缺陷两侧部位产生了磁极化，形成所谓的漏磁场。

磁粉检测是在被磁化的工件表面上喷洒磁粉或磁悬液，利用缺陷产生的漏磁场与磁粉相互作用来检查、判别是否有缺陷存在。由于漏磁场的作用范围比实际缺陷的宽度大数倍至数十倍，因此磁痕的宽度比实际缺陷的宽度要大得多，很便于观察。

2.8.2　漏磁场的解析

由以上磁粉检测的原理可知，缺陷漏磁场是磁粉检测的基础，检测中能否发现缺陷，首先取决于缺陷漏磁场强度是否足够大。要提高检测灵敏度，即提高发现更小缺陷的能力，必须提高漏磁场的强度。

缺陷漏磁场可以由不同的模型来描述，目前较为流行、简单直观的是采用磁偶极子模拟的方法，然后根据静磁学计算磁偶极子在空间任意点的场强。

（1）等效点偶极子模型　等效点偶极子模型用于模拟工件表面的孔洞、点状缺陷。

（2）等效线偶极子模型　等效线偶极子用来模拟材料表面的划痕、刻痕等缺陷，等效线偶极子模型具有极性相反、线磁荷密度相等、间距为 $2b$ 的两条无限长磁荷线。

（3）等效带偶极子模型　等效带偶极子模型将裂纹类缺陷等效为无限长的矩形槽，槽宽 $2b$、深 h，设磁化使矩形槽两侧壁均匀分布着极性相反、面密度相等的两条磁荷带，并设在槽的其他部位均无磁荷分布。

根据模型，槽壁上宽度为 dx 的面元上的磁荷在 P 点产生的磁场强度的水平分量 H_x 可通过 dH_x 积分求出，即

$$H_x = \int_0^h dH_{1x} + \int_0^h dH_{2x} = \frac{P_{ms}}{2\pi\mu_0}\left[\arctan\frac{h(x+b)}{(x+b)^2 + y(y+b)} - \arctan\frac{h(x-b)}{(x-b)^2 + y(y+b)}\right] \tag{2-85}$$

式中　P_{ms}——磁偶极矩。

同理，垂直分量 H_y 为

$$H_y = \int_0^H dH_{2y} = \frac{P_{ms}}{4\pi\mu_0}\ln\frac{[(x+b)^2 + (y+h)^2][(x-b)^2 + y^2]}{[(x+b)^2 + y^2][(x-b)^2 + (y+h)^2]} \tag{2-86}$$

当裂纹深度很大，即 $h \to \infty$ 时，式（2-85）和式（2-86）可变为

$$H_x = \frac{\rho_{ms}}{2\pi\mu_0}\left(\arctan\frac{x+b}{y} - \arctan\frac{x-b}{y}\right) \tag{2-87}$$

$$H_y = \frac{P_{ms}}{4\pi\mu_0}\ln\frac{(x-b)^2+y^2}{(x+b)^2+y^2} \tag{2-88}$$

根据式（2-85）和式（2-86）的解析结果，可以获得图 2-31 所示的分布曲线。

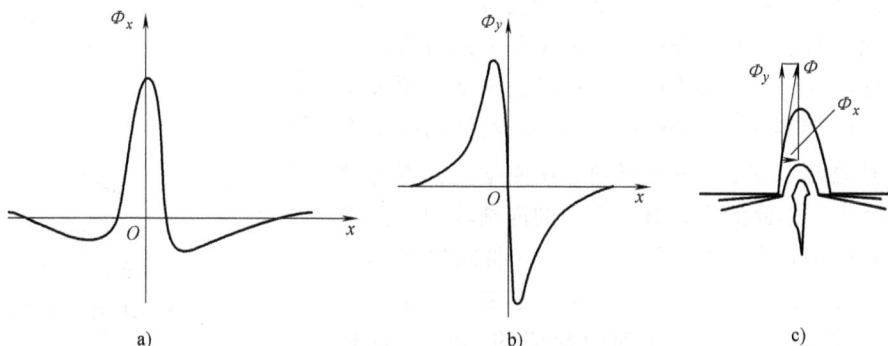

图 2-31　矩形表面缺陷的漏磁场
a）水平（x）分量　b）垂直（y）分量　c）合成漏磁场

由图 2-31 可知，漏磁场的水平（x）分量在矩形缺陷中线上方有最大值，且大致左右对称，从缺陷中心到缺陷边缘的区域内，该分量迅速下降。垂直（y）分量由于在缺陷两侧极性相反，故 H_y 在两侧的符号相反，中线处为零，靠近缺陷边缘处有最大值。如果将两个分量合成，则可绘出图 2-31c 所示的合成漏磁场。

漏磁场是看不见的，还必须有显示和检测漏磁场的手段。磁粉检测是通过漏磁场使磁粉聚集形成磁痕显示进行检测的，漏磁场对磁痕的吸引可看成是磁极的作用，如果在磁极区有磁粉，磁粉将被磁化，也呈现出 N 极和 S 极，并沿着磁感应线排列起来。当磁粉的两极与漏磁场的两极相互作用时，磁粉就会被吸引并加速移到缺陷上去，如图 2-32 所示。磁粉受力比较复杂，其受力情况如图 2-33 所示，除受漏磁场的磁力外，还受到重力、液体介质的

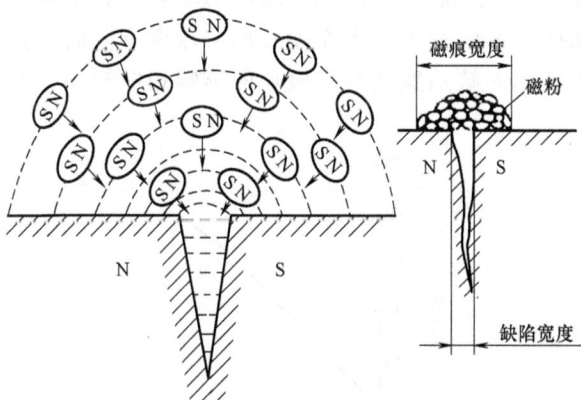

图 2-32　磁粉受漏磁场吸引

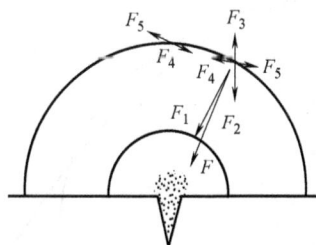

图 2-33　磁粉受力分析
F_1—漏磁场磁力　F_2—重力
F_3—液体介质的悬浮力　F_4—磁力　F_5—静电力

悬浮力、摩擦力、磁粉微粒间的静电力与磁力的作用,检测时工件表面上由磁粉构成的磁图像正是这些力共同作用的结果,缺陷磁痕显示主要是由漏磁场的作用产生的。

2.8.3　漏磁场的影响因素

在检测中,必须考虑影响缺陷漏磁场强弱的各种因素,主要有以下四个方面。

1. 磁化场的影响

缺陷漏磁场的强弱与工件的磁化程度有关,由铁磁性材料的磁化曲线可知,外磁场的大小和方向直接影响磁感应强度的变化。一般来说,外磁场的强度必须大于 H_{μ_m},即应选择产生最大磁导率 μ_m 的 H_{μ_m} 右侧的磁场强度值,此时磁导率减小,铁磁材料的磁阻增大,能通过的磁感线减少,因此泄漏到材料表面的漏磁场增大。实验表明,磁化强度与缺陷漏磁场的关系曲线如图 2-34 所示。由图可见,当磁化程度较低时,漏磁场偏小,且增加缓慢,当磁感应强度达到饱和值的 80% 左右时

图 2-34　磁化场对漏磁场影响

(此时已越过最大磁导率 μ_m 对应 H_{μ_m}),漏磁场不仅幅值较大,而且随着磁化场强度的增加会迅速增大。

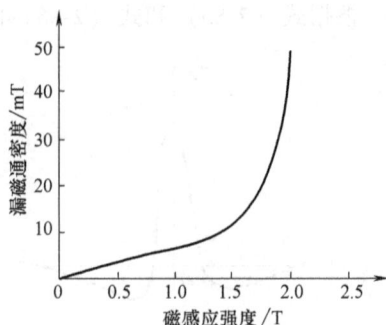

磁化场的种类也会影响漏磁场的分布:直流磁化场在工件中分布较均匀;交流磁化场由于趋肤效应,磁场集中于工件表面。因此,对于表面缺陷,交流漏磁场更为敏感;对于埋藏缺陷,则直流漏磁场较为敏感(前提是两磁化场峰值相等)。

2. 缺陷方向、位置和尺寸等的影响

(1) 缺陷方向的影响　缺陷方向对漏磁场的影响很大,当缺陷主平面与磁化方向垂直时,产生的漏磁场最强;当缺陷主平面与磁化方向平行时,由于缺陷对磁力线的通过几乎没有影响,因此漏磁场近似为零。当缺陷与磁化方向的夹角由 90° 逐渐减小时,漏磁场的变化规律如图 2-35 所示。

(2) 缺陷在工件中的位置对漏磁场的影响　同样的缺陷,位于工件表面时漏磁场最大;位于工件内部时,随着埋藏深度的增大而逐渐减小,当埋藏深度足够大时,漏磁场将趋于零。

(3) 缺陷尺寸的影响　缺陷的大小对漏磁场影响很大,当宽度相同、深度不同时,漏磁场随着缺陷深度的增加而增大,如图 2-36 所示。缺陷宽度对漏磁场的影响相应较小,当

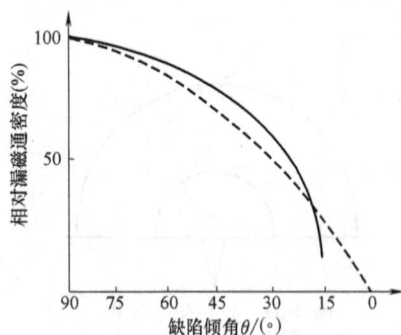

图 2-35　缺陷方向对漏磁场的影响

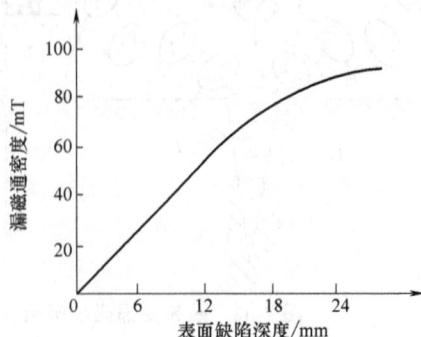

图 2-36　缺陷深度对漏磁场的影响

缺陷宽度很小时，随宽度的增大，漏磁场有增加的趋势；但当宽度较大时，随宽度增加，漏磁场反而缓慢减小。

此外，缺陷的性质、形状也对缺陷漏磁场有一定影响。不同种类的缺陷，其磁导率不同，磁力线通过时的磁阻就不同，产生的漏磁场不可能一样。平面状缺陷和体积状缺陷的漏磁场也存在一定差异。

3. 覆盖层对漏磁场的影响

当工件表面有覆盖层（涂、镀层）时，随着覆盖层厚度的增加，漏磁场将减弱。没有覆盖层时，磁痕浓密清晰，如图 2-37a 所示；覆盖层较薄时，有磁痕显示，如图 2-37b 所示；覆盖层较厚时，漏磁场无法到达覆盖层表面，不吸附磁粉，因此没有磁痕显示，如图 2-37c 所示。漆层厚度对漏磁场的影响如图 2-38 所示。

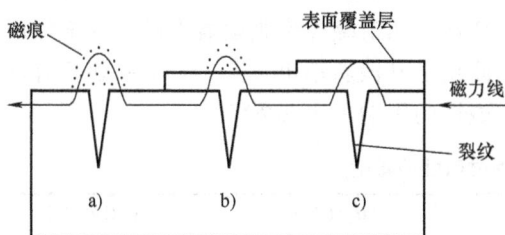

图 2-37　覆盖层对漏磁场的影响

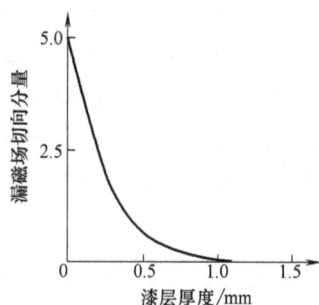

图 2-38　漆层厚度对漏磁场的影响

4. 工件材料及状态的影响

钢材的磁特性是随其合金成分（尤其是含碳量）、热处理状态、加工状态等而变化的，相同的磁化场、相同的缺陷对于磁性不同的材料，缺陷漏磁场是不一样的，难以磁化的材料（磁导率低）漏磁场小。

根据化学成分的不同，钢材分为碳素钢和合金钢。碳素钢是铁和碳的合金，碳的质量分数小于 0.25% 的称为低碳钢，碳的质量分数为 0.25%~0.6% 的称为中碳钢，碳的质量分数大于 0.6% 的称为高碳钢。碳素钢的主要组织是铁素体、珠光体、渗碳体、马氏体和残留奥氏体。铁素体和马氏体呈铁磁性；渗碳体呈弱磁性；珠光体是铁素体和渗碳体的混合物，具有一定的磁性；奥氏体不呈现磁性。合金钢是在碳素钢里加入各种合金元素而形成的。

钢的主要成分是铁，因而具有铁磁性，但 12Cr18Ni9 和 06Cr18Ni11Ti 在室温下属于奥氏体型不锈钢，没有磁性，因此不能进行磁粉检测。高铬不锈钢，如 12Cr13 和 14Cr17Ni2 的主要成分为铁素体和马氏体，它们在室温下具有一定的磁性，能够进行磁粉检测。另外，沉淀硬化型不锈钢也有磁性，能够进行磁粉检测。

钢铁材料的晶格结构不同，磁特性便有所变化，面心立方晶格的材料是非磁性材料，体心立方晶格的材料是铁磁性材料，体心立方晶格的状态不同，其磁性便不同。在晶格处于平衡状态时，磁性表现为高磁导率、高磁化强度及低矫顽力，即为软磁性。随着晶格内溶入碳原子数的增加和晶格歪扭程度的增加，磁性表现为磁导率降低、矫顽力上升，即磁性变硬，漏磁场也增大。

下面列举工件材料及状态对漏磁场的影响：

（1）晶粒大小的影响　表 2-1 所列为纯铁晶粒数与磁性的关系，可见，晶粒越大，磁导率越高，矫顽力越小，漏磁场就越小；相反，晶粒越小，磁导率越低，矫顽力越大，漏磁场也越大。

表 2-1　纯铁晶粒数与磁性的关系

晶粒数/(个/mm^2)	初始磁导率 μ_i	最大磁导率 μ_{max}	矫顽力 H_c/Oe
9.20	600	2400	0.604
1.21	900	3740	0.325
1.90	980	3000	0.273
0.15	1000	—	0.168
0.092	1500	4430	0.147
0.0067	1700	4300	0.063

（2）含碳量的影响　对碳素钢来说，在热处理状态接近时，对磁性影响最大的合金成分是碳。随着含碳量的增加，矫顽力几乎呈线性增加，相对磁导率则随着含碳量的增加而下降，漏磁场也增大，磁化曲线斜率下降，磁导率曲线上升段斜率也下降，最大磁能积有增大的趋势，磁滞回线逐渐变得肥大。含碳量对钢材磁性的影响见表 2-2。

表 2-2　含碳量对钢材磁性的影响

钢牌号	碳的质量分数(%)	热处理状态	H_c/(A/m)	相对磁导率
40	0.4	正火	584	620
D60	0.6	正火	640	522
T10A	1.0	正火	1040	439

（3）热处理的影响　钢材处于退火与正火状态时，其磁性差别不大；而退火与淬火状态的差别却比较大，淬火可提高钢材的矫顽力和剩磁，使漏磁场增大。但淬火后随着回火温度的升高，材料变软，矫顽力降低，漏磁场也减小。

例如，40 钢在正火状态下的矫顽力是 580A/m；经 860℃水淬，300℃回火后，矫顽力为 1520A/m；将回火温度提高到 460℃，矫顽力则降为 722A/m。

（4）合金元素的影响　由于合金元素的加入，材料的硬度增加，矫顽力也增加，所以漏磁场也增大，如正火状态的 40 钢和 40Cr 钢，矫顽力分别为 584A/m 和 1256A/m。

（5）冷加工的影响　冷加工如冷拔、冷轧、冷校直、冷挤压等加工工艺，会使材料的表面硬度提高、矫顽力增加。随着压缩变形率的增加，矫顽力和剩磁均增加，漏磁场也会增大。

2.9　磁粉检测的光学基础

2.9.1　光度量术语及单位

光是能够直接引起视觉的电磁辐射，光度学是有关视觉效应评价辐射量的学科。磁粉检测观察和评定磁痕显示必须在可见光或黑光下进行，其光源的发光强度、光通量，[光]照度、辐[射]照度和[光]亮度都与检测结果直接有关。

1. 发光强度

发光强度是指光源在给定方向上单位立体角内传输的光通量，用符号 I 表示，单位是坎[德拉]（cd），其表达式为

$$I = \frac{\mathrm{d}\Phi}{\mathrm{d}\Omega} \tag{2-89}$$

式中　$\mathrm{d}\Phi$——光通量（sr）；

　　　$\mathrm{d}\Omega$——立体角元（lm）。

国际计量大会将发光强度的单位坎德拉定义为："坎德拉是发出频率为 540×10^{12} Hz 的单色辐射光源在给定方向上的发光强度，该方向上的辐射强度为 1/683 瓦特每球面度（W/sr）"（球面度是一个立体角，其顶点位于球心，它在球面上所截取的面积等于以球半径为边长的正方形的面积）。

2. 光通量

光通量是指能引起眼睛视觉强度的辐射通量，用符号 Φ 表示，单位是流明（lm）。流明（lm）是发光强度为 1cd 的均匀点光源在 1sr 立体角内发射的光通量。

3.［光］照度

［光］照度也称为照度，是单位面积上接收的光通量，用符号 E 表示，单位是勒［克斯］（lx）。$1lx = 1lm/m^2$，1lx 是 1lm 的光通量均匀分布在 $1m^2$ 表面上产生的光照度。

过去，照度单位曾经使用过英尺坎德拉（f·cd）和英尺烛光（f·c），$1f \cdot cd = 1f \cdot c = 10.76lx$。

从定义式 $E = \frac{\mathrm{d}\Phi}{\mathrm{d}A}$ 可以看出，当面积 A 一定时，光通量 Φ 越大，则这个表面上的照度 E 就越大；当光通量 Φ 一定时，被均匀照射的表面积 A 越大，则表面照度 E 就越小。

另外，还可以导出：由一个发光强度为 I 的点光源，在相距 1m 处的平面上产生的照度，与该光源的发光强度成正比，与距离的平方成反比，即

$$E = \frac{I}{l^2} \tag{2-90}$$

式中　E——照度（lx）；

　　　I——光源的发光强度（cd）；

　　　l——光源到接收面的距离（m）。

4. 辐［射］照度

辐［射］照度也称为辐照度。表面上一点的辐照度是入射在包含该点的面元上的辐射通量 $\mathrm{d}\Phi_e$ 除以该面元面积 $\mathrm{d}A$ 之商，用符号 E_e（或 E）表示，即

$$E_e = \mathrm{d}\Phi_e / \mathrm{d}A \tag{2-91}$$

辐照度的单位是瓦［特］/米^2（W/m^2），$1W/m^2 = 100\mu W/cm^2$。

5.［光］亮度

［光］亮度也称为亮度，是指在给定方向单位立体角的垂直光照度，用符号 L 表示，单位是坎［德拉］/米^2（cd/m^2）。

2.9.2 光源

发光的物体称为光源，也称为发光体。

非荧光磁粉检测时，在波长范围为 400～760nm 的可见光下观察磁痕，可见光是目视可见的光，即包含红、橙、黄、绿、青、蓝、紫七种颜色的光。荧光磁粉检测时，采用波长范围为 320～400nm 的紫外线（也称为黑光）激发荧光磁粉的磁痕，产生波长范围为 510～550nm 的黄绿色荧光。

许多原来在可见光下不发光的物质，在紫外线的照射下却能够发光，这种现象称为光致发光。如果光致发光的物质在外界光源移去后，经过很长时间才停止发光，则这种光称为磷光，这种物质称为磷光物质；在外界光源移去后立即停止发光，则这种光称为荧光，这种物质称为荧光物质。由于荧光磁粉表面包覆一层荧光染料，当黑光照射到荧光磁粉上时，荧光物质便吸收黑光的能量，处于较低能级、离原子核较近的轨道上的电子，受激发而跃迁到离原子核较远的轨道上去，使原子能量升高而处于激发状态。处于激发状态的原子很不稳定，其高能级上的电子要自发地跃迁到失去电子的较低能级上去。电子由高能级跃迁到低能级，将发出一个光子，这个光子的能量就等于高、低能级的能量差，其波长在 510～550nm 范围内，发出黄绿色的荧光。

2.9.3　紫外线

紫外线是指波长为 100～400nm 的不可见光，其电磁波谱图位于可见光和 X 射线之间，如图 2-39 所示。不是所有的紫外线都可以用于荧光磁粉检测，只有波长为 320～400nm 的紫外线才能用于荧光磁粉检测。

国际照明委员会把紫外线的波长分成以下三个范围：

（1）UV-A　波长为 320～400nm 的紫外线称为 UV-A、黑光或长波紫外线。UV-A 适用于荧光磁粉检测，它的峰值波长约为 365nm。

（2）UV-B　波长为 280～320nm 的紫外线称为 UV-B 或中波紫外线，又称为红斑紫外线。UV-B 具有使皮肤变红的作用，还可引起晒斑和雪盲，不能用于磁粉检测。

（3）UV-C　波长为 100～280nm 的紫外线称为 UV-C 或短波紫外线。UV-C 具有光化和杀菌作用，会引起严重的烧伤，还会伤害眼睛，也不能用于磁粉检测。

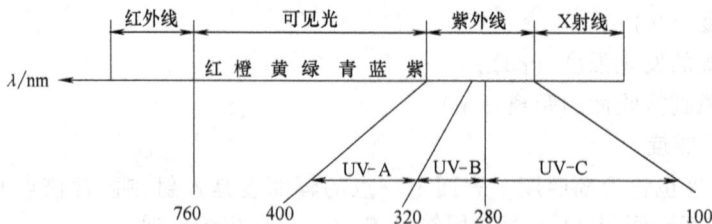

图 2-39　紫外线电磁波谱图

2.9.4　人眼对光的响应

人眼对于波长小于 400nm 的辐射的响应并不敏感，但是，在不存在长波可见光的情况下，人眼的灵敏度往往会提高。图 2-40 所示为在不同可见光照度下，人眼对可见光的相对平均响应。曲线 Ⅰ 为在 1000lx 明亮条件下观察，相当于最大灵敏度时，人眼的明视觉，垂直标度为 1。

在暗室中，如曲线 Ⅱ 所示，平均照度为 10lx。暗室不可能达到完全黑暗的状态，这是由

于黑光灯本身会产生一些蓝色或紫色的可见光，检验
场所的一些荧光源，如检验人员的衣着也会产生荧光。
人眼对于 380 ~ 400nm 波长范围内的辐射变得很灵敏，
几乎比亮光下的灵敏度高 30 倍。波长为 380 ~ 400nm 的
紫外线还会在人眼中引起深蓝色的感觉，并大大提高
蓝色范围 405nm 波长黑光灯的灵敏度。在这种可见光
下适应了黑暗的检验人员，可在检验场所来回走动，
准确地进行检验。

　　在完全黑暗的暗室中，如曲线Ⅲ所示，平均照度
为 1lx，这是磁粉检测难得的环境，人眼的灵敏度将提
高 800 倍，且能对波长至 350nm 的光线做出响应（使
眼球晶体和角膜适应荧光）。在本底水平较低时，人眼
更容易检测波长较长的可见光。

　　人眼瞳孔的尺寸会随着光线强度的变化而进行调
整，故视觉灵敏度在不同光线强度下有所不同。例如，

图 2-40　人眼对可见光的相对平均响应

人眼在强光下对光强度的微小差别不敏感，而对颜色和对比度的差别的辨别能力很高。在暗
光下，人眼辨别颜色和对比度的能力很差，但能看出微弱的发光物体或光源，因为在暗光
下，瞳孔会自动放大，从而能吸收更多的光。当人从明亮处进入暗区时，短时间内，眼睛看
不见周围的东西，必须经过一段时间才能看见，这种现象称为黑暗适应。进行荧光磁粉检测
时，黑暗适应时间需要 3 ~ 5min。同样，从暗区到明亮的地方，也需要足够的恢复时间。

　　人眼对各色光的敏感性是不同的，根据标准光度观测者的测定结果，波长为 555nm 的
黄绿色光的明视觉光谱光视效率是 1，人眼对其最敏感。荧光磁粉的磁痕，在黑光的照射
下，能发出色泽鲜明的黄绿色荧光，容易观察，与工件表面形成的紫色本底有很高的对比
度，因而缺陷磁痕在暗区具有很好的可见度，检测缺陷灵敏度高。

　　磁粉检测人员佩戴眼镜对观察磁痕有一定的影响。例如，光敏（光致变色）眼镜在黑
光辐射下会变暗，变暗程度与辐射的入射量成正比，会影响对荧光磁粉磁痕的观察和辨认，
因此不允许使用。由于荧光磁粉检测区域的紫外线不允许直接或间接地射入人眼，为避免人
眼暴露在紫外线辐射下，可佩戴吸收紫外线的护目眼镜，它能阻挡紫外线和大多数紫光与蓝
光。但应注意，不得降低对黄绿色荧光磁粉磁痕的检出能力。

2.9.5　黑光灯

　　黑光灯的结构如图 2-41 所示。它由石英内管和玻璃外壳等组成，内管的两端各有一个
主电极，管内装有汞和氩气，在主电极的旁边装有一个引燃用的辅助电极，其引出处串联一
个限流电阻，外面是玻璃外壳，起保护石英内管和聚光的作用。黑光灯一般用电感性镇流器
稳流。镇流器通过对灯两端的电压进行自动调节，使灯泡的放电电弧稳定。黑光灯与镇流器
的连接线路如图 2-42 所示。接通电源后，汞并不立刻产生电弧，而是在辅助电极和一个主
电极之间发生辉光放电，这时石英内管中的温度升高，汞逐渐汽化，当管内产生足够的汞蒸
气时，主电极间的汞才发生弧光放电，产生紫外线，这个过程需要 3 ~ 5min。由于产生紫外线
时，石英内管中汞蒸气的压力可以达到 $(4 ~ 5) \times 10^5 Pa$，因此，这种紫外灯又称为高压汞灯。

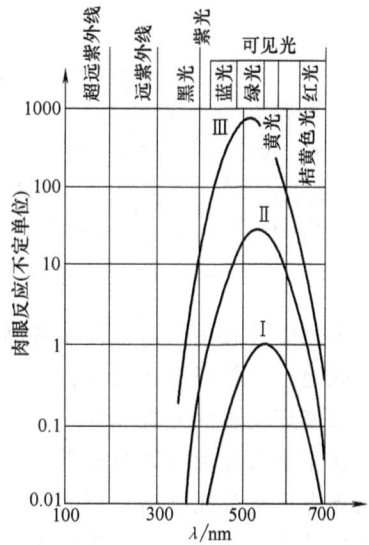

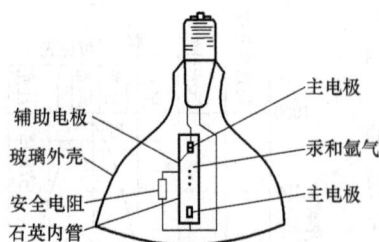

图 2-41　黑光灯的结构

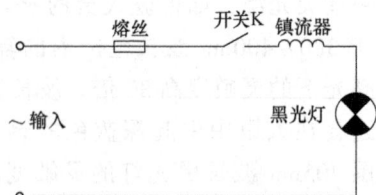

图 2-42　黑光灯与镇流器的连接线路

黑光灯外壳用深紫色镍玻璃制成，镍玻璃能吸收可见光，仅允许波长为 320~400nm 的紫外线通过。外壳锥体内镀有银，可起到聚光作用，大大提高黑光灯的辐照度。

黑光灯发出的光既包含不可见的紫外线，也包含可见光，不可见光的峰值在 365nm 附近，这正是激发荧光磁粉所需要的波长，而可见光和中波及短波紫外线则是不需要的。因为可见光会影响荧光磁粉磁痕的识别，中波和短波紫外线对人眼有伤害。因此，采用滤光片将不需要的光线滤掉，仅允许波长为 320~400nm 的长波紫外线（UV-A 黑光）通过，所以通常称这种紫外线灯为黑光灯。

使用黑光灯时的注意事项如下：

1）黑光灯刚起动时，输出达不到最大值，所以检验工作应至少等 3min 以后再进行。

2）尽量减少黑光灯的开关次数，频繁起动会缩短其使用寿命。

3）黑光灯使用后辐射能量会下降，所以应定期测量黑光辐照度。

4）电源电压波动对黑光灯影响很大，电压低，灯可能起动不了，或者会使点燃的灯熄灭。当实际电压超过灯的额定电压时，对灯的使用寿命影响很大，所以必要时应装稳压电源，以保持电源电压稳定。

5）滤光片上有脏污，应及时清除，因为会影响黑光的发出。

6）避免将磁悬液溅到黑光灯上，否则会使灯炸裂。

7）不要将黑光灯对着人眼照射。

8）滤光片如果有裂纹应及时更换，否则会使可见光和中、短波紫外线通过，对人体有害。

复习思考题

1. 试阐述以下概念

（1）磁导率　（2）矫顽力　（3）初始磁化曲线　（4）磁滞现象　（5）逆磁性物质（6）居里点

2. 什么叫漏磁通？缺陷漏磁通的影响因素有哪些？

3. 磁感应线有哪些特性？

4. 什么是磁场强度、磁通量和磁感应强度？分别用什么符号表示？它们在国际单位制（SI）和高斯单位制（CGS）中的单位分别是什么？如何换算？

5. 什么是磁导率？它的单位是什么？物理意义是什么？

6. 铁磁材料、顺磁性材料和抗磁性材料的区别是什么？

7. 用磁畴理论解释铁磁材料的磁化过程。

8. 什么是剩磁？什么是矫顽力？

9. 铁磁材料有哪些特性？

10. 硬磁材料和软磁材料的区别是什么？

11. 什么是磁畴？什么是居里温度？

12. 磁化强度是如何定义的？其物理意义是什么？

13. 什么是退磁场？影响退磁场大小的因素有哪些？退磁场如何计算？

14. 磁感应线的边界条件是什么？

15. 什么是磁路定律？写出其数学表达式。

16. 一钢棒长 1000mm，直径为 100mm，通以 1000A 的电流进行磁化，求钢棒表面的磁场强度（分别写出以 A/m 和 Oe 为单位的数值）。

17. 设钢的相对磁导率 $\mu_r = 600$，钢中的磁感应线方向与两种磁导率的分界面的法线成 89°角，而分界面的另一侧为空气，其相对磁导率近似为 1，求空气中的磁感应线的折射角。

18. 设钢与空气分界面的法线与钢中磁感应线的夹角 $\alpha_1 = 89.9°$，当磁感应强度 $B_1 = 0.8T$ 时，求空气中磁感应强度的法向分量 B_{2n}。

19. 一螺管线圈绕 5 匝，通以 10A 的电流，另一个同样尺寸的螺管线圈绕 10 匝，通以 5A 的电流。问：两个线圈的中心磁场强度是否相等？

20. 简述发光强度、光通量、光照度、辐照度和光亮度的定义及单位。

21. 可见光、紫外线的区别是什么？波长范围各是多少？

22. 什么是荧光、磷光和光致发光？

23. 简述人眼对光源的响应。

24. 简述黑光灯的结构和黑光的产生机理。

25. 简述使用黑光灯时的注意事项。

26. 长波、中波和短波紫外线有何区别？

第3章　磁粉检测方法及原理

3.1　磁粉检测方法分类

磁粉检测通常有以下几种分类方法。

（1）按施加磁粉的时间分类　分为剩磁法和连续法。

剩磁法是利用工件中的剩磁进行检验的方法。先将工件磁化，切断磁化场后，再对工件施加磁悬液进行检查。剩磁法只适用于剩磁 $B_r>0.8T$、矫顽力 $H_c>800A/m$ 的铁磁材料。一般来说，经淬火、调质、渗碳、渗氮的高碳钢、合金结构钢都满足上述条件，而低碳钢和处于退火状态或热变形后的钢材则不能采用剩磁法。剩磁法的优点是检测效率高，缺陷磁痕显示干扰少、易于识别，并有足够高的检测灵敏度。

连续法是在外磁场作用的同时，对工件施加磁粉或磁悬液，故也称为外加磁场法。连续法适用于一切铁磁材料，与剩磁法相比灵敏度更高，但它的检测效率低于剩磁法，有时还会产生一些干扰缺陷磁痕评定的杂乱显示。

（2）按显示材料分类　分为荧光法和非荧光法。

荧光法是以荧光磁粉做显示材料，它的检测灵敏度高，适用于精密零件等检测要求较高的工件。被检表面不宜采用普通磁粉的工件也应采用荧光法。采用荧光法时，通常要在暗室内的黑光灯下进行。

非荧光法以普通磁粉为显示材料，检查时在自然光下进行。普通磁粉的种类很多，使用非常广泛。

（3）按磁粉分散介质分类　分为干法和湿法。

干法以空气为分散介质，检查时将干燥的磁粉用喷粉器喷撒到干燥的被检工件表面。干法适用于粗糙的工件表面，如大型铸件、焊缝表面等。

湿法是将磁粉分散、悬浮在合适的液体中，如常用油或水做分散剂，称为油或水磁悬液，使用时将磁悬液施加到工件表面。湿法的检测灵敏度高，能检出细微的缺陷，并且磁悬液可以回收重复使用。

此外，磁粉检测方法还可以根据磁化方法进行分类，如按磁化电流种类不同和磁化方向不同进行分类。

在实际应用中，正确选择磁粉检测方法是获得理想检验结果的必要条件。选择的依据是被检工件的形状、尺寸、材质和检测要求等。在确定检测方法（剩磁法和连续法，荧光法和非荧光法，干法和湿法）之后，还需要对一些重要的检测内容进行选择，主要项目有：磁化电流种类、磁化方法、磁化场（即磁化电流）的大小、磁化持续时间、磁粉的种类和磁悬液的浓度等。这些方法和技术条件的选择，都会影响检测效果，能够正确、合理地选择检测方法和技术条件，是对磁粉检测人员的基本要求。

3.2 磁化电流

用于产生磁场的电流称为磁化电流。磁粉检测用的磁化电流有交流电、直流电、整流电（单相半波整流电、单相全波整流电、三相全波整流电）及脉冲电流，不同种类的电流对工件的磁化是有差异的，即使磁化电流大小相同，其磁化场的幅值以及在工件中的磁场分布也都是不同的。

1. 交流电

（1）表征交流电的物理量　交流电是指大小和方向随时间做周期性变化的电流，其中正弦（余弦）交流电是随时间做正弦（余弦）变化的交流电，如图 3-1 所示。其数学表达式为

$$i = I_m \sin(\omega t + \varphi) \tag{3-1}$$

式中　i——交流电的瞬时值；

　　　I_m——交流电的峰值；

　　　ω——角频率；

　　　φ——初相位。

交流电的大小常用峰值、有效值和平均值表征。

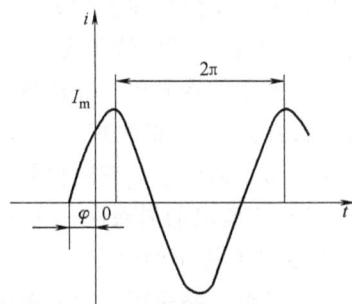

图 3-1　正弦交流电

1）有效值。在相同的电阻上分别通以直流电与交流电，如果在一个交流周期内，两者所产生的热量相同，则将此直流电的大小定义为该交流电的有效值 I

$$I = \sqrt{\frac{1}{T} \int_0^T i^2 \, dt} \tag{3-2}$$

式中　T——交流电的周期。

将式（3-1）代入式（3-2），可以得到交流电有效值与峰值的关系

$$I = \frac{1}{\sqrt{2}} I_m \tag{3-3}$$

2）平均值。数学上平均值的定义为 $\bar{I} = \frac{1}{T} \int_0^T i(t) \, dt$，相当于交流电压 $u(t)$ 的直流分量。交流电压测量中，平均值通常是指经过全波或半波整流后的波形（一般若无特指，则均为全波整流）的平均值，即

$$\bar{I} = \frac{1}{T} \int_0^T |i(t)| \, dt \tag{3-4}$$

对于理想的正弦交流电压 $i(t) = I_m \sin(\omega t)$，若 $\omega = 2\pi/T$，则

$$\bar{I} = \frac{2}{\pi} I_m \approx 0.637 I_m \tag{3-5}$$

在磁粉检测中，对工件磁化起作用的是电流的峰值，而检测设备的交流电表指示的是有效值或平均值。因此，确定磁化电流规范时，要注意峰值与有效值、平均值的换算。

由电磁场的基本理论可知，交流电通过导电体时，由于趋肤效应，其电流密度分布是不

均匀的，导体表面的电流密度大，而中心部位的电流密度很小。趋肤效应随交流电频率的升高，以及导体导电、导磁能力的提高而加剧。

（2）交流电的优点　在磁粉检测中，交流电获得了相当广泛的应用，其原因在于：

1）对表面缺陷的检测灵敏度高。趋肤效应使磁化电流及其产生的磁通趋于工件表面，提高了表面缺陷检测能力。

2）适用于变截面工件的检测。使用交流电磁化，可得到比较均匀的表面磁场分布，检测效果较好。

3）便于实现复合磁化和感应磁化。在复合磁化中，交流电是不可缺少的；在感应磁化中，也必须采用交流电。

4）有利于磁粉在被检表面上的迁移。交流电的方向不断变化，其产生的磁场也是交变的，有利于缺陷磁痕的形成。

5）设备结构简单。交流磁粉检测设备直接配用工作电源，不需要整流、滤波等装置，设备结构简单、价格便宜、重量轻、便于维修。

6）易于退磁。交流磁化剩磁集中于工件表面，采用交流退磁可方便地将剩磁退掉。

（3）交流电的局限性　交流电作为磁化电源也有其不足之处，在使用上也会受到一定限制，主要有以下两个方面。

1）剩磁不够稳定。交流电用于剩磁法检测时，会出现剩磁不稳和偏小的情况，这时有可能造成缺陷漏检。

2）检测深度小。交流电的趋肤效应虽然提高了表面缺陷的检测灵敏度，但对表层下缺陷的检测能力不如直流电，一些近表面缺陷会出现漏检。对于有镀层的工件，最好不用交流电磁化。

（4）交流断电相位的影响　交流电磁化与剩磁的关系如图 3-2 所示。

若交流电在正弦周期的 $(\pi/2 \sim \pi)$ 和 $(3\pi/2 \sim 2\pi)$ 或零值处断电，工件上将得到最大的剩磁 B_r，对应于坐标上的 02 和 05。

若断电发生在正弦周期的 $(0 \sim \pi/2)$ 和 $(\pi \sim 3\pi/2)$，则得到剩磁 B_r'，对应于坐标上 03′ 和 06′。显然，若在这一时段断电，所得的剩磁较小，无法满足剩磁法检测所需的剩磁 $B_r > 0.8T$ 的要求，从而无法产生足够强的漏磁场，会造成缺陷的漏检。因此，为了克服剩磁法检测中交流断电相位的影响，应在检测设备上加装断电相位控制器，确保交流电在 π 或 2π 处断电，以保证检测结果。

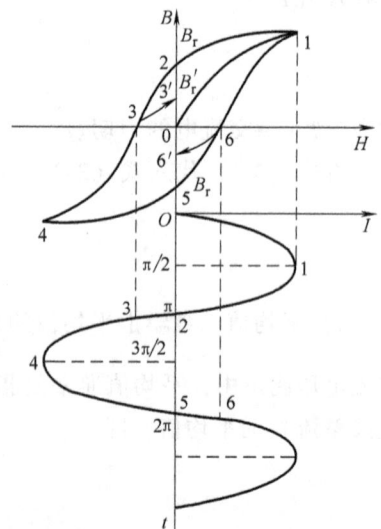

图 3-2　交流电磁化与剩磁关系

2. 直流电

直流电是指电流大小和方向都恒定不变的电流，也称为稳恒电流。用直流电磁化工件时，电流无趋肤效应，在导体内均匀分布，磁场渗透性好，因此检测深度大，对近表面缺陷的检测能力优于交流电。此外，直流电磁化剩磁稳定，无须进行断电相位控制。

但由于直流电磁化场的渗透深度大，退磁也更为困难，有时需要专用的退磁装置。

由于直流电源供给不便，故现代工业中已很少使用。

3. 整流电

（1）整流电的类型 整流电是电流方向不变，但大小随时间变化的电流。整流电既含有直流部分，又含有交流部分，故有时也称其为脉动电流或脉动直流。

整流电是通过对交流电进行整流而获得的，分为单相半波、单相全波、三相半波和三相全波四种类型。整流是指利用半导体二极管的单向导电特性把交流电变为脉动直流电。单相半波整流如图 3-3a 所示，通过二极管后只保留电流的正半周，利用二极管的截止去掉了负半周。全波整流利用变压器的中心抽头与两个二极管配合，使两个二极管分别在正半周和负半周轮流导通，而且两者流过负载的电流保持同一方向，使正弦曲线的负半周也倒转了过来，如图 3-3b 所示。

由图 3-3c、d 可知，三相全波或三相半波整流电的交流分量很小，波动很小，已接近直流电，其磁化效率也近似于直流电，在现代磁粉检测中几乎已取代了纯直流磁化。而单向半波或单相全波整流电的交流分量大，电流波动大，尤其是单相半波的电流是由直流脉冲组成的，每个脉冲持续半周，在脉冲之间的半周完全没有电流流动。因此，其磁化效果与直流电相差很大。

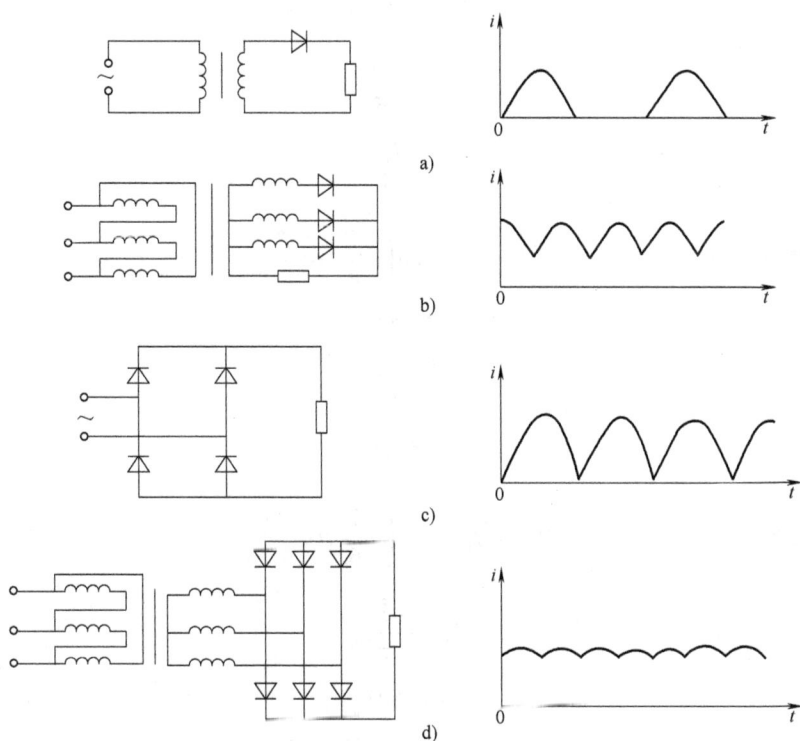

图 3-3 整流电
a）单相半波 b）三相半波 c）单相全波 d）三相全波

（2）单相半波整流电的特点 单相半波整流电是一种常用的磁化电流，它具有以下磁化特点：

1）兼有渗透性和脉动性。单相半波整流电方向单一，趋肤效应远比交流电小，因此能探测近表面缺陷。另外，单相半波整流电的交流分量较大，磁场具有强烈的脉动性，能够搅动干燥的磁粉，有利于磁粉的迁移。因此，单相半波整流电常与干法相结合，用于检测大型铸件、焊缝的表层缺陷。

2）剩磁稳定。单相半波整流电所产生的磁场总是同方向的，不存在磁滞回线中的退磁曲线段，总能在工件上获得稳定的剩磁。

3）对比度好。单相半波整流电磁化工件时，磁场不是过分地集中于表面，缺陷上的磁粉不会大量增加，磁痕轮廓清晰、本底干净，便于观察分析。

（3）整流电的磁化效果　随着电流脉动性的减小，磁场渗透深度加深，检测深度增大，更接近直流电。整流电磁化无须考虑断电相位问题，任何时刻断电都可以获得稳定的剩磁。但是，经整流电磁化后，工件的退磁比交流电困难，要想彻底有效地退磁，需要使用超低频退磁设备，该设备的退磁效率很低且价格昂贵。

（4）整流电电流的表征　对于整流电，检测设备中的电流值通常都是以测量平均值的电表指示的。而在磁粉检测中，工件中的磁场取决于电流的峰值，整流电的电流平均值 I_d、幅值 I_m 和有效值 I 之间的关系如下：

单相半波整流电 $\qquad i(t) = I_m \cos\omega t \left(-\dfrac{T}{4} < t < \dfrac{T}{4} \right)$

$$I_d = \frac{I_m}{\pi} \tag{3-6}$$

$$I = \frac{I_m}{2} \tag{3-7}$$

单相全波整流电 $\qquad i(t) = I_m \cos\omega t \left(-\dfrac{T}{4} < t < \dfrac{T}{4} \right)$

$$I_d = \frac{2I_m}{\pi} \tag{3-8}$$

$$I = \frac{I_m}{\sqrt{2}} \tag{3-9}$$

三相半波整流电 $\qquad i(t) = I_m \cos\omega t \left(-\dfrac{T}{6} < t < \dfrac{T}{6} \right)$

$$I_d = \frac{3\sqrt{3}}{2\pi} I_m \tag{3-10}$$

$$I = 0.84 I_m \tag{3-11}$$

三相全波整流电 $\qquad i(t) = I_m \cos\omega t \left(-\dfrac{T}{12} < t < \dfrac{T}{12} \right)$

$$I_d = \frac{3}{\pi} I_m \tag{3-12}$$

$$I = 0.95 I_m \tag{3-13}$$

注意：磁化规范要求的交流磁化电流值为峰值，而交流电电流表显示的是有效值，整流电电流表的显示值为平均值。磁化电流的波形、电流表指示及换算关系见表 3-1。

表 3-1　磁化电流的波形、电流表指示及换算关系

电流波形	电流表指示/I	换算关系	峰值为 100A 时的电流表读数
 交流	有效值(I_e)	$I_m = \sqrt{2}\,I_e$	70A
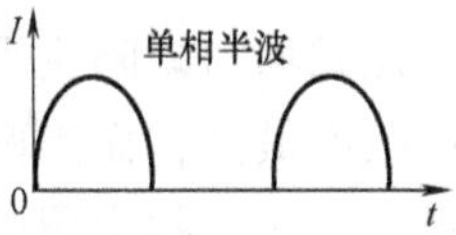 单相半波	平均值(I_d)	$I_m = \pi I_d$	32A
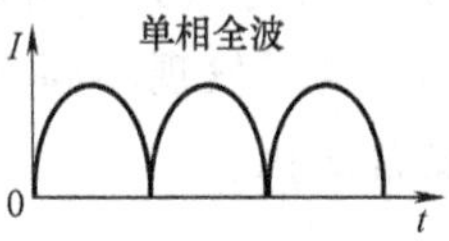 单相全波	平均值(I_d)	$I_m = \pi I_d / 2$	65A
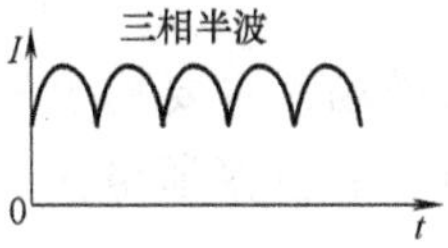 三相半波	平均值(I_d)	$I_m = \dfrac{2\pi}{3\sqrt{3}} I_d$	83A
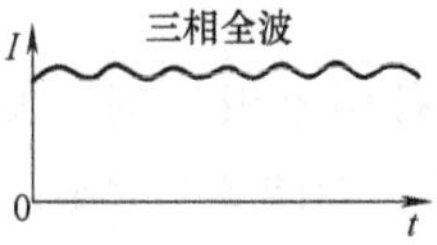 三相全波	平均值(I_d)	$I_m = \pi I_d / 3$	95A
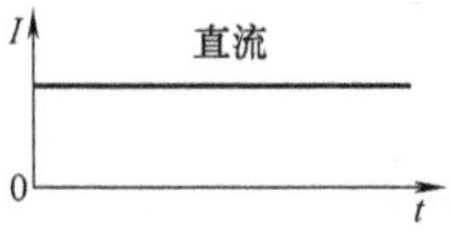 直流	平均值(I_d)	$I_m = I_d$	100A

注：I_m—电流峰值；I_d—电流平均值；I_e—电流有效值。

4. 冲击电流

冲击电流是一种在极短时间内突然释放出来的电流，实际上是一种非周期性的脉冲电流，一般可由电容器充放电获得，磁化电流可高达 1 万～2 万 A。

冲击电流只适用于剩磁法，实验证明，冲击电流通电时间要在 0.01s 以上，并反复通电数次，才能获良好的检测效果。

5. 选用磁化电流的原则

1）用交流电磁化和湿法检测，对工件表面微小缺陷的检测灵敏度高。

2）交流电的渗入深度不如整流电和直流电。

3）交流电用于剩磁法检测时，应加装断电相位控制器。

4）交流电磁化连续法检测主要与电流有效值有关。

5）整流电电流中包含的交流分量越大，检测近表面较深缺陷的能力越差。

6）单相半波整流电磁化干法检测，对工件近表面缺陷的检测灵敏度高。

7）三相全波整流电可检测工件近表面较深的缺陷。

8）直流电可检测工件近表面最深的缺陷。

9）冲击电流只能用于剩磁法检测和专用设备。

3.3　磁化方法

磁粉检测中，缺陷能否由磁痕显示和显示的清晰程度主要取决于其产生漏磁通的多少，即缺陷表面上漏磁场强度的大小。漏磁场强弱的一个重要影响因素是磁场与缺陷主平面的交角：当磁化方向与缺陷主平面垂直时，缺陷漏磁场最强，即检测灵敏度最高；而当两者平行时，因为缺陷并不切割磁力线，漏磁场几乎不存在，故难以检出缺陷。在实际应用中，应尽可能选择与缺陷面垂直的磁化场（磁场方向与缺陷延伸方向的夹角不小于 45°），以确保检测效果。但是，由于工件中的缺陷可能有各种取向，有的很难预知，为了发现不同方向的缺陷，发展出了不同的磁化方法，通常分为周向磁化、纵向磁化和复合磁化。

3.3.1　周向磁化

周向磁化是在工件中建立一个沿圆周（与轴线垂直）方向的磁场，主要用于发现纵向（轴向）和接近纵向（夹角小于 45°）的缺陷。周向磁化的常用方法有直接通电法、中心导体法、偏置芯棒法、触头法和环形件绕电缆法等。

1. 直接通电法

（1）直流通电法的原理　直接通电法是将工件夹持在检测设备两电极之间，使电流沿轴向通过工件，电流在工件内部及其周围建立一个闭合的周向磁场，如图 3-4 所示。

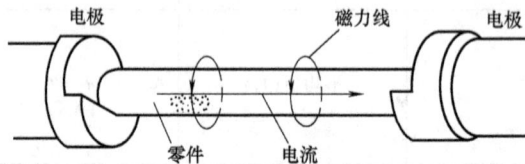

图 3-4　直接通电法

采用直接通电法时，工件内的磁场分布与工件的形状有关，下面分别以棒材、管材为典型工件进行分析。

1）棒材。一半径为 R 的长圆柱导体（棒材），其磁导率为 μ，对其通以直流电 I 时，电流在导体横截面上均匀分布。该电流所产生磁场的磁力线是以工件轴线为圆心，垂直于工件轴线面内的一簇簇同心圆，如图 3-5a 所示。利用安培环路定理

$$\oint \boldsymbol{H} \cdot \mathrm{d}l = \sum I \tag{3-14}$$

① 柱外（$r \geqslant R$）。选择一半径为 r 的闭合曲线 L_1，其围起来的总电流为 I，则

$$\oint_{L_1} \boldsymbol{H} \cdot \mathrm{d}l = 2\pi r H = I$$

式中　r——研究空间内任意点至轴线的距离。

② 柱内（$r \leqslant R$）。选择闭合曲线 L_2，其围起来的总电流为 $\sum I = I\dfrac{\pi r^2}{\pi R^2}$

$$\oint_{L_2} \boldsymbol{H} \cdot \mathrm{d}\boldsymbol{l} = 2\pi r H = \sum I = I\frac{\pi r^2}{\pi R^2}$$

可求得导体内外的磁场强度 H 为

$$H = \frac{Ir}{2\pi R^2} \quad (r \leqslant R) \tag{3-15}$$

$$H = \frac{I}{2\pi r} \quad (r > R) \tag{3-16}$$

因此，磁场强度的分布如图 3-5b 所示。

根据磁介质本构关系 $B = \mu H$，磁感应强度 B 可表达为

$$B = \frac{\mu Ir}{2\pi R^2} \quad (r \leqslant R) \tag{3-17}$$

$$B = \frac{\mu_0 I}{2\pi r} \quad (r > R) \tag{3-18}$$

式中　μ_0——空气的磁导率，近似等于真空磁导率。

因此，磁感应强度的分布如图 3-5c 所示。

对棒材通以交流电进行磁化时，由于趋肤效应，表层的电流密度大，随着深入棒材内部，电流衰减显著，所以磁场 H 和磁感应强度 B 在工件内部不是线性变化的，而是如图 3-5c 中曲线 AC 所示，即磁场更集中分布在工件的表面。

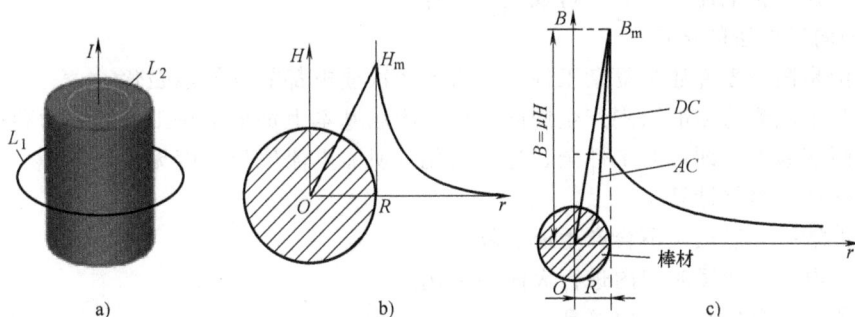

图 3-5　长圆柱导体的磁场分布

a）磁力线的形状　b）磁场强度的分布　c）磁感应强度的分布

2）管材。对管材直接通电时，其磁场的方向与棒材一致，但在磁场分布上，两者是有差别的。设管材内、外半径分别为 R_1 和 R_2，磁导率为 μ，通以直流电磁化，由安培环路定理可得

$$H = 0 \quad (r < R_1) \tag{3-19}$$

$$H = \frac{I(r^2 - R_1^2)}{2\pi r(R_2^2 - R_1^2)} \quad (R_1 \leqslant r \leqslant R_2) \tag{3-20}$$

$$H = \frac{1}{2\pi r} \quad (r > R_2) \tag{3-21}$$

其磁场分布如图 3-6 所示。由图 3-6 和式（3-19）～式（3-21）可知，管材在直接通电时，其内部磁场为零，若内表面有缺陷将难以检出。

（2）采用轴向通电法时的注意事项 采用轴向通电法磁化工件时，工件与电极之间应接触良好，有较大的导电接触面积，否则容易引起工件的局部烧伤，尤其是薄壁管类工件。采用轴向通电法和触头法时产生打火烧伤的原因如下：

1）工件与两磁化夹头的接触部位有铁锈、氧化皮、非导电覆盖层或其他脏物。

2）磁化电流过大。

3）夹持压力不足。

4）在磁化夹头通电时夹持或松开工件。

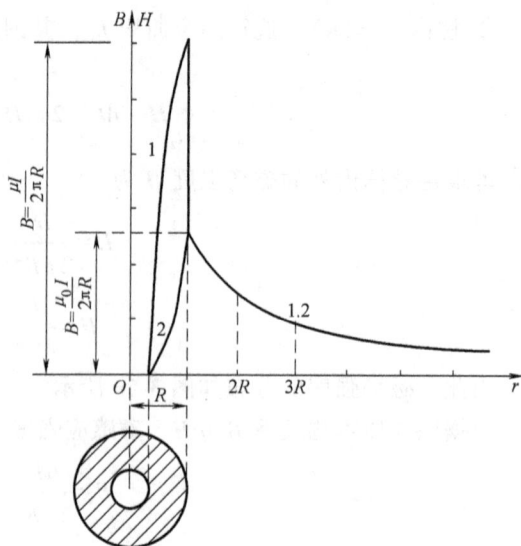

图 3-6 通电圆管的磁场分布图
1—直流电 2—交流电

预防打火烧伤的措施如下：

1）清除接触部位的铁锈、氧化皮、非导电覆盖层或其他脏物。

2）必要时应在电极上安装接触垫，如铅垫或钢编织垫。注意：铅蒸气是有毒的，使用时应注意通风；钢编织垫仅适用于冶金上允许的场合。

3）磁化电流应在夹持压力足够大时接通。

4）必须在磁化电流断电时夹持或松开工件。

（3）轴向通电法的优点

1）无论是简单零件还是复杂工件，一次或数次通电都能方便地磁化。

2）在整个电流通路的周围产生周向磁场，磁场基本上都集中在工件的表面和近表面。

3）在两端通电，即可对工件全长进行磁化，所需电流值与长度无关。

4）磁化规范容易计算。

5）工件端头无磁极，不会产生退磁场。

6）用大电流可在短时间内进行大面积磁化。

7）工艺方法简单，检测效率高。

8）有较高的检测灵敏度。

（4）轴向通电法的缺点

1）接触不良时，会产生电弧烧伤工件。

2）不能检测空心工件内表面的缺陷。

3）夹持细长工件时，容易使工件变形。

（5）轴向通电法的适用范围 特种设备实心和空心工件的焊缝、机加工件、轴类零件、管子、铸钢件和锻钢件的磁粉检测。

2. 中心导体法和偏置芯棒法

（1）中心导体法的原理 中心导体法是利用导电材料（如铜棒）做芯棒，将其穿过带孔的工件（如钢管），让电流从与孔同心放置的芯棒中通过，从而产生磁场磁化工件的方法。这种方法也称为穿棒法或芯棒法，它产生的磁场与直接通电一样为周向磁场，用于检测管、环件内外表面上的轴向缺陷和端面上的径向缺陷，如图 3-7 所示。

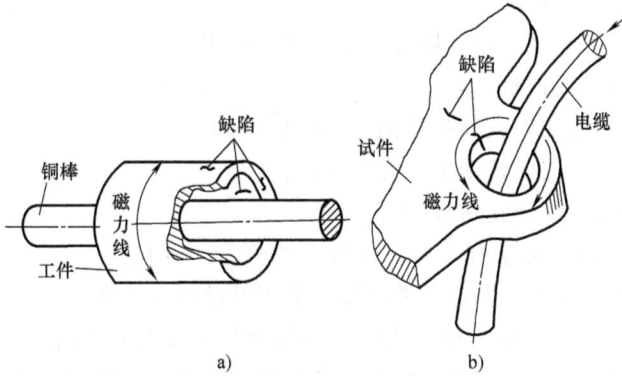

图 3-7 中心导体法

中心导体法的磁场分布如图 3-8 所示，图中芯棒半径为 R_1，管件内、外半径分别为 R_2 和 R_3，工件磁导率为 μ，磁化电流为 I。由安培环路定理求得各部位的磁场表达式为

$$H = \frac{Ir}{2\pi R_1^2} \quad (r \leqslant R_1) \tag{3-22}$$

$$H = \frac{I}{2\pi r} \quad (r > R_1) \tag{3-23}$$

磁感应强度的表达式为

$$B = \frac{\mu Ir}{2\pi R_1^2} \quad (r \leqslant R_1) \tag{3-24}$$

$$B = \frac{\mu I}{2\pi r} \quad (R_1 < r < R_2) \tag{3-25}$$

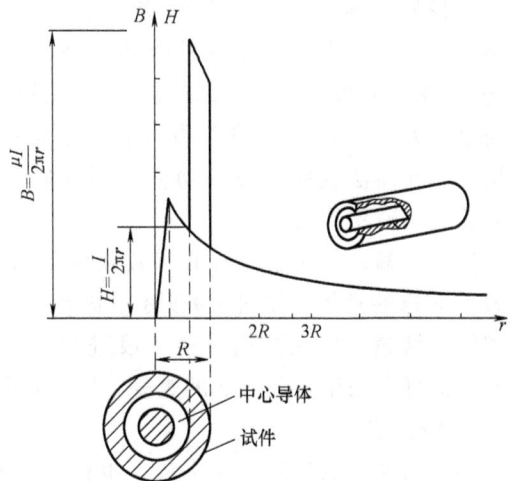

图 3-8 中心导体法的磁场分布

$$B = \frac{\mu I}{2\pi r} \quad (R_2 \leqslant r \leqslant R_3) \tag{3-26}$$

$$B = \frac{\mu_0 I}{2\pi r} \quad (r > R_3) \tag{3-27}$$

由图 3-8 可见，采用中心导体法时，在管材内外表面都可以获得足够的磁感应强度，且内壁强于外壁，可以清晰地显示内壁缺陷，这是直接通电法所不及的。此外，对于小型的管、环工件，也可以将数个工件一起穿在芯棒上一次磁化，以提高检测效率。由于中心导体法的电流是从芯棒中流过的，因此，不会出现直接通电法中烧伤工件的现象。

（2）中心导体法的优点

1）磁化电流不从工件上直接流过，不会产生电弧。

2）在空心工件的内、外表面及端面都会产生周向磁场。

3）重量轻的工件可用芯棒支承，许多小工件可穿在芯棒上一次磁化。

4）一次通电，工件全长都能得到周向磁化。

5）工艺方法简单、检测效率高。

6）有较高的检测灵敏度。

因此，中心导体法是最有效、最常用的磁化方法之一。

（3）中心导体法的局限性

1）厚重工件外表面比内表面的检测灵敏度低很多。

2）检测大工件时，需要转动工件多次磁化。

3）仅适用于有孔工件的磁粉检测。

（4）中心导体法的适用范围　特种设备上的管子、管接头、空心焊接件和各种有孔的工件，如轴承圈、空心圆柱、齿轮、螺母及环形工件的磁粉检测。

（5）偏置芯棒法　采用中心导体法时，芯棒应置于工件内孔中心，以便获得比较均匀的磁化场。但是，当工件直径太大，检测设备提供的电流不能达到工件表面所要求的磁场强度时，可以将工件偏心放置，选用适当的电流对工件进行圆周方向的分段磁化及检测，该方法称为偏置芯棒法（即将导体穿入空心工件的孔中，并贴近工件内壁放置，电流从导体上通过，形成周向磁场）。偏置芯棒法用于局部检测空心工件内、外表面上与电流方向平行的缺陷和端向上的径向缺陷，适用于用中心导体法检验而设备功率达不到的大型环件和压力管道的磁粉检测。

注意：偏置芯棒法检测的有效磁化范围为 $4D$，其中 D 是芯棒的直径，如图 3-9 所示。因此，对于大型环件和压力管道，应在圆周方向分段进行磁化检测，而且要保证每次磁化区有 10% 的重叠，以防止漏检。

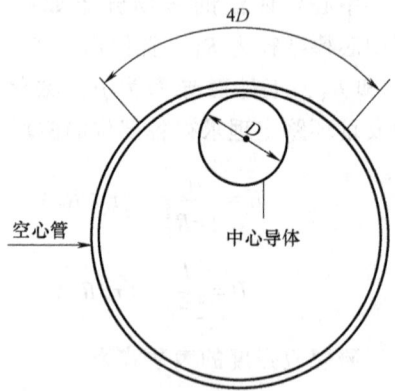

图 3-9　偏置芯棒法

3. 触头法

（1）触头法的原理　触头法（也称为刺入法）是通过两支杆电极将磁化电流引入工件，在电极之间的工件中形成磁场进行局部检测的磁化方法，如图 3-10 所示。其磁场分布如图 3-11 所示。

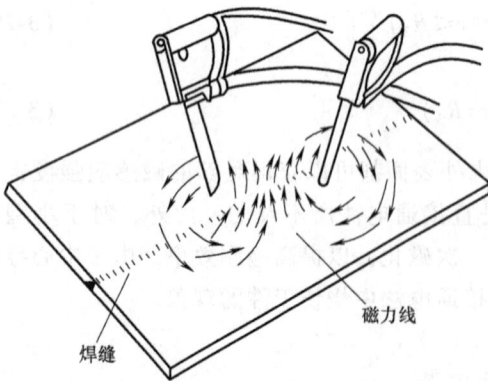

图 3-10　触头法

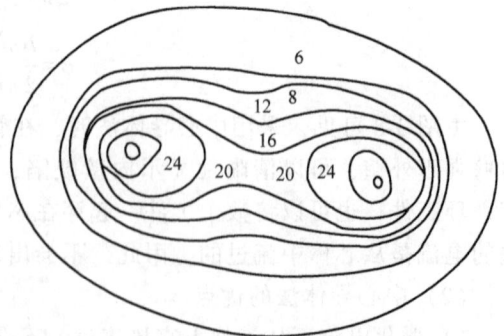

图 3-11　触头法被检测表面的磁场分布

由磁场分布可知，触头法是一种局部通电磁化方法，用于发现支杆之间区域内与支杆连线平行方向的缺陷，变动支杆通电位置，可以发现不同方向的缺陷。例如，检测焊缝的缺陷时，按图 3-12 所示放置触头，可以检测到垂直于焊缝方向的缺陷；若存在平行于焊缝方向的缺陷，则需要将触头垂直于图 3-12 中的触头方向，再磁化一次才能检出。因此，为了发现任意方向的缺陷，应在每个位置进行两次磁化，每次磁化方向互相垂直。也可以如图 3-13 所示，倾斜于焊缝放置触头。

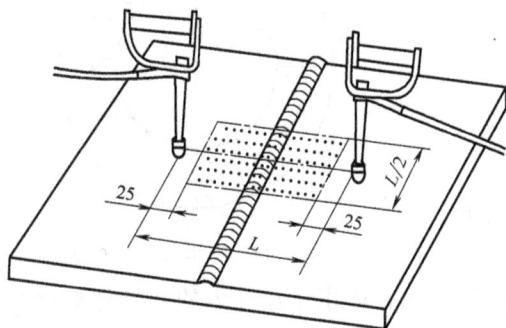

图 3-12　触头法有效磁化区

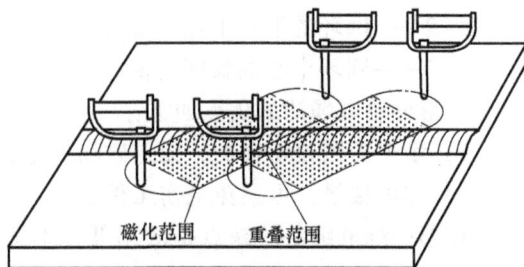

图 3-13　触头法磁化范围重叠

用触头法磁化工件时，工件表面的磁场强度与磁化电流、支杆间距有关。磁化电流一定时，支杆间距越大，工件表面的磁场强度就越小；支杆间距一定时，工件表面的磁场强度随磁化电流的增大而提高。在实际应用中，为了得到比较稳定的适合检测的表面磁场强度，对磁化电流、支杆间距都有一定的规定。支杆间距应为 150~200mm，最大不超过 300mm，否则，由于电流过小，磁化场不够，会使漏磁场太小而不能产生清晰的磁痕；最小不得低于 75mm，否则，会由于漏磁场过大，产生过度背景而掩盖缺陷。磁化电流一般可根据板厚，在 3.5~5A/mm（间距）范围内选择。作为一种局部磁化方法，触头法的有效磁化区（欧洲标准 EN 1290）为 $(L-50)(L/2)\,mm^2$，如图 3-12 所示。为了保证触头法磁化时不漏检，必须让两次磁化的有效磁化区互相重叠 10% 以上。

（2）触头法的优点

1）设备携带方便。

2）可在缺陷集中的区域进行检测。

3）检测灵敏度高、机动性强、方便灵活，不受试件形状、尺寸的限制，对于大型、复杂工件尤为适合。

（3）触头法的局限性

1）磁化区域小，大面积检测时费时。

2）触头法是直接对工件进行通电磁化的，如果触头与工件接触不良，在接触部位会产生火花、电弧而影响工件表面质量，不适用于抛光、电镀表面。此外，还应注意，支杆在接触和离开工件时，都应在断电状态下进行，否则将产生电弧和火花。

3）大型工件的检测效率低。

（4）触头法的适用范围　平板对接焊缝、T 形焊缝、管板焊缝、角焊缝及大型铸件、锻件和板材的局部磁粉检测。

4. 环形件绕电缆法

环形件绕电缆法是用软电缆穿绕环形件通电磁化，形成沿工件圆周方向的周向磁场，用于发现与磁化电流平行的横向缺陷，如图 3-14 所示。

磁场分布可以由安培环路定理得到

$$H = \frac{NI}{2\pi R} \text{或} H = \frac{NI}{L} \qquad (3-28)$$

式中　H——磁场强度（A/m）；

　　　N——线圈匝数；

　　　I——电流（A）；

　　　R——圆环的平均半径（m）；

　　　L——圆环中心线长度（m）。

环形件绕电缆法的优点如下：

1）由于磁路是闭合的，无退磁场产生，容易磁化。

2）非电接触，可避免烧伤工件。

图 3-14　环形件绕电缆法

环形件绕电缆法的缺点是效率低，不适用于批量检测，适用于尺寸大的环形件的磁粉检测。

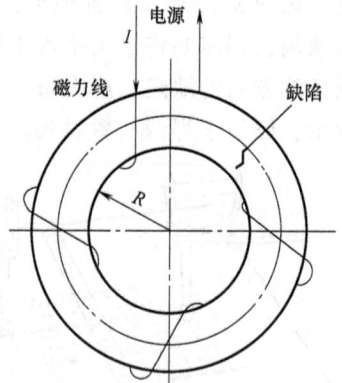

3.3.2　纵向磁化

纵向磁化是使工件得到与其轴线方向平行的磁化，用于发现与其轴线垂直的横向（或周向）和接近横向（夹角小于 45°）的缺陷。常用的纵向磁化方法有线圈法、磁轭法、永久磁轭法和感应电流法等。

1. 线圈法

线圈法是将工件放在通电线圈中，或用软电缆缠绕在工件上通电磁化，形成纵向磁场，用于发现工件的周向（横向）缺陷。该法适用于纵长工件，如焊接管件、轴、管子、棒材、铸件和锻件的磁粉检测，如图 3-15 所示。

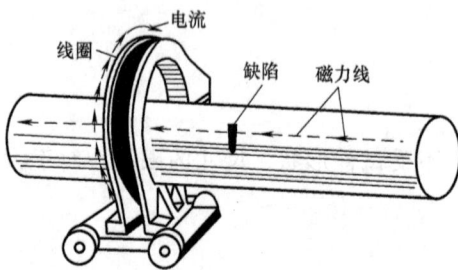

图 3-15　线圈法

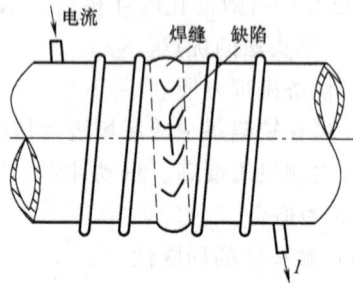

（1）磁场强度　线圈中的磁场在前文中已予介绍。磁粉检测中的磁化线圈多为有限长线圈，如图 3-16 所示，对于长度为 L、直径为 D、单位长度上匝数为 n 的螺线管，当通以电流 I 时，其轴线上任意点的磁场为

$$H = \frac{1}{2} nI (\cos\beta_1 - \cos\beta_2) \qquad (3-29)$$

图 3-16　空载通电线圈中心的磁场强度

式中　β_1、β_2——线圈轴线上任意点和线圈两端口外缘的连线与轴线间的夹角。

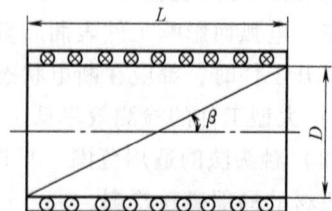

在线圈轴线中点，由于 $\cos\beta_2 = -\cos\beta_1$，于是

$$H = nI\cos\beta \tag{3-30}$$

或

$$H = \frac{IN}{\sqrt{L^2 + D^2}} \tag{3-31}$$

式中　β——线圈对角线与轴线之间的夹角；

　　　N——线圈的总匝数。

（2）磁场分布　在有限长螺线管线圈内部的中心轴线上，磁场分布较均匀，其在轴线和过轴心的横截面上具有单一的纵向分量，磁力线方向大体上与中心轴线平行。在非轴线上，磁场分量既有纵向分量也有径向分量，并且随着位置的不同，其纵向、径向分量都是变化的。线圈两端处的磁场强度为中心处磁场强度的 1/2 左右，如图 3-17 所示。

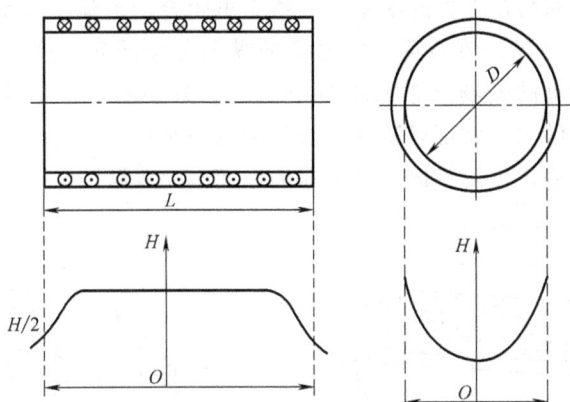

图 3-17　通电螺线管中的磁场分布

磁场的纵向分量在线圈横截面上的分布是不均匀的，线圈内壁处最大，轴线上最小，且随与轴线间距离的增大而增大。因此，当要求工件各部位有相同的检测灵敏度，即要求磁化均匀时，工件应与线圈同轴放置（中心放置）；若要最大程度地磁化，可使工件贴近线圈内壁磁化（偏心放置）。注意：正是因为磁场分布的不均匀（图 3-17），当工件中心放置或偏心放置时，为了得到相同的磁化效果，应采用不同的公式计算磁化电流。

（3）有效磁化区　磁场的纵向分量随与线圈中心轴线间轴向距离的增大而减小，对长工件进行磁化时，磁场减小到一定程度时将不能满足检测要求。因此，线圈磁化时，存在一个能满足检测要求的有效磁化区，该区域一般可延伸出线圈两端各一个线圈半径的长度，或从线圈端部向外延伸到 200mm 的范围。不同的标准对有效磁化区的规定有一定差别，例如，NB/T 47013.4—2015 规定的有效磁化区域：低充填因数线圈法为从线圈中心向两侧分别延伸至线圈端外侧各一个线圈半径范围内；中充填因数线圈法为从线圈中心向两侧分别延伸至线圈端外侧各 100mm 范围内；高充填因数线圈法或缠绕电缆法为从线圈中心向两侧分别延伸至线圈端外侧各 200mm 范围内，如图 3-18 所示。超出有效磁化区时，磁化强度应采用标准试片确定。长度超出有效磁化区范围的工件需要分段磁化，并应有 10% 的有效磁场重叠。

（4）快速断电效应　在线圈端部及其外侧附近，磁场的径向分量很大，对工件进行磁化时，有可能造成工件端部（或有效磁化区端部）磁化不足，此时，可采用快速断电的方

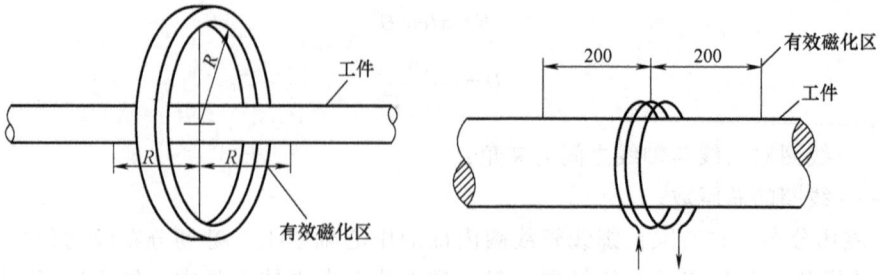

图 3-18 线圈法的有效磁化区

法来补偿。其原理为：快速断电时，电场的变化量 di/dt 很大，产生快速变化的平行于轴线方向的磁场 $d\Phi/dt$，该磁场在工件的横截面上感应出闭合的电流（即涡流），同时在工件端部建立一个封闭的环形磁场，该磁场与原磁场的纵向分量同向，这一现象称为快速断电效应。快速断电和慢速断电的磁场分布如图 3-19 所示。只要断电速度足够快，感应电流足够大，则产生的磁场也足够大，就能解决线圈法检测端面磁场不足的问题，使缺陷能够被检测出来。利用快速断电效应，可以检测工件端面的横向不连续缺陷。

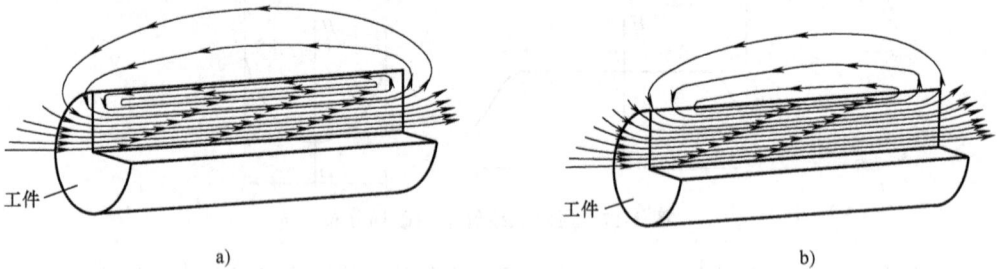

a)   b)

图 3-19 快速断电和慢速断电的磁场分布
a）快速断电 b）慢速断电

（5）退磁场 在线圈法纵向磁化中，磁力线不能在工件中形成闭合磁路，而是在工件的两端产生磁极。根据磁化理论的磁荷观点，被极化的端面将出现正、负磁荷，这些磁荷将产生一个附加磁场 H'，这个附加磁场在工件内总是与磁化场 H_0 反向。因此，工件内有效磁化场 H 的大小等于两者的叠加，如图 3-20 所示，即

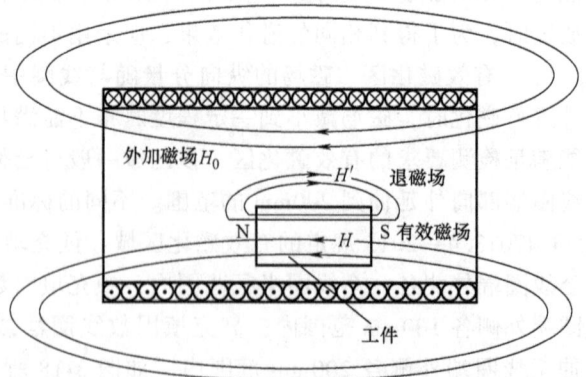

图 3-20 退磁场

$$H = H_0 - H' \qquad (3-32)$$

由于 H' 的作用总是使磁化场减弱，阻碍对工件的有效磁化，因此称为退磁场或反磁场。退磁场的大小正比于磁化强度 M，即

$$H' = NM \tag{3-33}$$

将式（2-61）代入式（3-33），有

$$H = H_0 - H' = H_0 - N\left(\frac{B}{\mu_0} - H\right) = H_0 - N\left(\frac{\mu H}{\mu_0} - H\right) = H_0 - NH(\mu_r - 1)$$

$$H = \frac{H_0}{1 + N(\mu_r - 1)} \tag{3-34}$$

式中　H——有效磁场（A/m）;

　　　H_0——外加磁场（A/m）;

　　　H'——退磁场（A/m）;

　　　μ_r——相对磁导率;

　　　N——退磁因子。

退磁场使工件的有效磁场减小，同样也使磁感应强度减小，直接影响工件的磁化效果。为了保证工件的磁化效果，必须研究影响退磁场大小的因素。

1）退磁场的大小与外加磁场强度有关，外加磁场越强，工件磁化得越好，产生的退磁场越大。

2）退磁因子与工件的几何形状有关。纵向磁化所需的磁场强度大小与工件的几何形状及工件长度 L 和直径 D 的比值有关。这种影响磁场强度的几何形状因素称为退磁因子，用 N 表示，它是 L/D 值的函数。对于完整的闭合环形试样，由于磁力线闭合，无退磁场，故 $N = 0$;对于球体，$N = 0.333$;对于长、短轴之比为 2 的椭球体，$N = 0.14$;对于钢棒，退磁场的大小与工件的 L/D 值有关，工件的 L/D 值越大，退磁场越小。

将两根长度相同、直径不同的钢棒分别放在同一线圈中，用相同的磁场强度磁化时，L/D 值大的钢棒比 L/D 值小的钢棒的表面磁场强度大，标准试片上磁痕清晰，说明退磁场小。所以长径比（L/D 值）较小的试件磁化很困难，要使它们达到磁粉检测所要求的磁化程度，往往要取很强的磁化场才足以补偿退磁场产生的削弱作用，达到必要的磁化程度。实际检测中为了削弱退磁场的作用，可以将短工件串接起来进行磁化，这样能够像长工件那样削弱退磁场的作用，改善磁化效果。在线圈法纵向磁化中，要实现对试件的均匀磁化是困难的。

圆柱试件沿轴向磁化时，轴线中点处的退磁因子 N 可表达为

$$N = 1 - \frac{L/D}{\sqrt{1 + \left(\frac{L}{D}\right)^2}} \tag{3-35}$$

式（3-35）可以推广到横截面为任意形状的空心棒形工件，但式中的 D 要用有效直径 D_{eff} 代替。将横截面为任意形状的空心棒形工件等效为横截面积相同的实心圆形工件，该实心圆形工件的直径称为有效直径。即

$$D = D_{eff} = 2\sqrt{\frac{A_t - A_h}{\pi}} \tag{3-36}$$

式中　A_t——工件的总横截面面积;

A_h——工件中空部分的横截面面积。

对于圆筒形工件，有效直径可简化为

$$D = D_{eff} = \sqrt{D_o^2 - D_i^2} \tag{3-37}$$

式中　　D_o——圆筒形工件的外径；

　　　　D_i——圆筒形工件的内径。

对于实心非圆形工件，有效直径为

$$D_{eff} = 2\sqrt{\frac{A}{\pi}} \tag{3-38}$$

式中　　A——非圆形工件的横截面积。

对于横截面为非圆形的实心棒形工件，式（3-35）中的 D 是指工件的最大尺寸（见 NB/T 47013.4—2015）。在一些标准中，计算纵向磁化规范时，公式中的 D 采用有效直径 D_{eff} 代替最大尺寸计算磁化规范，这样更精确、更科学。有效直径 D_{eff} 已纳入我国的军用标准和航空行业标准。

3）管材的退磁场比棒材小。因为外径相同的空心工件的有效直径 D_{eff} 小于实心工件，所以 L/D 值大，退磁场小。

4）交流电比直流电产生的退磁场小。这是因为交流电有趋肤效应，磁场主要集中在工件表面，相当于空心工件的状态，所以用交流电和直流电磁化同一工件时，交流电产生的退磁场更小。

线圈法纵向磁化是一种方便、高效的磁化方法，非常适用于中小工件的整体磁化，对轴类工件中最具危险性的横向缺陷的检测灵敏度很高。对于大型工件或形状不规则的工件，在不能采用固定线圈进行纵向磁化时，也可以在工件上缠绕电缆，形成螺线管线圈，磁化时，也能产生沿工件轴线方向的磁场，这种方法也称为绕电缆法。

线圈法的优点：①非电接触、操作简单；②大型工件采用绕电缆法易实现纵向磁化；③有较高的检测灵敏度。

线圈法的局限性：①L/D 值对退磁场和检测灵敏度有较大影响；②对工件端部的缺陷检测灵敏度低，但可利用快速断电效应予以克服。

2. 磁轭法

（1）磁轭法的原理　　磁轭法是利用磁轭与工件形成闭合磁路，从而对工件实施纵向磁化的方法，如图 3-21 所示。图 3-21a 所示为固定式磁轭，其中一个磁极应可调，以适应工件的长度变化，这是对工件的整体磁化方法；图 3-21b 所示为便携式磁轭，磁轭也可以采用两极间距可调的活动式结构，通常都用于对工件进行局部磁化。

当电流通过磁轭的励磁线圈时，铁心磁轭两极与工件形成闭合磁路，工件中形成一个纵向磁场使工件磁化。如果工件表层存在横向缺陷，就可以形成缺陷磁痕，显示缺陷。

使用磁轭法时，应注意使工件与磁轭接触良好。如果接触不良，随着接触面气隙的增大，工件表面磁场强度的损失将变得严重。同时还会在接触部位产生相当强的漏磁场，它会吸附磁粉，使得所在区域内的缺陷磁痕无法辨认，形成盲区。盲区的范围随气隙的增大而增大，接触较好时，盲区为 2~3mm；气隙为 3mm 时，盲区可达 15mm。

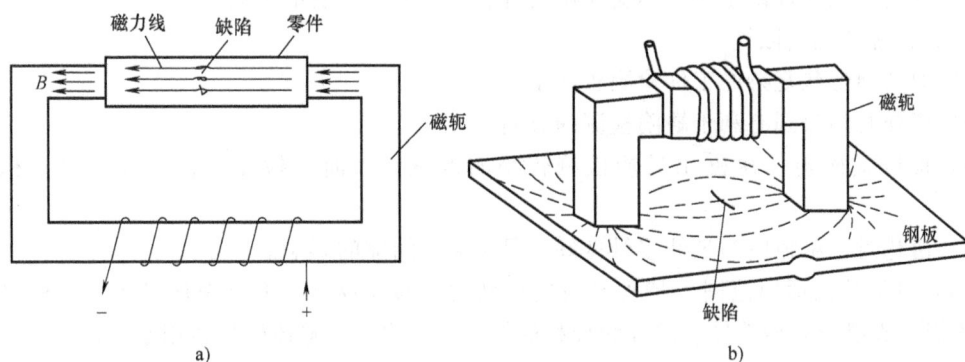

图 3-21　磁轭法

a）固定式磁轭　b）便携式磁轭

　　整体磁化时，如果使用固定式磁轭，则应注意工件与轭铁接触横截面在面积上的匹配，面积相差悬殊时，会对工件端部的检测带来不利影响：工件横截面大于轭铁横截面时，工件端部磁化不充分；工件横截面小于轭铁横截面时，接触部位漏磁严重，使工件两端的检测灵敏度下降。当励磁电流一定，即磁路中的磁通一定时，工件表面的磁场强度随磁轭两极的间距而变化，间距变大，磁场减弱；间距变小，磁场增强。当两极间距大于 1m 时，工件将得不到必要的磁化。另外，形状复杂且较长的工件不宜采用整体磁化。

　　局部磁化采用的便携式磁轭一般做成带活动关节的形式。在实际应用中，为了保证工件上的磁场要求，磁轭间距 L 一般控制在 75~200mm。有效检测区为两极连线两侧各 50mm 范围内，磁化区域每次应有不少于 15mm 的重叠。欧洲标准 EN 1290 规定，便携式磁轭的有效磁化区为图 3-22 中的阴影部分，其面积为 $(L-50)\times(L/2)$（单位为 mm^2）。

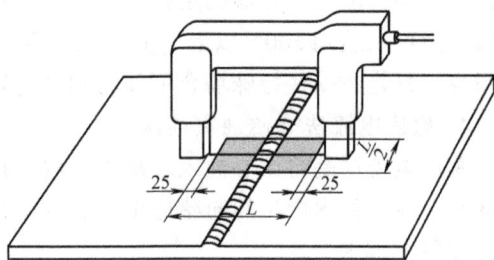

图 3-22　便携式磁轭的有效磁化区

　　便携式磁轭根据励磁电流不同，分为直流式和交流式两种。直流磁轭在对工件进行磁化时，磁力线分布较均匀，磁化深度大。对于横截面面积较大的工件，为了使磁化场达到检测要求，磁轭应能提供足够的磁通，因此，对于直流磁轭，为了使适用范围广一些，往往采用横截面面积较大的电磁铁。即便如此，直流磁轭的使用仍然受到工件横截面面积的限制，对于板材，当工件厚度超过 5mm 时，工件内的磁场强度已难以满足磁化要求，因此不宜采用直流磁轭。对于交流磁轭，由于交流磁场的趋肤效应，磁通向工件表面聚集，即便是厚度大的工件，也容易得到所需的表面磁场强度。由于上述原因，直流、交流磁轭在衡量其磁场强度的指标——提升力上有很大的差异，直流磁轭为 180N，交流磁轭为 45N。

　　（2）磁轭法的优点

　　1）磁轭法磁化工件时，由于磁力线在工件和轭铁中形成闭合回路，磁通损失很少，几乎不存在退磁场，磁化效果好，检测灵敏度高。

　　2）电流不与工件接触，不会烧伤工件。

3）便携式磁轭轻便小巧，不受使用场合、工件复杂程度的限制。

（3）磁轭法的局限性

1）对几何形状复杂的工件检测较困难。

2）磁轭必须放到有利于缺陷检测的方向。

3）便携式磁轭一次磁化只能检测较小的区域，大面积检测时，要求分块累积，很费时。

4）磁化时，磁轭应与工件接触良好，尽量减小间隙的影响。

（4）磁轭法的适用范围　特种设备的板状对接焊接接头、T形焊接接头、管板焊接接头、角焊接头以及大型铸件、锻件和板材的局部磁粉检测。整体磁化适用于零件横截面面积小于磁极横截面面积的纵长零件的磁粉检测。

3. 永久磁轭法

采用永久磁铁作为磁轭对工件进行磁化的方法，称为永久磁轭法。采用该方法时，可以免去磁化电源装置，这对于一些无电源的现场作业十分方便。

图 3-23 所示为一种实用型永久磁铁式磁轭，其中两轭足各含一块永久磁轭，上方衔铁采用柔性的磁性钢丝绳，使用非常方便，随着磁性材料的发展，其磁场强度完全能够满足检测要求，图中磁轭

图 3-23　永久磁轭法

的提升力可以达到 500N 以上。但一般而言，磁场强度不能根据使用需要进行调节，所以应用很少，只是在一些特殊场合下作为弥补手段加以应用。

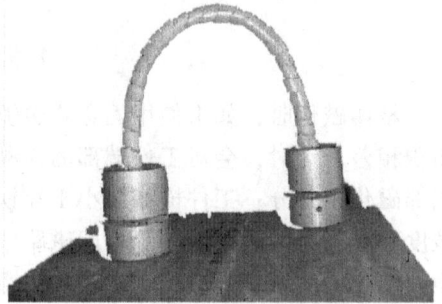

4. 感应电流法（磁通贯通法）

感应电流法是将铁心插入环形工件内，把工件当作变压器的二次绕组，通过铁心中磁通的变化，在工件内产生周向感应电流，利用该电流产生的纵向闭合磁力线来检测工件中的缺陷，如图 3-24 所示。

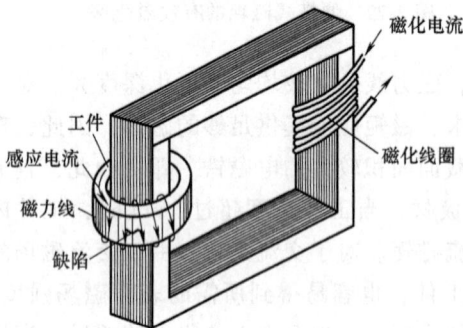

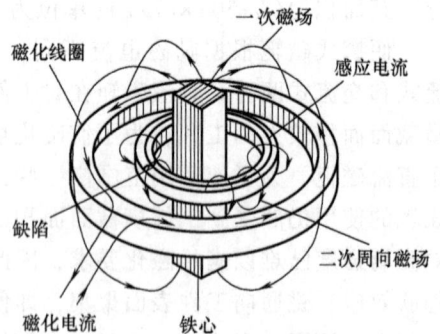

图 3-24　感应电流法

励磁电流一般采用交流电，电流大小、铁心横截面面积是决定磁场强度大小的两个最主要的因素，通过调节电流来控制磁场的强弱。直流电与快速断电法配用感应出的电流脉冲时间极短，只适用于剩磁法。

感应电流法的优点如下：

1）非电接触，可避免烧伤工件。

2）工件不受机械压力，不会发生变形。

3）能有效检出环形工件内、外圆周方向上的缺陷。

感应电流法的适用范围：直径与壁厚之比大于 5 的薄壁环形工件、齿轮和不允许产生电弧烧伤的工件的磁粉检测。

3.3.3　复合磁化

周向磁化易于检测纵向缺陷，纵向磁化易于检测横（周）向缺陷，它们对垂直于磁化场的缺陷有很好的检测效果。但是，对于那些不垂直于磁力线的缺陷，其检测效果则受到影响，为了保证检测的可靠性和检测出其他种类的缺陷，一般认为，缺陷和磁化方向的夹角应大于 45°。由此可见，采用单方向的一次磁化，不可能把所有方向的缺陷都检测出来，而实际工件的缺陷取向可能是很不规则的，要检出所有取向的缺陷，单向磁化至少应进行两次不同方向上的磁化才能解决问题。

复合磁化能同时对工件进行两个（或两个以上）不同方向上的磁化，因此，一次磁化可以检出所有方向上的缺陷。由于有多个磁化场同时对工件进行多方向的磁化，因此复合磁化也称为多向磁化。复合磁化时，对工件的作用已不是单向磁场的作用，这时的磁场应是各磁场的矢量和，如果有时变场参与，则其合成场的方向、幅值都可能随时间而变。与单向磁化相比，复合磁化具有高效的优势，只需磁化一次，就可以检测所有方向的缺陷，同时其价格低廉、劳动强度小、检测灵敏度高，可以检出很小的缺陷。但是，复合磁化只适用于连续法。另外，在复合磁化中，各磁场的强度、相位对合成磁场强度、方向的影响等技术问题仍需要实验验证。

复合磁化形式多样，需要根据工件的形状和检测要求而定，下面介绍几种常用的复合磁化方法。

1. 纵向直流磁化与周向交流磁化的复合磁化

工件在用直流磁轭纵向磁化的同时通以交流电进行周向磁化，如图 3-25a 所示。纵向磁场由直流磁轭法产生，它的大小保持不变，如图 3-25b 所示；而周向磁场采用交流电直接通电法产生，其磁场随时间做正弦变化，如图 3-25c 所示。两磁场方向相互垂直，其合成磁场是一个随时间变化的磁场，构成一扇形摆动磁化场，如图 3-25d 所示。

摆动角度的大小取决于两磁场幅值之比：交流场与直流场幅值之比越大，摆角越大；当幅值之比为 1 时，摆角为 90°，这时理论上可以检出所有方向的缺陷。由于合成磁场的大小

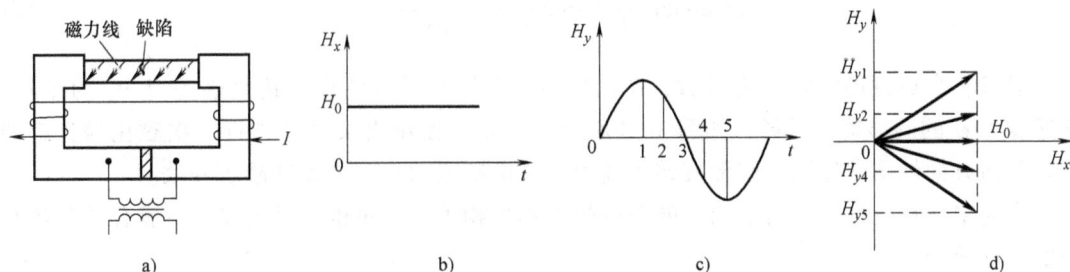

图 3-25　纵向直流磁化与周向交流磁化的复合磁化

a）原理图　b）纵向磁场　c）周向磁场　d）合成磁场

随时间而变化,故对于不同方向缺陷的检测灵敏度也是有差异的。

如果将两个磁场交换,即纵向交流磁化、周向直流磁化,同样也可以得到一个随时间摆动的复合磁场。

2. 交叉磁轭复合磁化

当两个磁轭交叉放置在被检工件上,如图 3-26 所示,并各自通以幅值、频率相同,相位相差 $\frac{\pi}{2}$ 的交流电时,将会在磁轭极间中心处的工件表层产生图 3-27 所示的旋转磁场。

设两相磁轭励磁电流的相位差 $\varphi = 90°$,两组磁轭(分 x、y 方向)产生的幅值相同的磁场(图 3-27)分别为

$$H_x = H_0 \cos\omega t \tag{3-39}$$

$$H_y = H_0 \cos\left(\omega t - \frac{\pi}{2}\right) \tag{3-40}$$

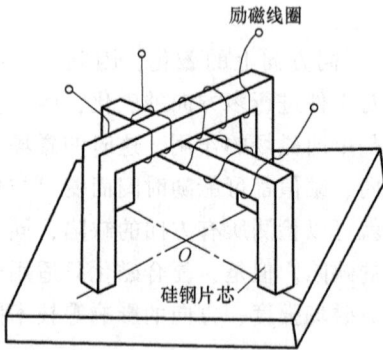

图 3-26　垂直交叉磁轭

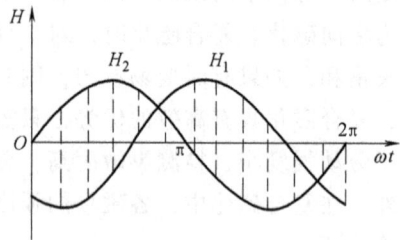

图 3-27　两相磁场变化曲线

当两相磁轭的几何夹角 α 也为 $90°$ 时,在包含磁轭连线交点(O 点)的工件表层,两磁场的合成磁场大小为

$$H = \sqrt{H_x^2 + H_y^2} = H_0 \sqrt{\cos^2\omega t + \cos^2\left(\omega t - \frac{\pi}{2}\right)} = H_0 \tag{3-41}$$

相位角为

$$\varphi = \arctan\frac{H_y}{H_x} = \arctan\frac{\cos\left(\omega t - \frac{\pi}{2}\right)}{\cos\omega t} = \omega t \tag{3-42}$$

显然,合成磁场的幅值为常数,$H = H_0$,相位角随时间变化,其轨迹是以 H_0 为半径、角速度为 ω 的圆形旋转磁场,如图 3-28 所示。这就是使用交叉磁轭进行一次磁化操作就能发现任何方向缺陷的原因。圆形旋转磁场对各方向缺陷的检测灵敏度趋于一致。

在离中心点较远处,由于两个磁场的幅值不再相等,夹角也不是 $\pi/2$,一般合成磁场是椭圆形旋转磁场。

便携式交叉磁轭检测仪常用于锅炉、压力容器等大型结构件的焊缝检测,其速度快、效果极好。

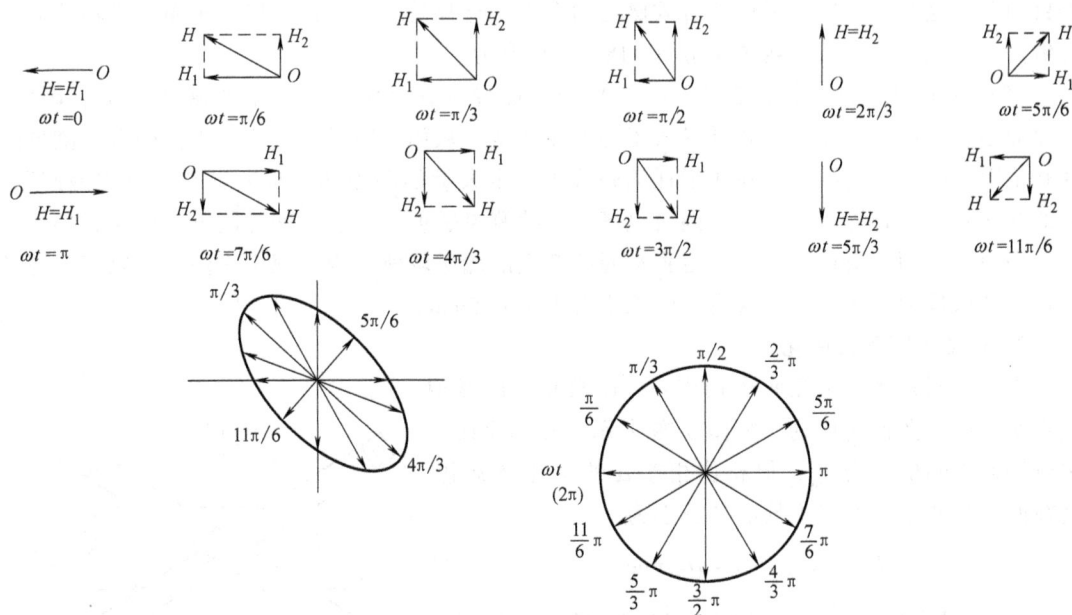

图 3-28　旋转磁场形成原理

采用交叉磁轭法时的注意事项如下。

（1）只适用于连续法　交叉磁轭只有在施加交流激励电流时才会产生旋转磁场，一旦停止施加电流，工件中剩磁的方向即为断电瞬间磁场的方向，这是一个单一方向，不可能对任意方向的缺陷产生足够大的漏磁场，因此该磁化方法只适用于连续法。

（2）交叉磁轭必须在移动时才能进行检测　无论是在四个磁极的内侧还是外侧，交叉磁轭的磁场分布都是极不均匀的。只有在几何中心点附近很小的范围内，其旋转磁场的椭圆度变化不大，而在离开中心点较远的其他位置，其椭圆度变化很大，甚至无法形成旋转磁场。因此，使用交叉磁轭进行检测时，必须连续移动磁轭，边行走磁化边施加磁悬液。只有这样操作，才能使任何方向的缺陷都能经受不同方向和大小磁场的作用，从而形成磁痕。

（3）行走速度与磁化时间的选择　对旋转磁化来说，由于其合成磁场的方向是随时旋转着的，任何方向的缺陷都有机会与某瞬时的合成磁场方向垂直，从而产生较大的缺陷漏磁场而形成磁痕。但是，只有当旋转磁场的长轴方向与缺陷方向垂直时，才有利于形成磁痕。而要形成磁痕，对磁化时间是有要求的，若磁化时间过短，缺陷磁痕就无法形成。因此，交叉磁轭的行走速度对检测灵敏度至关重要，因为行走速度的快慢决定着磁化时间。所以标准规定，磁轭的行走速度不能超过 4m/min，这也是为了保证不漏检而必须控制的工艺参数。

（4）交叉磁轭提升力的确定　提升力的计算公式为

$$F = 1.99 \times 10^5 \Phi_m B_m \tag{3-43}$$

式中　F——磁轭的提升力（N）；

Φ_m——磁通的峰值（Wb）；

B_m——磁感应强度的峰值（T）。

不难看出，磁轭的提升力 F 与磁通 Φ 成正比，而 $\Phi = \mu HS$。由此可见，磁轭提升力 F 的大小取决于磁轭铁心的横截面面积、铁心材料的磁性以及励磁规范的大小。测试提升力的根本目的在于检验磁轭导入工件的有效磁通的多少。这只是一种手段，以此来衡量磁轭性能的优劣。标准规定，交叉磁轭至少应有118N的提升力。

（5）间隙的影响　由于磁路（铁心）中的磁导率 μ 远大于空气中的磁导率 μ_0，因此，间隙的存在必将损耗磁势，降低导入工件的磁通量，从而也降低了被磁化工件的有效磁场强度和范围大小。而间隙的存在所损耗的磁势将产生大量的漏磁场，且通过空气形成磁回路。它的存在降低了磁轭的提升力，同时也降低了检测灵敏度，还会在间隙附近产生漏磁场。因此，即使磁极间隙附近有缺陷，也将被间隙产生的漏磁场所湮没，根本无法形成磁痕，通常把这个区域称为盲区。标准规定，间隙不得大于0.5mm。

3. 交叉线圈复合磁化

交叉线圈是将两个几何形状相同、匝数相等的线圈绕组交叉成 φ 角而构成的，如图3-29所示。在两个线圈中分别通以幅值同为 I_m，但相位相差 α 的正弦交流电，则在两个线圈中心处产生的磁场分别为

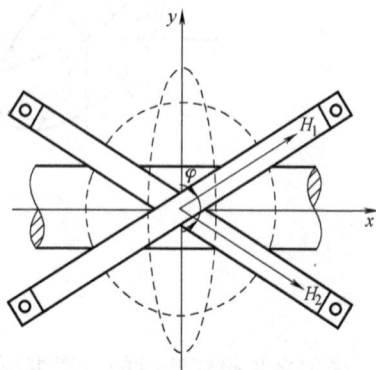

图3-29　交叉线圈及其磁场

$$H_1 = KNI_m \sin\omega t = H_0 \sin\omega t \qquad (3-44)$$

$$H_2 = KNI_m \sin(\omega t - \varphi) = H_0 \sin(\omega t - \varphi) \qquad (3-45)$$

式中　N——线圈匝数；

K——比例常数；

H_0——磁场强度的初始值，$H_0 = KNI_m$。

将 H_1、H_2 分解为 x、y 方向的分量，则

$$H_x = H_0 \sin(\omega t)\sin\frac{\varphi}{2} - H_0 \sin(\omega t - \alpha)\sin\frac{\varphi}{2}$$

$$= H_0 \sin\frac{\varphi}{2}\left[\sin(\omega t) - \sin(\omega t - \alpha)\right]$$

$$= 2H_0 \sin\frac{\varphi}{2}\sin\frac{\alpha}{2}\cos\left(\omega t - \frac{\alpha}{2}\right)$$

$$H_y = H_0 \sin(\omega t)\cos\frac{\varphi}{2} + H_0 \sin(\omega t - \alpha)\cos\frac{\varphi}{2}$$

$$= H_0 \cos\frac{\varphi}{2}\left[\sin(\omega t) + \sin(\omega t - \alpha)\right]$$

$$= 2H_0 \cos\frac{\varphi}{2}\cos\frac{\alpha}{2}\sin\left(\omega t - \frac{\alpha}{2}\right)$$

$$\frac{H_x^2}{\left(2H_0 \sin\dfrac{\varphi}{2}\sin\dfrac{\alpha}{2}\right)^2} + \frac{H_y^2}{\left(2H_0 \cos\dfrac{\varphi}{2}\cos\dfrac{\alpha}{2}\right)^2} = 1 \qquad (3-46)$$

由式（3-46）可知，合成磁场 H 满足椭圆方程，可见，交叉线圈法的合成磁场为椭圆形旋转磁场。在实际检测中，交叉线圈磁场的理想检测状态为：当线圈中无工件时，椭圆长

轴在 y 方向，铁磁工件沿 x 轴进入线圈后，由于磁感应作用，使工件中椭圆形磁场的长轴缩短、短轴变长，得到一个圆形旋转磁场，这样可以使各方向的检测灵敏度接近一致。

4. 周向交流磁场和纵向感应磁场复合磁化

如图 3-30 所示，环形试件被穿在磁化棒上，这根中心棒既要导电又要导磁，可采用外表镀铜的叠层钢制成。磁化电流分为两路，一路直接通过中心棒，用来对工件进行周向磁化；另一路则用于在闭合磁路中产生交变磁通，在工件中产生环向感应电流，继而在工件中产生沿工件内外表面、端面闭合的纵向磁场。适当控制两路电流的相位差，就可以在工件所有表面获得一个旋转磁场，通过一次磁化，可以检测工件内外表面、端面上所有方向的缺陷。

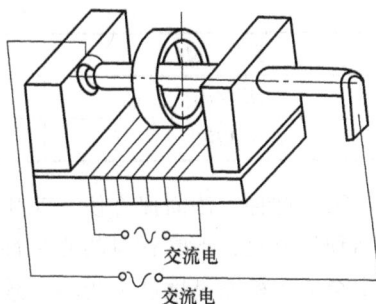

交流电

交流电

图 3-30　周向交流磁场和纵向感应磁场复合磁化

3.4　磁化规范

由磁粉检测的原理可知，磁粉检测的灵敏度依赖于缺陷漏磁场，而缺陷漏磁场的重要影响因素之一是工件内的磁感应强度，要使缺陷有明确的显示，必须保证所需的磁感应强度，也就是当工件确定后，保证必要的磁化场强度。对工件进行磁化时，选择磁化电流时应遵循的规则称为磁化规范。

应使用既能检测出有害缺陷，又能区分磁痕显示的最小磁场强度进行磁粉检测，磁场强度过大易产生过度背景，会掩盖相关显示；磁场强度过小，则磁痕显示不清晰，难以发现缺陷。

制定工件的磁化规范时，需要对工件、检测要求和磁化方法、设备等做全面的综合考虑。首先根据工件材料的特性、热处理状态确定选用连续法还是剩磁法；然后根据工件的形状、尺寸、表面状况及缺陷可能存在的位置、方向、大小，按检测要求确定磁化方法、磁化电流的种类和大小。磁化规范选择得妥当与否，应进行实验验证，如测定工件表面切向磁场值或采用灵敏度试片等。其中的磁化电流值以峰值表示，国外标准通常也都采用这种形式表示，以便于实际应用，使用不同的电流种类时要注意换算。

3.4.1　制定磁化规范的方法

为使磁化规范的选择更趋科学、合理和使用方便，各国的科学工作者做出了不懈的努力，通过大量的实验研究、生产检验，提出了多种制定磁化规范的方法。这些方法对于磁粉检测的成功应用具有重要意义，同时，也为磁粉检测技术今后的发展奠定了基础。下面介绍几种制定磁化规范的常用方法。

1. 经验数值法

这是一种经大量实践提炼、证明得出的制定磁化规范的方法。其中包含了工件表面磁场值和工件内的磁感应强度值两种经验数值。

（1）工件表面磁场值　这种方法认为只要工件表面的磁化强度达到一定的数值，就可以满足检测条件要求，达到检测目的。表 3-2 中列出了不同检测状态下的工件表面磁场值。

根据检测要求，如需要检出缺陷的种类、大小、位置等的不同，规范分为标准规范和严格规范，后者在检测能力上优于前者。

表 3-2　工件表面磁场值

类　　型	标 准 规 范	严 格 规 范
连续法	2.4kA/m(30Oe)	4.8kA/m(60Oe)
剩磁法	8.0kA/m(100Oe)	14.4kA/m(180Oe)

虽然这种方法简捷方便、实用性强，但需要指出，由于其忽视了材料的磁特性，无论什么品种的材料，不管材料的磁特性优劣，只要外形尺寸相同，就采用同一规范，这在磁粉检测中会造成检测灵敏度上的不一致，对于一些导磁性能差、难以磁化的特殊钢种工件，甚至会造成不能产生足够的漏磁场而漏检。

（2）工件内的磁感应强度值　工件内的磁感应强度达到一定值是使工件表层缺陷建立足够漏磁场的必要条件。用于确定磁化规范的磁感应强度的经验数据有两个。一个是经验数据工件内的磁感应强度要求达到 0.8T，达到这个数值，就可以满足检测灵敏度的要求，发现各种微小缺陷；与此对应，剩磁法的必要条件是工件内必须能保持 0.8T 的剩余磁感应强度。另一个经验数据是必须使工件内的磁感应强度值达到饱和磁感应强度的 80%，只要满足这一要求，就可以保证检测灵敏度。

图 3-31 所示为几种常用钢的磁化曲线与磁化规范，根据曲线与 0.8T 线的交点，可以得出各自对应的所需外加磁场值的大小。从图 3-31 中可以看出，高磁导率的材料在外加磁场值为 1.6kA/m 时就可以满足 0.8T 的要求，而低磁导率的材料要达到 4.8kA/m 甚至更高。所以这种方法认为，常用材料以连续法进行检测时，外加磁场在 1.6~4.8kA/m 范围内；剩磁法对应的范围为 6.4~9.6kA/m。

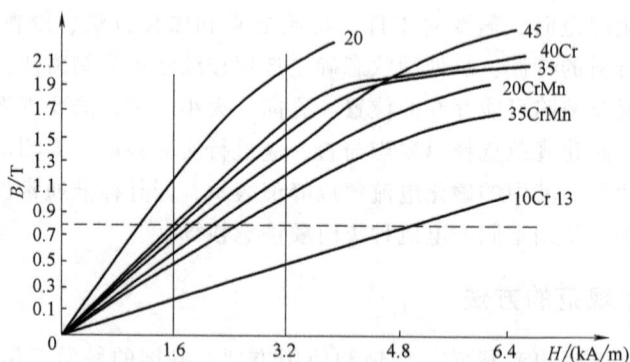

图 3-31　几种常用钢的磁化曲线与磁化规范

根据工件内的磁感应强度值来确定磁化规范比较科学、合理，只要知道磁化曲线，不同材料或不同热处理状态下的工件就可以得到灵敏度相同的检测。但必须指出，由于钢材品种很多，要测绘包罗万象的各种钢种和它们在不同热处理状态下的磁化曲线，在目前还不现实，所以该方法在使用中有很大的局限性。

2. 磁特性曲线法

依据磁特性曲线制定磁化规范的方法适用于周向磁化，这是因为纵向磁化存在退磁场，工件内有效磁场不等于磁化场，不能用此法。

　　在前文中讨论缺陷漏磁场时，曾提到工件中如果不存在缺陷，则磁通平行于工件表面；一旦出现缺陷，则本该平行于工件表面的这部分磁通将产生畸变，如图 3-32 所示，它们分三路通过缺陷部位：一路绕到缺陷底部，仍从工件材料中通过；另一路仍然从缺陷处穿过；第三路是从缺陷的一侧穿出工件，从缺陷的上方跃过，然后从另一侧进入工件。其中，第三路是缺陷漏磁，其在磁粉检测中越大越好。这三路磁通的定量分配关系，与它们各自路径的磁阻有关。设它们的磁阻分别为 R_{m1}、R_{m2} 和 R_{m3}，这样就形成了三磁阻并联的等效磁路，R_{m1} 为无缺陷位置的磁阻、R_{m2} 为有缺陷位置的磁阻、R_{m3} 为空气中的磁阻。要想获得更大的漏磁场，应减小 R_{m3}，增大 R_{m1}、R_{m2}。

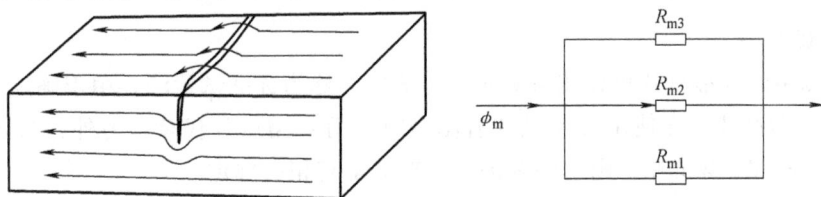

图 3-32　磁粉检测漏磁场磁路模型

磁阻的计算公式为

$$R_{m1} = \frac{l}{\mu S} \tag{3-47}$$

式中　l 和 S——磁路的长度和横截面面积，为常数，由工件确定；

　　　　μ——工件材料的磁导率，铁磁性材料的磁导率不是常量，而是随磁化场而变化的，要获得较大的磁阻，需要较小的 μ。

　　如图 3-33 所示，工件的磁导率是随磁化场而变化的，在磁化场由小变大的过程中，工件的磁导率先增大，达到最大值 μ_m 后，随着材料逐步趋向磁饱和而逐步下降至趋向于真空磁导率。当 μ 增大时，很显然 R_{m1} 是减小的，在 μ_m 处，R_{m1} 有最小值，这时，对漏磁的增加明显不利。当 μ 越过 μ_m 并始下降时，随着 μ 的下降，R_{m1} 增大，这对缺陷漏磁的增加很有利。由此可见，为了使缺陷漏磁场增大而有利于发现缺陷，磁化场的场强应选择大于工件材料 μ_m 所对应的磁场值 H_{μ_m}。

　　为此，有文献建议应用 B-H 曲线和 μ-H 曲线来制定磁化规范。将磁化曲线分为五个区域：Ⅰ

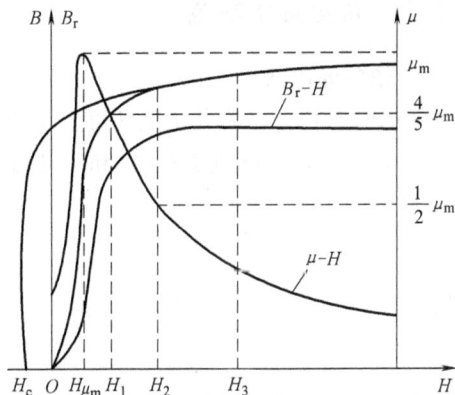

图 3-33　磁特性曲线

为初始磁化区，Ⅱ 为激烈磁化区，Ⅲ 为近饱和区，Ⅳ 为基本饱和区，Ⅴ 为饱和区，当磁化场较小时，磁导率较小，为初始磁化区；当磁化场增加时，磁导率急剧增加，进入激烈磁化区，此时磁导率达到最大值；随着磁化场的增加，铁磁性材料进入近饱和区，磁导率大幅减小；最后进入饱和区，磁化场最小且基本保持不变。要使铁磁性材料的磁阻增加，应选择磁导率较小的磁化区，即近饱和区之后。然后按表 3-3 选取对应的磁化规范。这样，可以保证检测灵敏度的通用性，同时对检测要求不同的工件可以采用不同的磁化规范，达到各自的检测灵敏度要求。

表 3-3　磁化规范区域选择

规范名称	检测方法		应用范围
	连续法	剩磁法	
严格规范	$H_2 \sim H_3$(基本饱和区)	H_3 后的区域(饱和区 V)	适用于有特殊要求或需要进一步鉴定缺陷性质的工件
标准规范	$H_1 \sim H_2$(近饱和区 III)	H_3 后的区域(饱和区 V)	适用于较严格的要求
放宽规范	$H_{\mu_m} \sim H_1$(激烈磁化区 II)	$H_1 \sim H_2$(基本饱和区 IV)	适用于一般要求(发现较大缺陷)

3. 标准试片法

磁粉检测中的标准试片可以用来确定磁化规范，称为标准试片法。用于确定磁化规范的常用试片为 A 型试片，在使用 A 型试片有困难时可用 C 型试片代替。另外，与 A 型试片有相同功用的还有 M1 型试片，国内外有关标准对其都有相关规定。

标准试片法主要用于形状较为复杂工件的磁粉检测，可以指示这些关键区域内的磁场强度和方向，从而建立磁化规范，是一种直观、快速，能客观反映磁化场的方法。但由于标准试片是用软磁性材料制成的，其剩磁较小，只能采用连续法，因此硬磁材料不能用该方法确定磁化规范。

4. 用毫特斯拉计测量工件表面的切向磁场强度

国内外磁粉检测标准都公认：连续法检测时施加在工件表面的磁场强度为 2.4~4.8kA/m，剩磁法检测时施加在工件表面的磁场强应为 14.4kA/m 是恰当的。测量时，将磁强计的探头放在被检工件表面，确定切向磁场强度的最大值是否满足磁化规范的要求。

3.4.2　周向磁化规范

1. 轴向通电法

在周向磁化中，磁化电流 I 可直接由工件的直径来确定。由于长直导体圆柱表面的磁场 H（A/m）、通过的电流 I（A）和工件直径 D（mm）有以下关系

$$H = \frac{I}{\pi D} \tag{3-48}$$

于是

$$I = H\pi D \tag{3-49}$$

依据工件表面磁场的经验数值（表 3-2），就可以得到表 3-4 所列的磁化电流 I(A) 与工件直径 D(mm) 的简单换算关系。

表 3-4　磁化电流与工件直径的简单换算关系

类　　型	标 准 规 范	严 格 规 范
连续法	$I = 8D$	$I = 15D$
剩磁法	$I = 25D$	$I = 45D$

考虑磁化电流种类，得到的轴向通电法的磁化规范见表 3-5。

表 3-5 轴向通电法和中心导体法的磁化规范

磁化方法	磁化电流计算公式	
	AC（交流电）	FWDC（整流电、直流电）
连续法	$I=(8\sim15)D$	$I=(12\sim32)D$
剩磁法	$I=(25\sim45)D$	$I=(25\sim45)D$

在连续法中，对于一般高磁导率材料（$\mu>200$）的开口缺陷，磁化电流为（12~20）D；检测夹杂类非开口缺陷或低磁导率材料的缺陷时，磁化电流为（20~32）D，甚至可以突破此限值，高达 40D。

当工件上有不同直径的台阶时，如果直径差异不大（变化率小于 30%），则可按大端直径计算磁化电流，进行一次磁化检测；若直径变化率超过 30%，原则上要求对直径不同部位分别进行磁化检测，磁化时按直径先小后大的顺序进行。

对于非圆形截面试件，要求精确计算时，通常根据当量直径 D_d 计算磁化电流，其计算公式为

$$D_d=\frac{周长}{\pi} \tag{3-50}$$

2. 中心导体法

对于管、环类试件，常采用中心导体法进行磁化、检测。中心导体法分为同心放置和偏心放置两种情况。同心放置时，工件和芯棒的轴线重合或接近于重合，这时磁化电流仍按试件的外径根据表 3-5 选取。

偏置芯棒法（偏心导体法）适用于磁化装置不能提供对试件进行整体磁化、检测所需的磁化电流值的情况，这时芯棒和试件之间有较大的偏心距，如图 3-9 所示。其磁化电流仍按表 3-5 计算，但这时算式中的 D 为芯棒直径与工件 2 倍壁厚之和。注意：这是一种沿周向分段磁化的方法，每次只能检测贴近芯棒位置的有效磁化区段，其周向有效磁化长度是芯棒直径的 4 倍，检测时应绕芯棒转动工件，分段检查全部周长，每次应有不小于 10% 的有效磁场重叠区，以免漏检。

例 3-1 有一规格为 $\phi180mm\times17mm\times1000mm$ 的钢管，用偏置芯棒法检测管内、外壁的纵向缺陷，使用 $\phi25mm$ 的芯棒时，应采用多大的磁化电流？需要移动几次才能完成全部表面的检测？

解： 查表 3-5，且 D 按芯棒直径与工件 2 倍壁厚之和计算，得

$$I=(8\sim15)D=(8\sim15)\times(25+2\times17)A=472\sim885A$$

偏置芯棒法磁化工件的有效磁化区是芯棒直径 d 的 4 倍，并且应有不小于 10% 的磁化重叠区，则要完成全部表面的检测需要移动的次数 N 为

$$N=\frac{L}{4d(1-10\%)}=\frac{\pi D}{4d(1-10\%)}=\frac{3.14\times180}{4\times25\times90\%}\approx6.3$$

取整数 7。

当芯棒直径为 25mm 时，用偏置芯棒法检测钢管的磁化电流为 472~885A，钢管需要移动 7 次。

3. 触头法

触头法磁化时，其磁化场强度随支杆间距和工件厚度而变化，当支杆间距 L 为 75~

200mm 时，其磁化规范（连续法）按表 3-6 计算。磁化场的有效宽度为触头中心线两侧各 1/4 触头间距值，两次磁化区域应有不小于 10% 的磁化重叠区，磁化电流应根据标准试片的实测结果进行校正。

表 3-6　触头法磁化规范（连续法）

板厚 t/mm	磁化电流 I/A
$t < 19$	$I = (3.5 \sim 4.5)L$
$t \geqslant 19$	$I = (4 \sim 5)L$

例 3-2　用触头法对钢板厚度为 15mm 的对接焊焊接接头进行磁粉检测，当支杆间距 L 为 120mm 时，按 NB/T 47013.4—2015 标准规定，求所需磁化电流。

解：查表 3-6，$I = (3.5 \sim 4.5)L = (3.5 \sim 4.5) \times 120A = 420 \sim 540A$。

例 3-3　用触头法对厚度为 25mm 的 16MnR 钢板对接焊焊接接头进行磁粉检测，当磁化电流为 800A 时，按 NB/T 47013.4—2015 标准确定最大支杆间距。

解：查表 3-6，$I = (4 \sim 5)L$，则 $L = I/(4 \sim 5)$，可得 $L_{max} = I/4 = (800/4)\,mm = 200mm$。

4. 环形件绕电缆法

磁场强度的近似计算公式为

$$H = NI/2\pi R \text{ 或 } H = NI/L \qquad (3-51)$$

式中　H——磁场强度（A/m）；

N——电缆匝数；

I——磁化电流（A）；

R——环形件的平均半径（m）；

L——圆环的平均长度（m）。

3.4.3　纵向磁化规范

1. 线圈法

（1）连续法　当工件在线圈内进行纵向磁化时，端面形成磁极，工件内产生退磁场，从而减弱了工件内的磁化场，使有效磁场强度小于磁化场强度。退磁场的大小取决于工件长度与直径的比值 L/D，因此，在线圈法纵向磁化中，所有的磁化规范都与 L/D 有关。L/D 越小，退磁场越大，所需的磁化电流也越大。当 $L/D \leqslant 2$ 时，退磁场太大，应设法减小退磁场，可将多个被检工件串接起来一起磁化，或者在工件两端加接与被检工件材料相近的磁极块，以增大 L/D 值，降低磁化电流。L/D 值增大时，退磁场将减小，当 L/D 值增大到一定程度时，其变化对退磁场的影响将变得很微弱，故规范中将 $L/D > 15$ 时的数值统一按 15 计算。

磁化长工件时，要注意线圈的有效磁化区。一般来说，在线圈两端面沿轴向各外延一个线圈半径（约 200mm）的距离范围内为有效磁化区，工件超过有效磁化长度时应分段磁化、检测。

由于有限长线圈内的磁场分布实际上是不均匀的，因此当工件处于线圈中的不同位置时，磁化电流的计算公式也应不同。

线圈法纵向磁化时，按线圈与工件横截面面积的比值（充填因数）γ

$$\gamma = \frac{线圈横截面面积}{工件横截面面积} \qquad (3\text{-}52)$$

分为三种不同的充填状态：低充填（$\gamma \geqslant 10$），即工件占线圈横截面面积的 10% 以下；高充填（$\gamma > 2$），即工件占线圈横截面面积的 50% 以上；中充填（$2 \leqslant \gamma < 10$），介乎于高、低充填之间的状态。

1）低充填（$\gamma \geqslant 10$）时的连续法磁化规范。

① 当工件紧贴线圈内壁放置时，线圈的安匝数（IN）为

$$IN = \frac{45000}{\dfrac{L}{D}} \pm 10\% \qquad (3\text{-}53)$$

② 当工件与线圈同轴放置时，其安匝数为

$$IN = \frac{1690R}{\dfrac{6L}{D} - 5} \pm 10\% \qquad (3\text{-}54)$$

式中　R——线圈的半径（mm）。

2）高充填（$\gamma < 2$）或电缆缠绕线圈时的连续法磁化规范。

$$IN = \frac{35000}{\dfrac{L}{D} + 2} \pm 10\% \qquad (3\text{-}55)$$

3）中充填（$2 \leqslant \gamma < 10$）时的连续法磁化规范。

$$IN = (IN)_h \frac{10 - \gamma}{8} + (IN)_l \frac{\gamma - 2}{8} \qquad (3\text{-}56)$$

式中　$(IN)_h$、$(IN)_l$——按式（3-56）和式（3-53）、式（3-54）计算出来的高、低充填时的安匝数。

若被检工件为空心件或圆管件，则计算 L/D 值时，其中的 D 应由有效直径 D_{eff} 代替

$$D_{eff} = 2\sqrt{\frac{(A_t - A_h)}{\pi}} \qquad (3\text{-}57)$$

式中　A_t——工件总的横截面面积（mm^2）；

　　　A_h——工件空心部分的横截面面积（mm^2）。

若被检工件为非圆形截面工件，则计算 L/D 值时，其中的 D 应由工件最大尺寸代替，有些标准也使用 D_{eff} 代替

$$D_{eff} = 2\sqrt{A/\pi} \qquad (3\text{-}58)$$

综上所述，线圈法纵向磁化规范（连续法）的计算步骤和注意事项如下：

1）计算充填因数 γ。因为 γ 反映的是工件在线圈中的位置，所以计算空心工件的 γ 时，工件的横截面面积应是没有去除空心部分的总横截面面积。

2）计算长径比 L/D 值。因为退磁场是由整个工件产生的，所以对于有台阶的直径不同的工件，即使是分段多次磁化，长度 L 也应为工件的总长度；D 则应根据是空心件还是实心件，选择直径或等效直径进行计算。当 $L/D \leqslant 2$ 时，可将多个被检工件串接起来一起磁化，或者在工件两端加接与被检工件材料相近的磁极块，串接后重新计算 L/D 值；如果 $L/D >$

15，则统一按 15 计算。

3）根据 γ 和工件的摆放位置（偏心还是中心放置），选择对应的公式，代入 L/D 值和线圈匝数 N，计算磁化电流。

例 3-4 一字轴类钢锻件长 400mm、直径 40mm，为检查其疲劳裂纹，采用低充填系数线圈法偏心放置进行纵向磁化，线圈匝数为 10 匝。问：需要多大的磁化电流？

解：

$$I = \frac{45000}{N(L/D)} = \frac{45000}{10 \times (400/40)} A = 450A$$

例 3-5 对一规格为 $\phi 50mm \times 5mm \times 600mm$ 的管状锻件，采用低充填因数线圈法中心放置纵向磁化，已知线圈直径为 500mm、匝数为 10 匝，按 NB/T 47013.4—2015 标准计算所需磁化电流。

解： 管状锻件的有效直径为

$$D_{eff} = \sqrt{D_0^2 - D_i^2} = \sqrt{50^2 - (50 - 2 \times 5)^2} mm = 30mm$$

则

$$L/D = 600/30 = 20$$

取 $L/D = 15$，根据式（3-54），得

$$I = \frac{1690R}{N(6L/D - 5)} = \frac{1690 \times 250}{10 \times (6 \times 15 - 5)} A \approx 497A$$

（2）剩磁法 剩磁法在一些标准中是辅助检测方法，有些标准没有给出其磁化规范，但由于其具有方便、高效的特点，仍得到了广泛的应用。进行剩磁法检测时，考虑 L/D 值因素，空载线圈中心磁场强度见表 3-7。

表 3-7 剩磁法线圈纵向磁化规范

L/D 值/mm	空载线圈中心磁场强度（不小于）/（kA/m）
>10	12
5~10	16
2~5	24
<2（圆盘类工件）	36

上述线圈法纵向磁化规范是根据试件磁化时退磁场的大小来决定所需的磁化场。使用时，应将磁场值转换为磁化电流值提供给线圈磁化工件。

线圈中心磁场强度与磁化电流的关系为

$$H = \frac{IN}{\sqrt{L^2 + D^2}} \tag{3-59}$$

式中 L——线圈的长度；

D——线圈的直径。

实际应用表明，上述剩磁法规范与连续法规范的磁场差异并不大，已基本被连续法规范涵盖。

2. 磁轭法

磁轭法纵向磁化时，由于磁路在工件和磁轭中闭合，故无须考虑退磁。但在磁化时要计算出磁场也是很困难的，所以在实用中采用磁轭法磁化时的提升力来衡量。规范要求：交

流磁轭至少要有 44N 的提升力；直流磁轭至少应有 177N 的提升力；交叉磁轭至少应有 118N 的提升力。

3. 感应电流法

磁化电流可使用 M1 型标准试片试验确定，也可用下式计算

$$I = 4.5L \tag{3-60}$$

式中　L——工件横截面的周长（mm）。

复习思考题

1. 什么是磁化电流？磁化电流有哪几种？

2. 三种最常用的表征磁化电流大小的参数是什么？分别写出它们的关系式。

3. 交流电磁粉检测有哪些优点和局限性？

4. 画图说明交流电断电相位的影响。

5. 分别说明交流电、单相半波和三相全波整流电作为磁化电流的适用范围。

6. 单相半波整流检测机电流表指示电流为 2000A 时，其峰值电流是多少？

7. 交流检测机电流表读出 2000A 电流时，其峰值电流是多少？

8. 磁化场方向与缺陷方向的关系是什么？

9. 简述选择磁化方法时应考虑的因素。

10. 根据什么对磁化方法进行分类？磁化方法可分为哪几类？

11. 什么是周向磁化？包括哪几种磁化方法？

12. 什么是纵向磁化？包括哪几种磁化方法？

13. 用交流电和直流电磁化同一钢棒，磁场强度和磁感应强度分布的共同点和区别分别是什么？

14. 简述短、有限长和无限长螺管线圈的区别和各自的磁场分布特征。

15. 如何区分低、中和高充填因数线圈？

16. 两根钢管的外径和长度相同，但壁厚不同，用相同的安匝数和直流电磁化厚壁管与薄壁管，哪根钢管的退磁场大？为什么？

17. 什么是退磁场？影响退磁场大小的因素有哪些？退磁场如何计算？

18. 通电法和触头法产生打火烧伤的原因和预防措施有哪些？

19. 比较通电法与中心导体法的优点和局限性。

20. 比较通电法与中心导体法的适用范围。

21. 什么是开路磁化和闭路磁化？它们有什么区别？

22. 使用偏置芯棒法时应注意哪些事项？

23. 使用触头法时应注意哪些事项？

24. 线圈法纵向磁化有哪些要求？

25. 使用磁轭法时应注意哪些事项？

26. 比较线圈法与磁轭法的优点和局限性。

27. 什么是当量直径和有效直径？它们的适用范围有什么区别？两者能否混用？

28. 画图说明螺旋形磁场是如何形成的。

29. 旋转磁场的原理是什么？其形成条件是什么？

30. 简述交叉磁轭磁场分布对检测灵敏度的影响。

31. 有一长 100mm、外径为 50mm、壁厚为 5mm 的钢管，如图 3-34 所示，对钢管内壁缺陷 2、端头缺陷 1 和 3 以及外壁缺陷 4 和 5，分别用通电法、中心导体法、触头法、线圈法、磁轭法和感应电流法进行磁粉检测。写出各种磁化方法可发现的缺陷号。

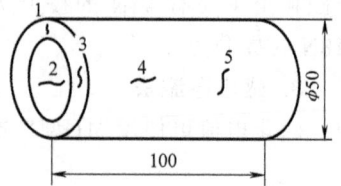

图 3-34　钢管磁粉检测

通电法可发现缺陷：_____

中心导体法可发现缺陷：_____

触头法可发现缺陷：_____

线圈法可发现缺陷：_____

磁轭法可发现缺陷：_____

感应电流法可发现缺陷：_____

32. 什么是磁化规范？制定磁化规范时应考虑哪些因素？

33. 简述制定磁化规范的方法。

34. 有一个等边三角形截面钢材，长 1000mm，三角形截面每边长 310mm，要求周向磁化，工件表面磁场强度为 2400A/m，求所需的磁化电流值。

35. 钢管长 800mm、内径 40mm、壁厚 6mm，用中心导体法磁化，当磁化电流 $I=800A$ 时，试计算钢管内、外表面的磁场强度。

36. 钢板厚 25mm，用交流电触头法磁化，当支杆间距为 100mm 时，求需要的磁化电流值。

37. 一钢棒长径比为 20，正中放置在匝数为 10 的低充填因数线圈中，检查周向缺陷，线圈半径为 100mm，需要多大的磁化电流？

38. 钢管内径为 14mm，壁厚为 6mm，采用中心同轴穿棒法磁化，若磁化电流 $I=750A$，试计算钢管内、外壁上的磁场强度。

39. 直接通电磁化 $\phi50mm$ 和 50mm×50mm 的钢棒，要求表面磁场强度达到 8000A/m，试求磁化电流的大小。

40. 有一规格为 $\phi159mm×14mm×1200mm$ 的反应器壳体，为了发现内、外壁的纵向缺陷（100%检测），采用偏置中心导体法时，应采用多大的磁化电流？使用 $\phi25mm$ 的芯棒时，需要转动几次才能完成全部表面的检测？

41. 一圆钢直径为 80mm，长 360mm，直接通以 2000A 的磁化电流，试求圆钢表面的磁场强度（分别写出以 A/m 和 Oe 为单位的数值）。

42. 直接通电磁化 $\phi60mm$ 的钢棒，要求表面磁场强度为 4800A/m，求所需的交流电有效值以及直流、单相半波、单相全波、三相半波、三相全波平均电流值。

43. 钢制轴类试件的长径比为 10，同轴放置在匝数为 10 的低充填因数线圈中检查周向缺陷。线圈半径 $R=150mm$，需要采用多大的磁化电流？

44. 已知磁化线圈半径 150mm、长 100mm、匝数 1500，若要求在线圈几何中心产生 36kA/m 的磁场，则磁化电流 I 为多少？若要求线圈端面中点产生 16kA/m 的磁场，则磁化电流 I 为多少？

45. 钢制轴类试件的长径比为 20，用线圈法检测其横向缺陷，低充填因数、偏置法，线圈匝数为 3 匝，采用连续法时应选用多大的电流？

46. 某钢制轴类试件的 $L/D=6$，采用缠绕电缆法（高充填因数）纵向磁化，缠绕 5 匝，试求连续法所需的磁化电流。

47. 已知圆钢的长径比为 16，在线圈中的充填因数 $\gamma=5$，线圈匝数 $N=1000$，试求连续法的磁化电流。

48. 无论采用哪种磁化方法，对于连续法和剩磁法，工件表面的磁场强度至少应达到多少 A/m 和 Oe？

49. 交流磁轭、直流磁轭和交叉磁轭要求的提升力分别为多少？

50. 如何正确使用交叉磁轭？

51. 如何计算偏置芯棒法的磁化规范？

52. 关于高充填因数和低充填因数线圈的有效磁化区，NB/T 47013.4—2015 与 ASTM E1444—2016 分别是怎样规定的？

53. 关于触头法和磁轭法的有效磁化区，NB/T 47013.4—2015 与 EN 1290 分别是怎样规定的？

第4章　磁粉检测系统

为了适应各种工件的磁粉检测要求，发展了品种繁多的检测装置和器材、附件、试片（块）以及材料，统称为磁粉检测系统，即磁粉检测系统包含磁粉检测设备、磁粉检测试件和磁粉检测材料。

4.1　磁粉检测设备

磁粉检测设备包括磁粉检测机、测量设备和观察设备。

4.1.1　磁粉检测机

磁粉检测机是产生磁场、对工件实施磁化并完成检测工作的专用装置。

根据 GB/T 32196—2015，磁粉检测机的命名方法如下：

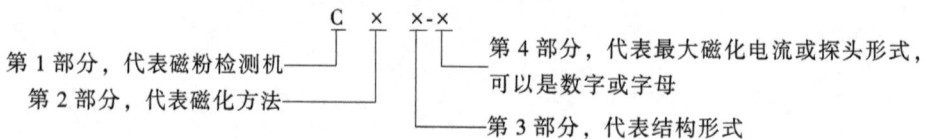

```
          C  ×   ×-×
第1部分，代表磁粉检测机——┘ │   │ │   └── 第4部分，代表最大磁化电流或探头形式，
  第2部分，代表磁化方法——————┘   │        可以是数字或字母
                                └── 第3部分，代表结构形式
```

磁粉检测机的命名参数见表 4-1。

表 4-1　磁粉检测机的命名参数

第 2 部分		第 3 部分		第 4 部分	
字母	含义	字母	含义	字母或数字	含义
J	交流	X	便携式	如 1000	周向磁化电流为 1000A
D	多功能	D	移动式	如 CEE-1	1 表示探头形式为第 1 类
E	交直流	W	固定式	—	—
Z	直流	E	磁轭式	—	—
X	旋转磁场	G	荧光磁粉检测	—	—
B	半波脉冲电流	Q	超低频退磁	—	—
Q	全波脉冲电流	—	—	—	—

磁粉检测机通常按其使用方法分为固定式、移动式和便携式三类。

1. 固定式磁粉检测机

固定式磁粉检测机也称为卧式磁粉检测机，这类设备固定在检测室、实验室等场合使用，其整机尺寸和质量都比较大。目前，国内有多个系列的规格品种，如 CEW、PC 系列。最大周向磁化电流为 2~15kA，纵向磁化安匝数为 1000~30000 安匝。磁化电流有交流电和整流电之分。这类设备的整机尺寸、质量及最大输出功率都随额定磁化电流的增大而增大，所用磁化电流在额定值范围内可以任意调节。固定式磁粉检测机主要由低压大电流的磁化电源，夹持工件实施周向磁化的装夹装置，用于纵向磁化的可移动线圈，用于储存、搅拌、喷洒磁悬液的喷洒系统，以及控制电路、指示仪表等组成。这类设备可对工件进行周向磁化和纵向磁化，有些能进行周向、纵向复合磁化，磁化后可进行退磁，检测功能较为齐全。

这类设备能检测的最大截面受最大磁化电流和夹头中心高度的限制，夹头间距可以调节，以适应不同长度工件的装夹和检查要求；能检测的工件长度受最大夹头间距的限制。

固定式磁粉检测机根据其使用范围又可分为通用型和专用型，其中通用型（图 4-1）的使用范围广；专用型（图 4-2）仅适用于生产批量大的一个或几个形状特殊工件的磁粉检测，常常设计成两个或两个以上磁场同时磁化工件的复合磁化（多向磁化）形式，以提高效率，降低检测成本。

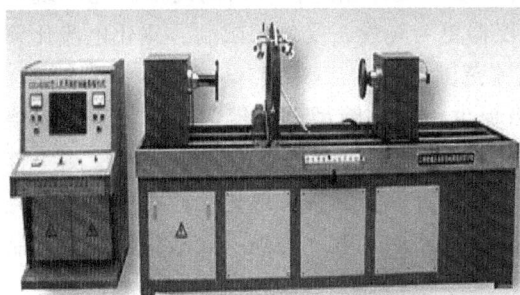

图 4-1　CDG-9000-15000 系列微机控制磁粉探伤机

图 4-2　ZLC-3000A 型火车轮对轴型磁粉探伤机

2. 移动式磁粉检测机

这种设备可借助小车等运输工具在工作场地自由移动，其体积、质量都远小于固定式设备，有良好的机动性和适应性，如图 4-3 所示。受体积、质量的限制，这类设备能提供的磁

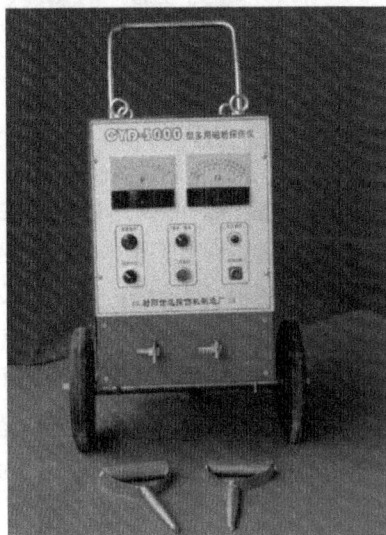

a)

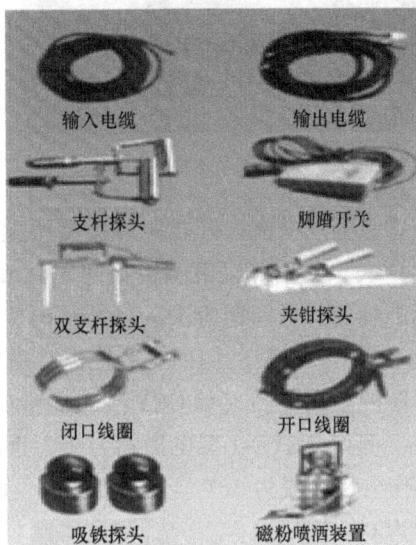

输入电缆　　　输出电缆

支杆探头　　　脚踏开关

双支杆探头　　　夹钳探头

闭口线圈　　　开口线圈

吸铁探头　　　磁粉喷洒装置

b)

图 4-3　CYD-3000 型多用磁粉检测机

a）设备外观　b）设备组成

化电流比固定式设备要小，通常为 3~6kA，国外有利用电容器放电，使磁化电流高达 16kA 的移动式设备。移动式检测机通常都配有一对与电缆连接的支杆，可对工件实施局部磁化，也可以采用绕电缆法对工件进行磁化。移动式装置的磁化电流种类，通常限于交流和半波直流。其电缆长度可以根据需要选取，但长度过大会导致磁化电流下降，一般以 5~10m 为宜，应能提供额定电流。

3. 便携式磁粉检测仪

便携式设备体积小、重量轻，也称为手提式磁粉检测仪。这种设备的机动性、适应性最强，可用于各种现场作业，如锅炉、压力容器的内外检测，飞机的现场维护检查，立体管道的检查，乃至高空、水下作业等。

便携式检测仪的类型较多，主要有下列三种：

（1）支杆型检测仪（图 4-4）　磁化电源通过电缆与支杆相连，可采用局部磁化和绕电缆法磁化，功用与移动式检测仪基本相同，只是仪器更为轻便，受体积限制，磁化电流比移动式检测仪小，限于 1~2kA，常用于几百安的电流范围。

（2）电磁轭型检测仪（图 4-5）　便携式电磁轭也称为马蹄型电磁轭，它是将线圈缠绕在 U 形铁心上，使用时磁轭置于工件上并给线圈通电，对工件实施局部磁化。要检测工件上不同方向的缺陷，则采用在同一位置实施两次互相垂直的交叉换位磁化、检查的方法。磁轭两极的间距通常都是可调的，可以适应不同工件被检面的宽度。磁轭一般采用迭层钢片制成，磁极带活动关节。

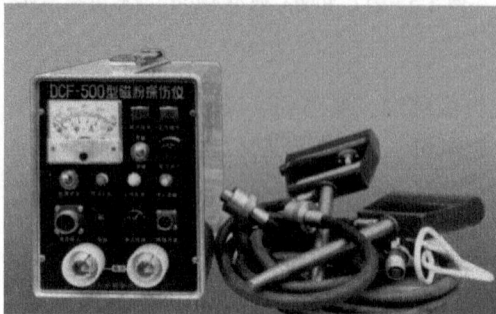

图 4-4　支杆型便携式磁粉检测仪

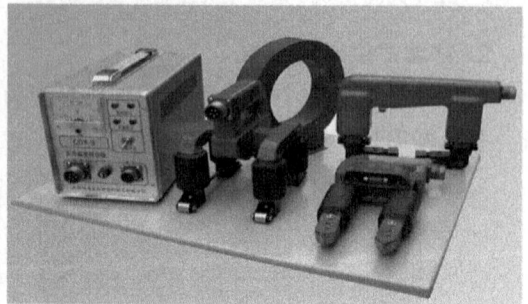

图 4-5　电磁轭型便携式磁粉检测仪

电磁轭有直流、交流电励磁两种类型。电磁轭的性能指标，可以用磁轭的磁势（即线圈的安匝数）表示，也可以用磁轭极间工件表面的磁场值表示，但通常用磁轭的提升力表示。国家标准规定，极间距为 75~150mm 时，直流磁化的提升力应大于 177N，交流磁化的提升力应大于 44N。磁轭检测的有效范围在磁极边线两侧各为磁极间距的 1/4。国产的这类电磁轭有不同的系列产品（如 CEY、CDX 和 CJE 系列），其结构简单，质量只有几千克，工作性能可靠。例如，CYE-1 型电磁轭为交、直流两用，质量约 2kg，极间距可调范围为 50~200mm，工作电压交流为 36V、直流为 20V。设备采用晶闸管调压，交流提升力为 0~120N，直流提升力为 0~480N。

电磁轭设备小巧轻便，不会烧损工件，对工件表面没有通电法那样的要求，因此获得了广泛的应用。例如，锅炉、压力容器焊缝的检测可使用电磁轭设备；在检测条件苛刻的环境中更能体现它的优越性。有文献报告，采用交流电磁轭，在水下成功地对带有漆层的船舶焊缝进行了检测，能检出长 13mm、宽 0.025mm、深 0.75mm 的裂纹。

（3）交叉磁轭型　对交叉磁轭的两组绕组分别通以幅值相同、相位差为 π/2 的工频交流电，在磁轭中心处的工件上会产生一个大小不变、方向随时间不断变化的圆形旋转磁场，可对工件实施复合磁化，发现各个方向上的缺陷。为了便于进行连续检测，四个磁极上装有小滚轮，可在工件上方便地滚动。该设备特别适用于大型钢结构件的平面检测和平板焊缝，如压力容器焊缝、船舶焊缝等的检测。被检测过的表面随着磁轭的继续推进，有自动退磁的效果。

交叉磁轭仪的主要技术指标：激励磁动势不低于 1300AT×2；四个磁极端面应与被检工件表面尽量贴合，最大间隙不超过 1.5mm；跨越宽度不大于 100mm；提升力不小于 118N；用于连续行走检测时速度要均匀，一般为 2~3m/min，不超过 4m/min。

上述三类磁粉检测设备都是随各种工件的不同检测要求而发展起来的。磁粉检测作为一项十分常用的无损检测技术，在现代工业中的应用具有相当的广度和深度，这与其检测设备的不断发展和进步是密不可分的。

作为检测设备的核心，磁化装置要为工件提供低电压、可以控制的大磁化电流，在其电流控制上经历了较大的变化。自 20 世纪 80 年代后期以来，卧式磁粉检测设备多采用微机控制，采用多向复合磁化的自动检测技术是设备发展的一个主要方向。这对于一些批量大、检测要求高和形状复杂的工件具有重要的意义。

磁粉检测自动化必须具备以下功能：试件的自动装卸和定位；自动磁化；与磁化周期对应，自动定时施加磁悬液；对磁痕的自动检测和标记；对工件自动退磁；对显示的自动解释和分选。其中，自动磁化由微机控制磁场方向、励磁电流的种类和大小、磁化持续时间等。具备上述所有功能的检测装置才称为全自动系统。如果磁痕的检测和判断仍由检测人员执行，则具备上述其他各项功能的检测装置称为半自动系统。

例如，图 4-6 所示的图像显示自动荧光磁粉检测设备，是由多向复合磁化技术、CCD 光学检测技术与计算机图像处理技术相互结合而成的集成检测设备，已成功地用

图 4-6　自动荧光磁粉检测设备

于军工、石化及汽车等行业。该设备的工艺流程如图 4-7 所示。

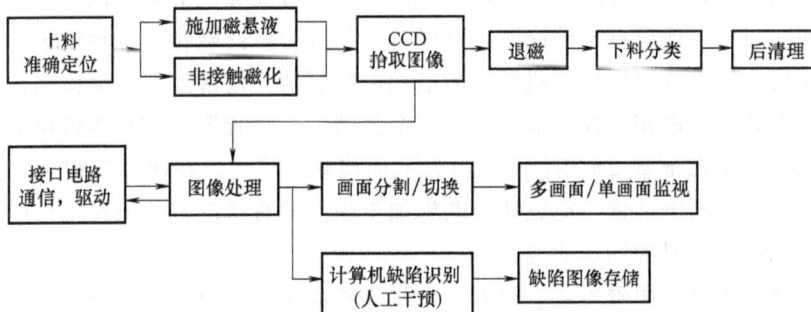

图 4-7　设备工艺流程图

4.1.2 检测设备的主要组成

无论是一体机，还是分立型磁粉检测机，一般都包括以下几个主要部分：磁化电源、工件夹持装置、指示与控制装置、磁粉或磁悬液施加装置、照明装置和退磁装置等。

1. 磁化电源

磁化电源是磁粉检测机的核心部分，它的作用是产生磁场来磁化工件。

固定式磁粉检测机中，一般是通过调压器将不同大小的电压输送给主变压器，由主变压器提供一个低电压、大电流输出，输出的交流电或整流电可直接通过工件，或穿入工件内孔的中心导体，或通入线圈，对工件进行磁化。

调压器通常采用以下两种结构：

（1）自耦变压器 通过改变自耦变压器的匝数来改变降压变压器的一次电压，达到调节磁化电流大小的目的，采用这种调节方式时，工件上的磁化电流仍是正弦交流电流。自耦变压器调压检测装置如图4-8所示。其分压方式有触头式和电动机带动式两种。触头式的每个触头都可以作为输入端，用手动调节；电动机带动式的磁化电流连续可调，但不允许在带电的情况下调节，否则容易损坏调压器。

（2）晶闸管调压 将反并联的两只晶闸管（或一只双向晶闸管）与降压变压器的一次绕组连接，通过调整晶闸管的导通角来改变降压变压器的一次电压，起到调节磁化电流大小的作用，这种调节方式在工件上的磁化电流是非正弦交流电流。晶闸管调压检测装置如图4-9所示。

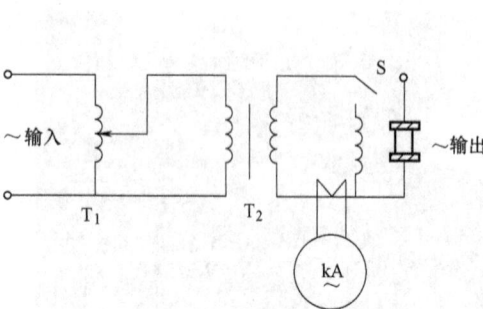

图 4-8　自耦变压器调压检测装置

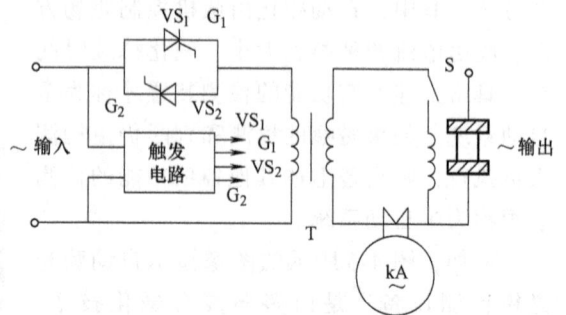

图 4-9　晶闸管调压检测装置

晶闸管有单向导电性，触发电压使晶闸管轮流导通，交流电的上、下半周各通过一个晶闸管，使磁化电流无触点式连续可调，以实现用小电流触发和调节大电流的功能。

固定式检测机上一般配有螺管线圈，可以对工件进行纵向磁化，也可用于对工件进行退磁。适用于交流电剩磁检测的检测机配有断电相位控制器，通常加在交流检测机大电流产生装置上或单独配置。断电相位控制器主要是一个晶闸管控制装置，它利用逻辑电路控制触发器，保证交流电一定在 π 或 2π 相位处断电，从而使剩磁稳定。在使用三相全波整流电线圈磁化工件时配备快速断电装置，能迅速切断施加于线圈的直流电，从而在工件中产生低频涡流，克服线圈纵向磁化时的端部效应。

便携式检测机中多采用磁轭式、线圈式磁化装置或交叉磁轭旋转磁场式磁化电路，产生的磁场为纵向磁场或按设定规律变化的多向磁场。

2. 工件夹持装置

固定式检测机都有夹持工件的磁化夹头或触头。为了适应不同规格的工件，夹头的间距是可调的，并可用电动、手动或气动等多种形式进行调节。电动调节是利用行程电动机和传动机构使夹头在导轨上来回移动，由弹簧配合夹紧工件，限位开关会使可动磁化夹头停止移动。手动调节是利用齿轮与导轨上的齿条啮合传动，使磁化夹头沿导轨移动，或用手推动磁化夹头在导轨上移动，夹紧工件后自锁。气动夹持是将压缩空气通入气缸中，推动活塞带动夹紧工件。有些检测机的磁化夹头可沿轴旋转 360°，磁化夹头夹紧工件后一起旋转，以保证工件周向各部位有相同的检测灵敏度。在磁化夹头上应包覆铅垫或铜编织网，以利于接触，防止打火和烧伤工件。

便携式检测仪直接在工件局部部位进行磁化，一般不需要夹持装置。

3. 指示与控制装置

磁粉检测机的指示装置是指示磁化电流大小的仪表和指示检测机工作状态的指示灯，主要包括电流表、电压表、Φ 表和 H 表[⊖]。

电流表又称为安培表，分为交流电流表和直流电流表。交流电流表与互感器连接，用于测量交流磁化电流的有效值。直流电流表与分流器连接，用于测量直流磁化电流的平均值。

一般来说，对于额定周向磁化电流大于 2000A 的电流表，为了准确反映低安培电流值，刻线应分为 0 ~ 1000A 低量程和 1000A 至额定周向磁化电流（如 10000A）高量程两档读数。数字电流表不需要分档。

磁粉检测机的控制装置是控制磁化电流产生和使用过程的电气装置的组合。随着机电一体化技术的发展和普及，已经可以实现磁粉检测的半自动或自动检测了。

4. 磁粉或磁悬液施加装置

固定式检测机的磁悬液喷洒装置由磁悬液槽、电动泵、软管和喷嘴等组成。磁悬液槽用于储存磁悬液，并通过电动泵叶片将槽内的磁悬液搅拌均匀，依靠泵的压力 [一般为 $(1.96 ~ 2.94) \times 10^4$ Pa] 使磁悬液通过软管从喷嘴喷洒到工件上，在磁悬液槽的上方装有格栅，用于摆放工件和回收磁悬液。为防止铁屑等杂物进入磁悬液槽内，在回流口上装有过滤网。

移动式和便携式磁粉检测机上没有固定的搅拌喷洒装置，在湿法检测中，常采用电动或手动喷洒装置，如带喷嘴的塑料壶或磁悬液喷罐。

5. 退磁装置

退磁装置应保证被磁化工件上的剩磁减小到不妨碍工件使用的程度。有的退磁装置作为分立件单独设置，有的则直接装在检测机上。

4.1.3　磁粉检测辅助器材

磁粉检测需要观察磁痕，检测中还涉及磁场强度、剩磁大小、白光照度、黑光辐照度和通电时间等参数的测量，因而，还应有一些照明装置和测量设备。

⊖ 有些设备上装有表示晶闸管导通角（移相角）的 Φ 表，用来指示大致的磁化电流值。还有些旧型号设备上装有表示螺管线圈空载时中心磁场强度（以 Oe 为单位）的 H 表。

1. 照明装置

磁粉检测观察照明装置有可见光光源和紫外线光源。

（1）可见光光源　照明在磁粉检测中很重要，照明不当，不仅会影响检测灵敏度，还会引起检测人员的视力疲劳。用于普通磁粉检测的可见光源可以是自然光、白炽灯、荧光灯等，只要满足照度要求即可。多个国家标准要求白光照度不低于1000lx。对于较大的缺陷，700~1000lx的照度已经足够；对于非常小的缺陷，照度应达到1500lx。但照度也不宜过高，否则会引起视觉疲劳。

（2）紫外线光源　紫外线光源用于荧光磁粉检测。紫外线灯也称为黑光灯，主要由两个主电极、一个辅助起动电极、储有汞的内管及外管等组成。当电源接通后，由起动电极产生辉光放电，使汞蒸发、电离，并在两主电极之间产生电弧。弧光发出的紫外线的波谱主峰在365nm左右，是激发荧光粉发光所需要的波长。伴随紫外线产生的可见光和红外线等是检测中不需要的，由紫外线灯的滤色玻璃罩壳滤去。

磁粉检测用紫外线灯的使用寿命与点燃次数密切相关，每点燃一次，寿命约缩短0.5h，因此，使用中应尽可能少动用开关。另外，断电后切忌热起动，必须冷却5~6min后再重新起动。紫外线灯随使用时间的增长，其发光强度会逐渐降低，应采用黑光辐照计定期检测其辐射能量。磁粉检测中，一般要求在距离光源380mm处，发光强度不低于$1000\mu W/cm^2$。另外，荧光磁粉检测应在黑暗场所进行，可见光应低于20lx。

2. 测量设备

（1）高斯计（毫特斯拉计）　它是磁粉检测中经常使用的磁场测量仪器，可测量被检工件表面的切向磁场强度、漏磁场强度、工件剩磁等。高斯计是依据某些半导体材料的霍尔效应原理工作的，分为直流和交直流两用两种类型，分别用于直流、交流磁场的测量。使用时，当霍尔元件表面垂直于磁场方向时，仪器表头有最大的输出。测量工件表面磁场时，应使探头尽可能接近测试表面，但霍尔元件不能承受任何外力，否则很容易损坏。国产高斯计常用型号有GD-3、CT-3型等。

（2）袖珍式磁强计　袖珍式磁强计常用于测量工件中的剩磁和检验工件的退磁效果，它是利用力矩原理做成的简易测磁仪。其内部有两个永久磁铁：一个是固定的，用于调零；另一个动片用于测量指示。测量时，动片受磁力的作用发生偏转，偏转程度与磁场大小有关。用磁强计测量均匀磁场时，动片偏转的标称值单位为高斯；测量非均匀磁场时，偏转格数只表示磁场的强弱程度，而不代表具体的磁场值。国产磁强计常用型号有XCJ-A、XCJ-B、XCJ-C型等。

（3）照度计　照度计是用于测量被检工件表面可见光照度的仪器，常见的有ST-85型自动量程照度计和ST-80C型照度计，量程是0~199900lx，分辨力为0.1lx。

（4）黑光辐照计　UV-A型黑光辐照计用于测量波长为320~400nm，峰值波长约为365nm的黑光的辐照度（单位为W/m^2或$\mu W/cm^2$）。黑光辐照计由测光探头和读数单元两部分组成。探头的传感器是硅光电池器件，具有性能稳定的特点。探头的滤光片是特殊研制的优质紫外线滤光片，能理想地屏蔽黑光以外的杂光。读数用数字表显示。

（5）通电时间测量器　通电时间测量器（如袖珍式电秒表）用于测量通电磁化时间。

（6）弱磁场测量仪　弱磁场测量仪的基本原理是基于磁通门探头，它有两种探头：均匀磁场探头和梯度探头。均匀磁场探头的励磁绕组为两个完全相同的反向串联绕组；感应绕组为两个正向串联的相同绕组,用于测量直流磁场。梯度探头的一次绕组正向串联,二次绕组反向串联,专门用于测量磁场梯度,而与周围的均匀磁场无关。

　　弱磁场测量仪是一种高精度仪器,测量精度可达 $8×10^{-4}$ A/m (10^{-5} Oe)。对于磁粉检测来说,仅用于要求工件退减后的剩磁极小的场合。常用国产弱磁场测量仪的型号为 RC-1 型等。

　　(7) 快速断电试验器　为了检测三相全波整流电磁化线圈有无快速断电效应,可采用快速断电试验器进行测试,如图 4-10 所示。

　　(8) 磁粉吸附仪　用于检定和测试磁粉的磁吸附性能,来表征磁粉的磁特性和磁导率大小。常用的 CXY 型磁粉吸附仪如图 4-11 所示。

图 4-10　快速断电试验器

图 4-11　CXY 型磁粉吸附仪

4.2　标准试件

4.2.1　标准试片

　　标准试片是磁粉检测中的必备测试工具,用来检查和评定设备的性能、磁粉和磁悬液的性能;检验被检工件表面的磁场方向,有效磁化范围和大致的有效磁场强度;检验所用工艺规程和操作方法是否正确、磁化方法和磁化规范选择是否得当、操作方法是否正确等;检查和评定磁粉检测的综合灵敏度,当无法计算复杂工件的磁化规范时,在不同部位紧贴试片,可大致确定磁化规范。我国使用的标准试片有 A1 型、C 型、D 型、M1 型,其规格、尺寸和图形见表 4-2。

表 4-2　标准试片的规格、尺寸和图形

类型	规格:缺陷槽深/试片厚度/μm	尺寸和图形/mm
A1 型	A1:7/50	
	A1:15/50	
	A1:30/50	
	A1:15/100	
	A1:30/100	
	A1:60/100	

（续）

类型	规格:缺陷槽深/试片厚度/μm		尺寸和图形/mm
C 型	C:8/50		
	C:15/50		
D 型	D:7/50		
	D:15/50		
M1 型	φ12mm	7/50	
	φ9mm	15/50	
	φ6mm	30/50	

注：C 型标准试片可剪成五个小试片分别使用。

1. A1 型标准试片

A1 型标准试片如图 4-12 所示，在试片中央有圆形和十字形人工刻槽，其型号、厚度、人工槽深和材料见表 4-2。A1 型标准试片的材质为超低碳纯铁，$w(C) < 0.03\%$，$H_c < 80A/m$，经退火处理。

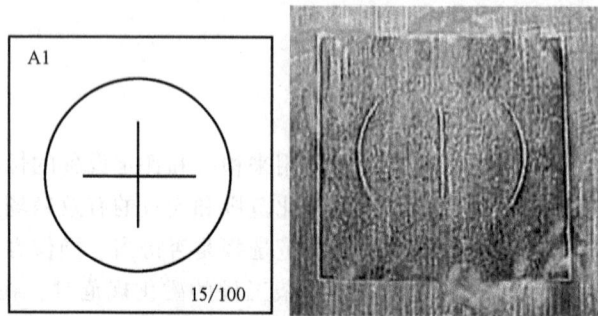

图 4-12　A1 型标准试片

型号中分子的数值表示人工槽深度，分母为试片厚度。试片分高、中、低三种灵敏度，其型号中分子越小，要求能显示磁痕的有效磁场强度越高。使用时，应根据检测要求选取相应的灵敏度试片，但此灵敏度不代表实际能检出缺陷的大小。

使用 A1 型标准试片时，应将没有人工槽的一面向外紧贴在被检工件表面上，用胶纸粘实，注意胶纸不可覆盖人工槽部位。由于试片材料是软磁性材料，实验只能采用连续法。工件磁化时，其表面磁场会将试片磁化，人工槽处会形成漏磁场，从而形成磁痕。根据磁痕的有无和是否清晰判断磁化电流是否合适；根据磁痕的方向判断磁场方向。

2. C 型标准试片

C 型标准试片的材质与 A1 型相同，其形状和几何尺寸如图 4-13 所示，厚度为 50μm，人工槽深度为±1μm，C 型标准试片适用于焊坡口等狭窄的被检部位，即因尺寸关系导致 A1 型标准试片使用不便时，用来代替 A1 型标准试片。

使用时，C 型标准试片沿分割线切成 5mm×10mm 的小片，将有人工槽的一面贴紧实在工件被检面上。其功用和使用方法与 A1 型标准试片相同。

3. M1 型标准试片

M1 型标准试片如图 4-14 所示，它是在 20mm×20mm 的软铁片（厚度为 50μm）上刻有 ϕ12mm（槽深 7μm）、ϕ9mm（槽深 15μm）和 ϕ6mm（槽深 30μm）的同心圆形槽，构成 7/50、15/50 和 30/50 三档不同灵敏度，这样就可以把三块 A1 型标准试片所做的工作用一块 M1 型标准试片来替代了。

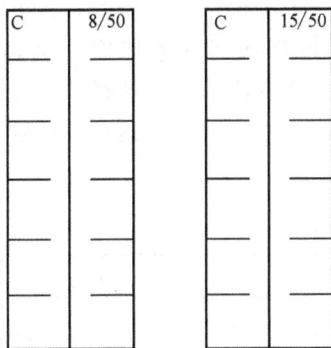

图 4-13　C 型标准试片　　　　　　　　　　图 4-14　M1 型标准试片

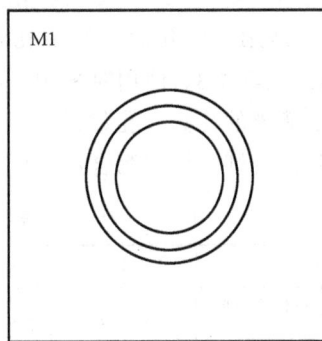

4. D 型标准试片

D 型标准试片可认为是小型的 A1 型标准试片，其大小为 10mm×10mm，分为 D-7/50、D-15/50 两种规格。D 型标准试片也是当 A1 型标准试片使用不方便时，为了更准确地推断被检工件表面的磁化状态而使用的。

NB/T 47013.4—2005 标准规定：磁粉检测时一般应选用 A1:30/100 型标准试片。检测焊缝坡口等狭小部位时，由于尺寸关系，如果 A1 型标准试片使用不便，一般可选用 C:15/50 型标准试片。为了更准确地推断出被检工件表面的磁化状态，当用户需要或技术文件有规定时，可选用 D 型或 M1 型标准试片。

标准试片适用于连续磁化法，其使用要求如下：

1）标准试片表面有锈蚀、褶皱或磁特性发生改变时不得继续使用。

2）标准试片在使用前，应用溶剂清洗防锈油，如果工件表面贴试片处凹凸不平，应打磨平，并除去油污。

3）使用时，应将标准试片无人工缺陷的面朝外，并保持与被检工件有良好的接触。为使试片与被检面接触良好，可用透明胶带或其他合适的方法将其平整粘贴在被检面上，并注意胶带不能覆盖试片上的人工缺陷。

4）试片使用后，可用溶剂清洗并擦干，干燥后涂上防锈油，放回原装片袋中保存。

5）使用标准试片时，所采用的磁粉检测技术和工艺规程应与实际应用的一致。

4.2.2　标准试块

标准试块也是磁粉检测的必备器材之一。

标准试块主要用于检验磁粉检测设备、磁粉和磁悬液的综合性能（系统灵敏度），也用于检测各种磁化电流及磁化电流大小不同时产生的磁场在标准试块上大致的渗入深度。

标准试块不适用于确定被检工件的磁化规范，也不能用于考察被检工件表面的磁场方向和有效磁化区。

我国目前使用的标准试块有：直流标准环形试块，又称为 B 型标准试块；交流标准环形试块，又称为 E 型标准试块；磁场指示器，又称为八角形试块。

1. 直流标准环形试块（B 型标准试块）

直流标准环形试块用铬钨锰工具钢制成，其形状和尺寸如图 4-15 所示，硬度为90~95HRB。

试块端面钻有 12 个人工通孔，其直径均为 1.78mm（0.07in），第一个孔距外圆表面1.78mm，从第二个孔起，每个孔与外圆表面之间的距离依次递加（即比前一个孔增加）1.78mm，见表 4-3。使用时采用中心导体法，直流电磁化，连续法检查，观察试块外圆表面磁痕显示清晰的孔数，孔数越多，灵敏度越高。在规定的磁化电流下，应达到灵敏度要求的最少孔数，否则，说明综合灵敏度不合格，应检查其原因。

表 4-3　直流标准环形试块参数表

孔号	1	2	3	4	5	6	7	8	9	10	11	12
通孔中心与外缘之间的距离 L/mm	1.78	3.56	5.33	7.11	8.89	10.67	12.45	14.22	16.00	17.78	19.56	21.34

注：1. 12 个通孔的直径 D 为 $\phi(1.78\pm0.08)$mm。

2. 通孔中心与外缘间距离 L 的上、下极限偏差为 ±0.08mm。

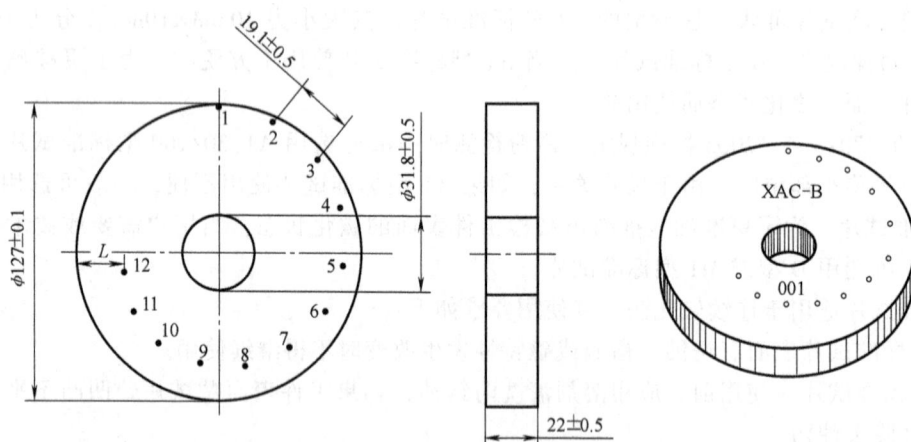

图 4-15　B 型标准试块

使用 B 型标准试块，采用穿棒连续法，在试件圆柱面上喷洒磁悬液，根据人工孔的磁痕显示情况来检查和评价检测装置、磁粉和磁悬液的综合性能。使用时，要避免中心导体和 B 型标准试块产生偏心，因为偏心会使试件表面磁场不均匀，给检验结果带来误差。

2. 交流标准环形试块（E 型标准试块）

交流标准环形试块是一个组合件，它由钢环、胶木衬套和铜棒组成，钢环通过胶木衬套固定在铜棒上，如图 4-16 所示。钢环上钻有 $3\times\phi1$mm 的通孔，孔心与铜棒中心的距离（半径）分别为 23.5mm、23mm 和 22.5mm。使用时，将铜棒装夹在交流检测机的电极夹头之间，通电磁化，观察钢环外表面的磁痕显示。当通以 750A（有效值）的交流电时，至少应有两个孔的清晰磁痕显示，否则综合灵敏度不满足要求。

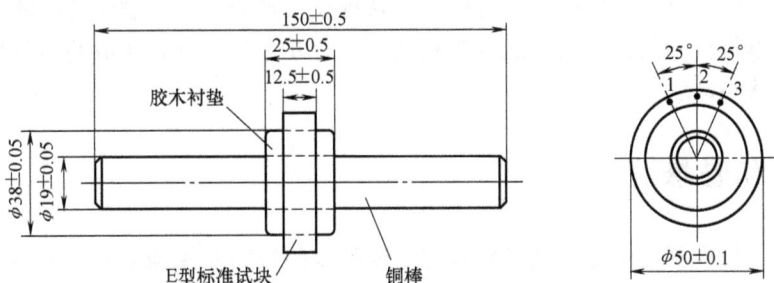

图 4-16　E 型标准试块

4.2.3　磁场指示器

如图 4-17 所示，磁场指示器是将八块饼形低碳钢片（厚度 3.2mm）以铜焊的方法拼装在一起，试块的一面与 0.25mm 厚的铜皮焊牢，然后安装一非磁性手柄。它的用途与 A 型标准试片类似，但比 A 型标准试片耐用，且便于操作。使用时，将磁场指示器的铜面朝上，低碳钢面贴近工件被检面，用连续法给铜面上施加磁悬液，观察磁痕显示。磁粉检测中，带有已知缺陷（含人工和自然缺陷）的试块的应用，可以很好地检验检测设备和材料的性能是否正常、操作是否正确，这对于确保检测灵敏度和检测结果的可靠性都非常有益。在实际使用中，还有许多用于不同检测场合的试块，这里不再一一介绍。

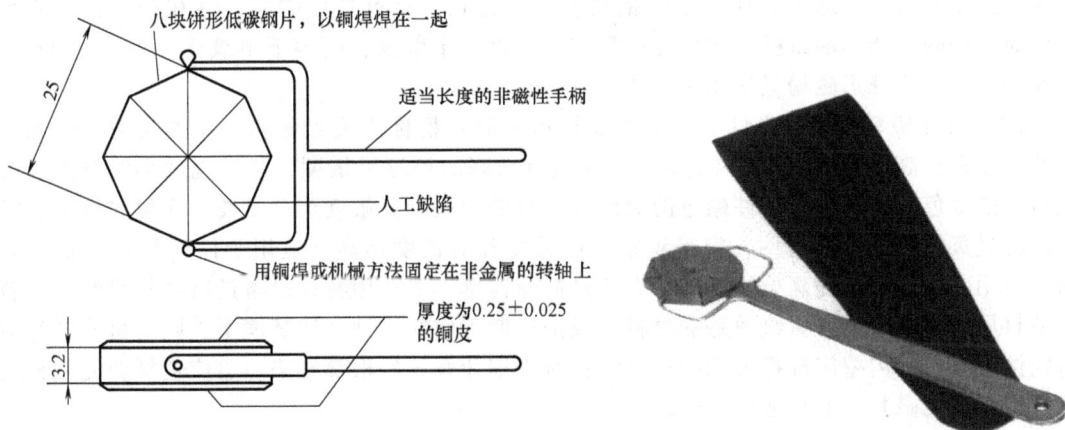

图 4-17　磁场指示器

4.2.4　自然缺陷试块

为了检验某磁粉检测系统是否能按照所期望的方式和所需要的检测灵敏度工作，最直接的途径就是考核该系统检测出一个或多个已知缺陷的能力，最理想的考核方式是选用带有自然缺陷的工件作为试块。该工件是在以往的磁粉检测中发现的，其材料、状态和外形具有代表性，并具有最小临界尺寸的常见缺陷（如发纹和磨削裂纹）。对带有自然缺陷的试件按规定的磁化方法和磁场强度进行检验，若全部应该显示的缺陷都能清晰地显示，则说明系统的综合性能符合要求，否则应检查原因并调整相关因素。

应对自然缺陷试块进行标记，以免混入被检工件中。自然缺陷试块的使用应经过磁粉检测Ⅲ级人员的批准，仅对专门的产品有效。在特种设备行业，由于制作统一的自然缺陷试块极其困难，各单位自制的试块又可能因为相互之间存在差异而导致相应的质量异议，因而应慎重采用自然缺陷试块。

4.3　磁粉和磁悬液

为了保证磁粉检测灵敏度，除了要求有足够强度的缺陷漏磁场之外，另一个重要的影响因素是检验材料——磁粉和磁悬液的性能。性能优良的磁粉和磁悬液能使更多的磁粉被微弱的缺陷漏磁场吸附，形成明显、清晰的磁痕；反之，检测灵敏度必然低下。

4.3.1　磁粉的分类

磁粉由铁磁材料微粒组成，主要成分为 Fe_3O_4、Fe_2O_3 和工业纯铁粉等。

磁粉的种类较多，常用的分类方法有两种：一是根据磁痕显示光源的不同，分为非荧光磁粉和荧光磁粉；二是根据分散剂的不同，分为干式磁粉和湿式磁粉。

1. 非荧光磁粉和荧光磁粉

（1）非荧光磁粉　非荧光磁粉又称为普通磁粉，它是在可见光下观察磁痕显示用的磁粉。纯白和纯黑在明亮环境中的对比系数为 25：1。常用的有 Fe_3O_4 黑磁粉、$\gamma\text{-}Fe_2O_3$ 红褐色磁粉、蓝磁粉和白磁粉。前两种磁粉既适用于湿法，也适用于干法；后两种磁粉只适用于干法。JCM 系列空心球形磁粉是铁铬铝的复合氧化物，具有良好的移动性和分散性，磁化工件时，该磁粉能不断跳跃着向漏磁场聚集，检测灵敏度高，高温下不氧化，可在 400℃ 左右使用。但空心球形磁粉只适用于干法。

（2）荧光磁粉　在黑光灯下观察磁痕显示用的磁粉称为荧光磁粉。在黑暗中，荧光提供的对比系数高达 1000：1，因而荧光磁粉具有很高的检测灵敏度，能发现微小的缺陷。荧光磁粉的颜色、亮度、与工件颜色的对比度，对磁粉检测灵敏度至关重要。在黑光灯下，荧光磁粉呈黄绿色，色泽鲜明，容易观察，可见度和对比度均高，适用于任何颜色的被检表面。使用荧光磁粉能提高检测速度，有效降低漏检率。对在用特种设备进行磁粉检测时，若设备材质为高强钢或对裂纹敏感的材料，或是长期工作在腐蚀介质环境下，则有可能产生应力腐蚀裂纹，其内壁应选择荧光磁粉检测；对于细牙螺纹的根部缺陷，也应选择荧光磁粉进行检测。荧光磁粉一般只适用于湿法。

2. 干式磁粉和湿式磁粉

干式磁粉适用于干法检测，使用时以空气为分散剂施加在被检工件表面上。为了满足干法的检验要求，干法磁粉的磁性应大于 10g（按磁性称量法）。

湿式磁粉用于湿法检验，使用时，需要以油或水为分散剂，配制成磁悬液，然后施加在工件表面上。

4.3.2　磁粉的性能

磁粉检测是通过磁粉聚集在漏磁场处形成磁痕来显示缺陷的。磁痕显示的清晰程度不仅与缺陷性质、磁化程度、磁粉施加方法及工件表面状态和照明条件等有关，还与磁粉本身的性能，如磁特性、粒度、形状、密度、流动性、识别度等有关，所以磁粉性能的选择很重要。

（1）磁特性 磁粉检测中的磁粉应具有高的磁导率、低的矫顽力和低的剩磁。高的磁导率，使磁粉容易被微弱的漏磁场吸附；低的剩磁和矫顽力，使磁粉容易分散和流动，磁粉经磁化后再用时，也不会凝聚成团而影响分散和悬浮。，

（2）粒度 磁粉颗粒的大小，对磁粉的分散性、悬浮性和被漏磁场吸附的难易程度有很大的影响。粒度大时，分散性好、悬浮性差，难以被漏磁场吸附；粒度小时情况相反。

选择磁粉粒度时，应考虑缺陷性质、尺寸、埋藏深度及磁粉施加方式。干法用磁粉的粒度范围为 $10 \sim 50 \mu m$，不得超过 $150 \mu m$，（一般推荐干法用 $80 \sim 160$ 目$^{\ominus}$的粗磁粉）。湿法用黑磁粉和红磁粉的粒度宜采用 $5 \sim 10 \mu m$，粒度大于 $50 \mu m$ 的磁粉不能用于湿法检测（一般推荐湿法用 $300 \sim 400$ 目的细磁粉），荧光磁粉的粒度在 $5 \sim 25 \mu m$ 之间。

（3）形状 磁粉的形状有不规则条形、椭圆形和球形等，其对磁痕的形成具有较大的影响。磁粉在磁场中的受力情况与其形状有关，为了兼顾磁痕的形成和流动性，同时为了防止条形磁粉互相吸引而产生凝聚，理想的磁粉是由一定比例的条形磁粉和球形磁粉混合而成的。

（4）密度 磁粉的密度对其磁性、悬浮性、流动性等均有影响。密度大时，磁性强，悬浮性差，流动性也不好。为此，干式磁粉的密度一般限制在 $8g/cm^3$、湿式磁粉在 $4.5g/cm^3$ 以下。

（5）流动性 磁粉必须在被检工件表面流动，以便被漏磁场吸附。在湿法检测中，磁悬液的流动带动磁粉移动。在干法检测时，流动性与使用的电流种类有关，直流电不利于磁粉流动，交流电和整流电能促进磁粉流动。

（6）识别度 识别度是指磁粉的光学性能，包括磁粉的颜色或荧光亮度以及与工件表面的对比度。非荧光磁粉与工件表面颜色具有对比度时，缺陷磁痕才易于发现。使用荧光磁粉，当工件表面只有极低的可见光本底时，才能提供最好的对比度。荧光磁悬液的浓度大约为非荧光磁悬液浓度的 1/10。

影响磁粉使用性能的因素主要有以上六个方面，此外，对磁粉还有色泽、对比度等方面的性能要求。这些因素是互相关联、互相制约的，如果孤立地追求某一方面而忽视另一方面，则有可能导致实验或检测过程的失败。最可靠的方法是通过综合性能（系统灵敏度）实验的结果来衡量磁粉的性能。

4.3.3 磁悬液

用来悬浮磁粉的载液称为分散剂。湿式检测用油或水做分散剂，磁粉和分散剂按一定比例混合而成的悬浮液称为磁悬液。

1. 分散剂

分散剂作为磁悬液性能的主要决定因素，在磁粉检测中对其有多方面的性能要求，在以油和水做分散剂时，要求有所不同。

（1）油介质 油介质具有防腐、防锈、不需要任何添加剂等优点，但也存在易燃、易

$\ominus$ 目数就是孔数，即每平方英寸上的孔数目。

挥发、成本高等不足，用作分散剂时，主要性能要求如下：

1）高闪点。高闪点是职业安全要求，现流行两个类别的要求：一类油液要求闪点不低于93℃，二类油液的闪点为60~93℃。

2）黏度适中。为了保证磁粉的悬浮性，分散剂的黏度不能过低，但磁粉检测中，更重要的是介质的流动性、润湿性。若黏度太大，会影响磁悬液的流动性、润湿性，检测灵敏度将难以保证，为此，一般要求介质的黏度小于$5×10^{-6}m^2/s$（5cst）。

3）稳定，不易挥发和变质，经久耐用。

4）无味、无毒，与工件不发生化学反应等。

无味煤油是我国应用最广的分散剂之一，它的运动黏度为$2.03×10^{-6}m^2/s$（2.03cst），闪点接近60℃，悬浮性、流动性等都很好，适用于荧光和非荧光磁悬液。国内还有采用变压器油作为分散剂的，其闪点很高，不易挥发，悬浮性好，但黏度太高，达$(1.5~2.5)×10^{-5}m^2/s$（15~25cst），影响了检测灵敏度，通常将变压器油和煤油按比例混合的油液作为分散剂。但由于变压器油在紫外线灯下会发出荧光，因此不能用于配制荧光磁悬液。

（2）水介质　以水为分散剂的磁悬液黏度较低、流动性好、成本低，无着火危险。但易于腐蚀工件，润湿效果不太理想。水作为分散剂时，应具有以下性能：

1）润湿性。均匀、完整地润湿磁粉和工件。

2）分散性。均匀地分散磁粉，无结团现象。

3）无腐蚀。至少在规定时间内不锈蚀工件。

4）消泡作用。能自动消除因搅拌磁悬液而出现的大量气泡，不致影响正常检测。

5）稳定性。在规定的使用期内不变质、变味。

6）酸碱度在pH6.0~10.0范围内。

纯净的水难以满足这些性能要求，必须添加一些改善性能的成分，这些添加成分称为水性调节剂，通常有润湿剂、防锈剂和消泡剂等。润湿剂的作用是减小水对磁粉和工件的表面张力，从而增强润湿作用。需要指出，对于以水为分散剂的荧光磁悬液，由于荧光磁粉的表面含有有机颜料和疏水性的黏合树脂，如果不加润湿剂，它们就不能被充分润湿和分散，细小的荧光磁粉会像灰尘一样浮在液面上。

2. 磁悬液的浓度

（1）配制浓度　磁悬液的浓度是指磁粉在磁悬液中所占的比例，通常以每升磁悬液所含磁粉质量（g）的形式表示，称为配制浓度。对于非荧光磁悬液，一般要求配制浓度在10~25g/L范围内；对于荧光磁悬液，配制浓度一般在0.5~3.0g/L范围内；磁粉检测-橡胶铸型法的配制浓度一般为4~10g/L。关于浓度范围的规定，国内外各标准存在一些差异，但差异很小，非常接近。

（2）沉淀浓度　检测在用磁悬液浓度时，用单位磁悬液中磁粉的沉淀量（mL）来表示浓度，称为磁悬液的沉淀浓度。通常规定，非荧光磁悬液的沉淀浓度为1.2~2.4mL/100mL，荧光磁悬液为0.1~0.4mL/100mL。磁悬液的浓度直接影响到检测灵敏度，浓度太小，则磁痕微弱，难以辨认；浓度太大，则背景容易模糊，以至于掩盖磁痕。因此，定期进行浓度检查，使浓度维持在一个适宜的水平上是很重要的。有些标准要求在每天的检测工作开始前，必须进行浓度检查。

3. 磁悬液配制

（1）油磁悬液配制　先取少量的油基载液与磁粉混合，让磁粉全部润湿，搅拌成均匀的糊状，再按表 4-4 中的比例加入余下的油基载液，搅拌均匀即可。

表 4-4　磁悬液浓度

磁粉类型	配制浓度/（g/L）	沉淀浓度（固体含量）/（mL/100mL）
非荧光磁粉	10～25	1.2～2.4
荧光磁粉	0.5～3.0	0.1～0.4

国外有浓缩磁粉，其外表面包有一层润湿剂，能迅速地与油基载液结合，可直接加入磁悬液槽内使用。

（2）水磁悬液配制　推荐的非荧光磁粉水磁悬液配方见表 4-5。

表 4-5　非荧光磁粉水磁悬液配方

成分	水	100#浓乳	三乙醇胺	亚硝酸钠	28#消泡剂	HK-1 黑磁粉
加入量	1L	10g	5g	10g	0.5～1g	10～25g

配制方法：按表 4-5 所列比例，将 100#浓乳加入 50℃ 的温水中，搅拌至完全溶解，然后加入三乙醇胺、亚硝酸钠和 28#消泡剂，每加入一种成分后都要搅拌均匀，最后加入 HK-1 黑磁粉并搅拌均匀。

推荐采用的荧光磁粉水磁悬液配方见表 4-6。

表 4-6　荧光磁粉水磁悬液配方

成分	水	JFC 乳化剂	亚硝酸钠	25#消泡剂	YC2 荧光磁粉
加入量	1L	5g	10g	0.5～1g	0.5～2g

配制方法：将润湿剂（JFC 乳化剂）与 25#消泡剂加入水中并搅拌均匀，按比例加足水，制成水载液；取少量水载液与 YC2 荧光磁粉和匀，然后加入余量的水载液，最后加入亚硝酸钠。

对荧光磁粉磁悬液的水载液应进行严格选择和试验，不应使荧光磁粉结团、剥离或变质。

（3）磁膏水磁悬液的配制　在特种设备检测行业，一般采用磁膏配制水磁悬液，常用的有易溶于水的 HR-1 和 HB-1 系列。由于磁膏中含有磁粉、润湿剂和缓蚀剂等，因此可以与水直接配制。

配制方法：先取少量的水，在水中挤入磁膏后搅拌成稀糊状，再按比例加入水后搅拌均匀即可。

使用前，除应进行综合性能试验外，还必须测量磁悬液的浓度和进行水断试验。

（4）磁悬液喷罐　生产厂家将配制浓度合格的磁悬液装入喷罐中，这些磁悬液的载液多为油基载液和水载液，常用的有 HD-RO 和 HD-BO 黑油及黑水磁悬液喷罐，使用时只需轻轻摇动喷罐，将磁悬液搅拌均匀，即可直接喷洒。检测前先用标准试片进行综合性能试验，合格后即可进行检测，无须测量浓度。使用喷罐方便快捷，特别适合高空、野外和仰视检测，应用较广泛。

4.3.4　反差增强剂

1. 反差增强剂的应用

在表面粗糙的工件上进行磁粉检测时，由于工件表面凹凸不平或者磁粉颜色与工件表面颜色的对比度很低，会使磁痕显示难以识别，容易造成漏检。为了提高缺陷磁痕与工件表面颜色的对比度，检测前，可先在工件表面上涂一层白色薄膜，厚度为 $25 \sim 45 \mu m$，干燥后再磁化工件，喷洒黑磁粉磁悬液，其磁痕就会清晰可见。这一层白色薄膜就称为反差增强剂。

2. 反差增强剂的配方、施加及清除

（1）配方　反差增强剂可按表 4-7 推荐的配方自行配制，搅拌均匀后即可使用。市售产品中也有配制好的反差增强剂喷罐，常见的有 FC-5 反差增强剂喷罐。

表 4-7　反差增强剂配方

成　　分	工业丙酮	稀释剂 X-1	火棉胶	氧化锌粉
每 100mL 含量	65mL	20mL	15mL	10g

（2）施加反差增强剂的方法　检查整个工件时可用浸涂法，局部检查可用喷涂法或刷涂法。

（3）清除反差增强剂的方法　可用工业丙酮与稀释剂 X-1 按 3：2 的比例配制的混合液浸过的棉纱擦洗，或将整个工件浸入该混合液中清洗。

3. 反差增强剂喷罐

反差增强剂喷罐具有使用方便、涂层成膜迅速均匀、附着力强、颜色洁白、无强刺激性气味等优点，检测时要使用经过质量认证的、性能好的反差增强剂喷罐。

4.3.5　磁粉、磁悬液性能测试

1. 磁粉的磁性

磁粉的磁性常用称量法来测定，该方法根据标准电磁铁吸附磁粉的质量来评价磁粉的磁性。磁粉称量仪主要由电磁铁、支架和电源电路等组成，如图 4-18 所示。磁粉称量仪以一恒定的电流为电磁铁提供励磁，可以使其下方的吸盘获得一标准的恒定磁场。测量时，先将一装满干燥磁粉的标准器皿与吸盘接触，然后通电励磁，在磁场稳定的情况下，缓缓放下器皿，部分磁粉即被吸附在吸盘上。被吸附的磁粉量显然与磁粉的磁性相关，磁性好的材料被吸附的量也大。断开励磁电流后取下磁粉测其质量，重复三次，取三次质量的平均值作为磁粉称量值。在额定磁场条件下，非荧光湿式磁粉不少于 7g 为合格，干磁粉不少于 10g 为合格；荧光磁粉不少于 5g 为合格。

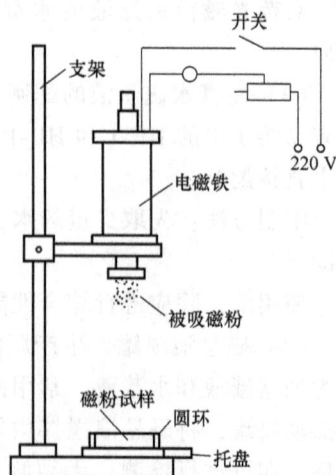

图 4-18　磁粉称量仪

2. 磁粉粒度

磁粉粒度的测量通常采用过筛法和酒精沉淀法。过筛

法是用标准目数的筛子来筛磁粉，根据通过筛子的磁粉质量占总磁粉质量的百分比来评价磁粉的粒度，通过百分比大，则说明粒度细。对于湿式磁粉，98%质量比的磁粉通过孔径为45μm 的筛子，方为合格。酒精沉淀法是在一长 400mm、内径为 10mm 的玻璃管内先注入高度为 150mm 的酒精、3g 干磁粉，充分颠倒均匀后，再注入酒精，使液柱高达 300mm，再充分上下颠倒均匀，然后立即垂直静止，3min 后观察磁粉柱高度。高度越大，说明磁粉粒度越细，一般规定磁粉液柱高度不低于 180mm 的磁粉粒度为合格，如图 4-19 和图 4-20 所示。

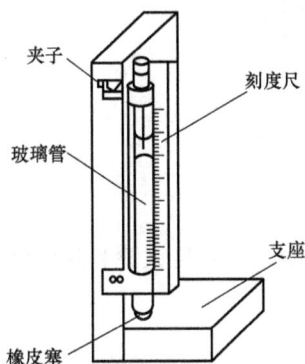

图 4-19　酒精沉淀法试验装置

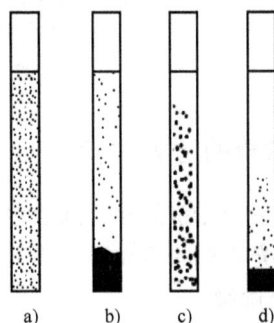

图 4-20　酒精沉淀法的磁粉悬浮情况
a）悬浮于酒精中的磁粉　b）粒度不均匀的磁粉沉淀
c）粒度均匀而细的磁粉沉淀　d）均匀粗大的磁粉沉淀

3. 磁悬液浓度

磁悬液浓度通常采用图 4-21 所示的梨形管测量。测量时，将磁悬液充分搅匀，取 100mL 磁悬液加入梨形管，垂直静止（无振动）30min 后读取磁粉沉淀高度，即可得到所测磁悬液的浓度值。由于磁粉所经历的磁化强度对沉淀速度和高度有一定的影响，故国外有标准规定必须对沉淀管试样退磁后再进行静止沉淀。

图 4-21　梨形管

4. 磁悬液中磁性粉末的含量

磁悬液中磁性粉末和非磁性固体粉末含量的多少是评价磁悬液质量优劣的指标之一。测定含量时，首先将两种粉末分离，然后测其质量并得出含量。测量时，在充分搅匀的磁悬液中取 50mL 样品放入 100mL 的烧杯内，然后将图 4-22 所示的标准电磁铁的一个极浸入烧杯磁悬液中，用玻璃棒搅拌磁悬液，让磁铁将磁性粉末吸附出来（用滤纸擦去磁极上的磁粉，并反复浸入、吸附、擦去动作，直至不再有颜料附着在磁极上为止）。用滤纸滤出烧杯中液体所含的固体粉末，测其干重（w_1）。另取 50mL 搅匀的磁悬液，将其全部过滤，测其固体总量的干重（w_2）。于是，可以得到磁性粉末的含量 w，即

$$w = \frac{w_2 - w_1}{w_2} \times 100\%$$

这种测定对于反复使用的磁悬液更为重要，因为磁悬液在工作过程中，会带入各种非磁性的固体粉末，随着非磁性固体粉末含量的提高，必然会影响检测灵敏度。对于荧光磁粉，在使用过程中还会发生染料、粘结剂与磁粉的分裂，分裂的荧光染料在检测中会加重背景，

影响判断。对于这些非磁性固体粉末，一般要求其质量不超过磁性粉末质量的 10%（荧光磁粉分裂磁粉的染料、粘结剂质量计入磁性粉末质量）。

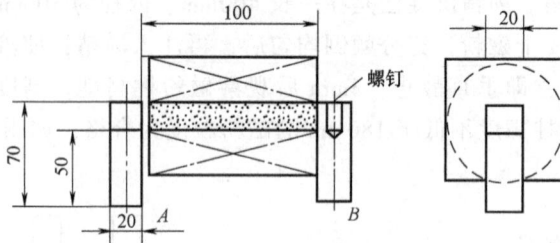

图 4-22　测含量用的电磁铁（线圈 750AT）

4.3.6　磁粉的验收试验

湿法非荧光磁粉的验收试验包括污染、颜色、粒度、检测灵敏度、衬度试验和悬浮性试验；湿法荧光磁粉的验收试验除上述六项外，还包括耐用性试验。

1. 污染试验

在下列情况下用目视测定磁悬液，不应显示明显的外来物、结块和浮渣。

1）配制磁悬液后应立即检查。

2）磁悬液搅拌后静置不少于 30min 并轻微摇动时。

3）测定磁粉其他性能试验期间。

2. 颜色试验

（1）湿法非荧光磁粉　在不小于 1000lx 的白光照度下检查，玻璃容器中均匀分散好的磁悬液试样应呈黑色、红色或要求的颜色。

（2）湿法荧光磁粉　在环境光不大于 20lx 的暗区内，用辐照度不小于 $1000\mu W/cm^2$ 的黑光激发荧光磁粉，磁粉应发黄绿色的荧光。

3. 粒度试验

向 1L 油基载液中加入 20g 磁粉制成磁悬液，将该磁悬液通过孔径为 45μm（320 目）的标准分样筛后，再用 1L 油基载液冲洗筛子，筛子干燥后，测定未能通过筛子的磁粉质量。通过筛子的磁粉质量与原加入的 20g 磁粉的质量比不应低于 98%。

4. 检测灵敏度试验

（1）湿法非荧光磁粉

1）将 B 型标准试块穿在长 400mm、直径为 25～38mm 的铜棒上，通以 2500A 的三相全波整流电，然后施加合格的磁悬液，在不小于 1000lx 的可见光照度下观察，至少应显示五个孔。

2）将 E 型标准试块穿在铜棒上，通以有效值为 700A 的交流电，然后施加合格的磁悬液，在不小于 1000lx 的白光照度下观察，至少应显示一个孔。

（2）湿法荧光磁粉

1）将 B 型标准试块穿在长 400mm、直径为 25～38mm 的铜棒上，通以 2500A 的三相全波整流电，然后施加合格的荧光磁悬液，在环境光不大于 20lx 的暗区内，用辐照度不小于 $1000\mu W/cm^2$ 的黑光激发荧光磁粉，至少应显示五个孔。

2）将 E 型标准试块穿在铜棒上，通以有效值为 700A 的交流电，然后施加合格的荧光磁悬液，在环境光不大于20lx的暗区内，用辐照度不小于$1000\mu W/cm^2$的黑光激发荧光磁粉，至少应显示一个孔。

5. 衬度试验

取一个含有日常检验中能够发现已知缺陷的工件，其表面粗糙度应与产品基本一致，将合格的荧光磁悬液施加在磁化过的工件上，在符合规定的暗区和黑光下观察，磁痕显示应明显、清晰。缺陷周围的本底荧光应既不遮蔽缺陷显示，又不给检测缺陷带来困难。

6. 悬浮性试验

用酒精沉淀法测定磁粉的悬浮性，从而反映磁粉的粒度，酒精和磁粉明显分界处的磁粉柱高度应不低于180mm。

该方法是将一根长400mm、内径为（10±1）mm的玻璃管垂直固定在支座上，用夹子夹紧，从玻璃管底部为零的水平线到300mm的高度进行刻线，其试验装置如图4-19所示，试验程序如下：

1）用工业天平称出3g未经磁化的磁粉试样。

2）往玻璃管内注入酒精至150mm高度处。

3）将称出的3g磁粉试样倒入玻璃管内的酒精中，并使其均匀混合。

4）再往玻璃管内注入酒精至300mm高度处。

5）堵上塞子，反复倒置玻璃管，使磁粉与酒精均匀混合。

6）停止倒置，将玻璃管垂直固定在支座上，静置3min，读出明显分界处的磁粉柱高度。

7）按上述步骤试验三次，每次都要更换新磁粉。最后，取三次试验的平均值作为最终的磁粉柱高度。酒精沉淀法磁粉的悬浮情况如图4-20所示。

复习思考题

1. 磁粉检测设备如何分类？

2. 固定式设备由哪几部分组成？简述各部分的主要作用。

3. 如何选择磁粉检测设备？

4. 磁粉检测仪器有哪几种？

5. 磁粉检测中对磁粉的性能有哪些要求？

6. 什么是载液、磁悬液和磁悬液浓度？

7. NB/T 47013.4—2015对磁悬液浓度的规定是多少？

8. 什么是反差增强剂？它有什么作用？

9. 标准试片的用途和使用注意事项有哪些？

10. 特种设备行业一般怎样选用标准试片？

11. 标准试块的适用和不适用范围有哪些？

12. 什么是闪点？它和磁粉检测有什么关系？

13. 什么是油的黏度、运动黏度和动力黏度？磁粉检测为什么要用运动黏度？

14. 油磁悬液和磁膏水磁悬液是如何配制的？

15. 特种设备行业在什么情况下应采用荧光磁粉检测？

16. 特种设备行业在哪些场合应优先使用油基载液？

第5章 磁粉检测工艺

磁粉检测工艺是磁粉检测技术的具体应用，是保证工件达到检测要求的各项实施措施。由于被检工件品种繁多，形状、尺寸、材质及检测要求各不相同，必须根据各自的特点制定检测工艺。检测工艺包含的内容很多：检测方法、设备、器材的选用，磁化方法、磁化电流的种类和大小、磁粉和磁悬液的选择，以及操作程序的确定等。其主要内容在前面的章节中都已做了介绍。由于其中一些选择关系到磁粉检测应用的成功与否，工艺程序也将根据它们制定，因此在实施工艺程序之前，必须对它们做出明确的选择。这里择要做一些介绍。

5.1 检测方法及其选择

根据不同的分类条件，磁粉检测方法的分类见表 5-1。

表 5-1 磁粉检测方法的分类

分类条件	磁粉检测方法
施加磁粉的时机	连续法、剩磁法
施加磁粉的载体	湿法(荧光磁粉、非荧光磁粉)、干法(非荧光磁粉)
磁粉种类	荧光磁粉法、非荧光磁粉法

1. 连续法和剩磁法

（1）连续法 在外加磁场磁化的同时，施加磁粉或磁悬液的方法称为连续法。

1）连续法的适用范围：①所有铁磁材料和工件；②形状复杂，不易得到所需剩磁的工件；③表面覆盖层较厚的工件；④软磁性材料和工件；⑤设备功率达不到要求时。

2）连续法的优点：①适用于所有铁磁材料；②具有很高的检测灵敏度；③可用于多向磁化；④交流磁化时不受断电相位的影响；⑤能发现近表面缺陷；⑥可采用干法和湿法。

3）连续法的局限性：①效率低；②易产生非相关显示；③目视可达性差。

（2）剩磁法 停止磁化后再施加磁悬液的方法，称为剩磁法。

1）剩磁法的适用范围：①经热处理的高碳钢和合金结构钢，矫顽力在 1kA/m 以上、剩磁在 0.8T 以上的工件；②因几何形状的限制，无法进行连续法检测的部位，如螺纹根部和筒体内表面等；③评价连续法发现的磁痕显示是表面还是近表面缺陷。

2）剩磁法的优点：①检测效率高；②有足够的检测灵敏度；③缺陷显示重复性好、可靠性高；④目视可达性好；⑤易实现自动化；⑥可评价缺陷属于表面还是近表面缺陷；⑦可避免螺纹根部、凹槽和尖角处的磁粉过度堆积。

3）剩磁法的局限性：①只适用于高剩磁、高矫顽力（硬磁）材料；②不能用于多向磁化；③交流磁化受断电相位的影响；④对近表面缺陷的检测灵敏度低；⑤不适用于干法检测。

在工艺程序上，连续法和剩磁法施加磁粉和磁悬液的时机不同。根据前述应用范围，满足剩磁法检测条件的材料可用剩磁法，否则一律用连续法。检测要求高的用连续法，批量大的用剩磁法，有涂层的用连续法。

2. 干法和湿法

（1）湿法　将磁粉悬浮在载液中进行磁粉检测的方法。

1）湿法的应用范围：①灵敏度要求高的工件；②大批量零件的检测；③表面微小缺陷，如疲劳裂纹、磨削裂纹、焊接裂纹、发纹等的检测。

2）湿法检测的优点：①对工件表面微小缺陷的检测灵敏度高；②与固定式设备配合时，操作方便、效率高，磁悬液可回收。

3）湿法检测的局限性：对大裂纹和近表面缺陷的检测灵敏度比干法检测低。

（2）干法　以空气为载体，用干磁粉进行磁粉检测的方法。

1）干法的应用范围：①表面粗糙的大型锻件、铸件、毛坯、结构件和大型焊接件焊缝及对检测灵敏度要求不高的工件；②大缺陷和近表面缺陷的检测；③可与便携式设备配合使用。

2）干法检测的优点：①对大裂纹的检测灵敏度高；②干法与单相半波整流电配合，对近表面缺陷的检测灵敏度高；③可用于现场检验。

3）干法检测的局限性：①对小缺陷的检测灵敏度不如湿法；②磁粉不能回收；③不适用于剩磁法检测。

干法检测时，磁粉和被检工件都应充分干燥，否则易造成假磁痕；其通电磁化时间较长、检测灵敏度较低、易造成污染，故应用不广泛。但在湿法受限制时，如表面粗糙、高温工件或大截面工件等，可采用干法。湿法应用广泛，可采用喷检、浸泡工件等多种方法。

3. 磁粉的选择

非荧光法适用范围广，应用非常广泛，大粒度磁粉与弱磁化场相匹配，可以检测微小缺陷。荧光磁粉和非荧光磁粉的选择即为荧光法和非荧光法的选择，由于检测灵敏度不同，两种不同显示材料的检测效果是不同的，荧光法优于非荧光法。但必须满足照明条件要求，荧光法要求在暗室（可见光照度低于 20lx）中和黑光灯（观察处的辐射照度不低于 $1000W/cm^2$）下进行。不满足照明条件，荧光法的检测灵敏度将下降。在配制荧光磁悬液时应注意，分散剂应无荧光反射，磁悬液浓度比非荧光磁粉低得多。对于检测要求高的工件、精密工件和由于色泽对比不宜采用非荧光法的工件，应采用荧光法。

非荧光磁粉的品种很多，适用面宽，加之可见光照明很方便，故应用非常广泛。非荧光磁粉的检测能力与磁粉粒度有很大关系，大粒度磁粉适用于大宽度缺陷的检测，小粒度磁粉则可以检出宽度很小的缺陷。在实际使用中，常以小粒度磁粉与偏大的磁化电流相匹配，用以检查微小缺陷；以大粒度磁粉与偏弱的磁化场相匹配，用以检查粗糙表面上的大缺陷。非荧光法可根据工件色泽选取相应磁粉，如光亮工件用黑磁粉、黑色工件用白磁粉等。

4. 磁粉检测-橡胶铸型法与磁橡胶法

（1）磁粉检测-橡胶铸型法（MT-RC 法）　将磁粉检测得到的磁痕用室温固化硅橡胶加固化剂形成的橡胶铸型进行复印，再对复印所得到的橡胶铸型进行目视观察或在光学显微镜下进行磁痕分析。

1）应用范围。

① 适用于剩磁法，可以检测工件上孔径不小于 3mm 内壁的不连续性。

② 可间断跟踪检测疲劳裂纹的产生和发展。

2）优点。

① 检测灵敏度高，可发现长度为 0.1~0.5mm 的早期疲劳裂纹。

② 能够较精确地测量橡胶铸型上的裂纹长度，并能间断跟踪检测疲劳裂纹的产生和发展。

③ 裂纹磁痕与背景的对比度高，易于辨认。

④ 工艺可靠，容易掌握，适用于场外检测。

⑤ 橡胶铸型可永久保存。

3）局限性。

① 可检测的孔深受橡胶扯断强度的限制。

② 孔壁粗糙、形状复杂、同轴度误差大的多层结构及层间间隙均会增加脱膜难度。

③ 检测速度相当慢，大面积检测时成本高，不适用。

（2）磁橡胶法（MRI 法）　将磁粉弥散在室温硫化的硅橡胶中，加入固化剂后倒入适当围堵的受检部位磁化工件，橡胶中的磁粉在橡胶内迁移和排列，在缺陷处聚集形成显示，取出铸型后在光学显微镜下观察分析。

1）磁橡胶法的应用范围：①适用于连续法，可检测孔内壁的不连续性；②适用于水下检测。

2）磁橡胶法的局限性：与 MT-RC 法相比，对比度小、检测灵敏度很低，工艺难以控制，可靠性差。

5.2　磁化方法和磁化电流的选择

这一部分的基础知识在第 3 章已经详细介绍，这里总结一下选择的依据和原则。

1. 磁化方法的选择

磁法方法应根据工件形状、尺寸材质和缺陷进行选择，被检工件外形不同时，往往要采用不同的磁化方法。

1）为了检出构件上不同方向的缺陷，常需要注意不同磁化方法的匹配。对于任意方向缺陷，原则上进行两次垂直方向上的磁化或一次复合磁化，若已确定某一方向上的缺陷具有危害性，可进行单向一次磁化。例如，对于管棒（包括环类）构件，一般采用一次周向磁化检测（发现轴向和接近轴向的缺陷）加一次线圈纵向磁化检测（发现横向和接近横向的缺陷）即可。精密工件应避免直接通电检测，以免烧伤工件。

2）对于难以整体磁化的大型钢构件，可以采用局部磁化的方法。磁轭法和触头法都可以选择，这两种方法所用设备简单、操作方便，通过对各个局部的磁化来完成整体检测。

2. 磁化电流的选择

磁化电流的选择是否合理，对检测结果影响很大：电流偏小，则缺陷不能产生足够的漏磁场，将影响检测能力；电流太大，则非缺陷部位也会产生漏磁通，会使工件本底模糊，给缺陷判断带来困难。

合理的磁化电流应能使要求检出的缺陷产生足够的漏磁场，形成明显的磁痕，同时其他非缺陷部位的漏磁场应尽可能弱。

　　磁化电流的选择参照磁化规范，周向磁化按直径计算，纵向磁化根据长径比求取。确定磁化电流值时，要考虑被检缺陷的种类和检测要求的高低，以决定所采用规范允许的磁化电流限值。确定磁化电流，还要考虑工件材质的磁特性，对于导磁性能差的工件，应取电流的上限，甚至突破限值。

　　应用试片、试块校验磁化电流的选择是否合理，A 型标准试片是常用的一种。将试片贴于磁化效果最差的有效检测部位进行校验。为了保证磁粉检测效果，确定磁化电流值后必须对其进行校验，并且在检测过程中也应定期校验磁化电流。

5.3　磁粉检测工艺程序

　　磁粉检测方法不同，其检测工艺程序也有所不同。磁粉检测的工艺程序与施加磁粉或磁悬液的时机密切相关。连续法中，施加磁粉或磁悬液与外加磁场磁化是同步进行的，对于表面光滑的工件，在磁化及施加磁粉或磁悬液的同时，完成磁痕观察记录，其检测工艺程序如图 5-1a 所示；对于表面粗糙的工件，其磁痕观察记录往往在磁化及施加磁粉或磁悬液之后进行，其检测工艺程序如图 5-1b 所示。剩磁法是在外加磁场磁化完成以后，再将磁悬液施加到工件上，其检测工艺程序如图 5-1c 所示。

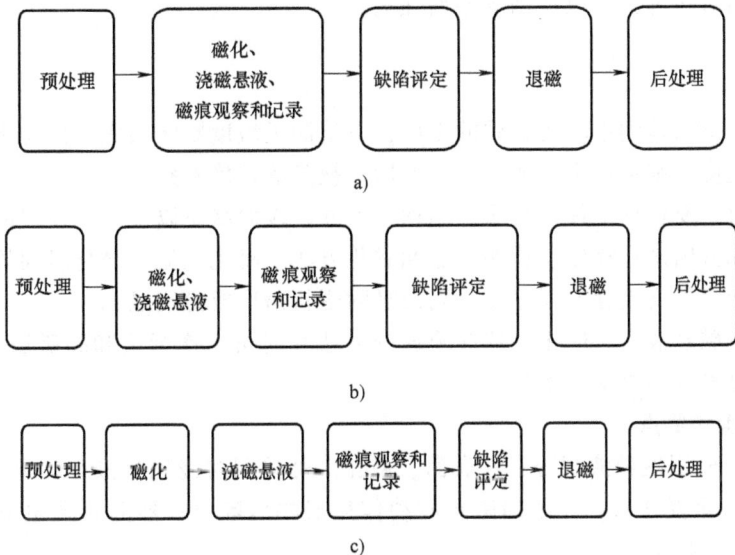

图 5-1　磁粉检测工艺程序

a）连续法（表面光滑）　b）连续法（表面粗糙）　c）剩磁法

　　磁粉检测应安排在容易产生缺陷的各道工序（如焊接、热处理、机加工、磨削、锻造、铸造、校正和加载试验）之后，在喷漆、发蓝、磷化、氧化、阳极化、电镀或其他表面处理工序之前进行。表面处理后还需要进行局部机加工的，对该局部机加工表面须再次进行磁粉检测。要求对工件进行腐蚀试验时，磁粉检测应在腐蚀工序后进行。

　　焊接接头的磁粉检测应安排在焊接工序完成之后进行。对于有延迟裂纹倾向的材料，磁粉检测应根据要求至少在焊接完成 24h 后进行。有热裂纹倾向的材料应在热处理后再增加一次磁粉检测。除非另有要求，紧固件和锻件的磁粉检测应安排在最终热处理之后进行。

5.3.1 预处理

因为磁粉检测是对工件的表面缺陷和近表面缺陷进行检测，工件的表面状况对磁粉检测的操作和灵敏度有很大影响，故磁粉检测前应做好预处理工作。

（1）清洗 清理工件表面的油污、铁锈、毛刺、氧化皮、飞溅、油漆等；使用水磁悬液时工件表面要认真除油，使用油磁悬液时工件表面不应有水；干法检测时，工件表面应干净和干燥。

（2）打磨 对具有非导电覆盖层的工件通电磁化时，必须将与电极接触部位的覆盖层打磨掉。

（3）分解 装配件一般应在分解后检测。其原因有：①装配件结构复杂，磁化、退磁困难；②各零件交界处易产生非相关显示；③流入运动部件结合面的磁悬液难以清洗，易造成磨损；④分解后易于进行检测操作；⑤分解后可观察到所有检测面。

（4）封堵 当工件上有不通孔和内腔，磁悬液流入后难以清洗时，检测前应将孔洞用非研磨性材料封堵上，防止磁悬液流入。但检测使用过的工件时，应确保封堵物不掩盖疲劳裂纹。

（5）涂敷 当磁粉颜色与工件表面颜色的对比度小或工件表面过于粗糙而影响磁痕显示时，为了提高对比度，可以使用反差增强剂。

5.3.2 磁化

磁化工件是磁粉检测中较为关键的工序，对检测灵敏度影响很大。磁化不足会导致缺陷的漏检；磁化过度，则会产生非相关显示而影响缺陷的正确判别。

磁化工件时，要根据工件的材质、结构、尺寸、表面状态以及需要发现的不连续性缺陷的性质、位置和方向来选择磁粉检测方法和磁化方法、磁化电流、磁化时间等工艺参数，使工件在缺陷处产生强度足够的漏磁场，以便吸附磁粉而形成磁痕显示。

施加磁粉或磁悬液时，应正确选择施加的方法和时机。连续法和剩磁法、干法和湿法，对施加磁粉或磁悬液的要求各不相同。

1. 连续法操作要点

（1）湿法 先用磁悬液润湿工件表面，磁化工件的同时浇磁悬液。通电时间为通电 1～3s，间隔 1～2s，重复几次，在施加磁悬液动作完成之后断电；然后再通电 0.25～1s，重复 1～2 次，以巩固磁痕。

（2）干法 在工件通电磁化时喷洒磁粉（通电时间较长），通电的同时吹去多余的磁粉，待磁痕形成且检测完成后再断电。

2. 剩磁法操作要点

通电时间为 0.5～1s，反复磁化 2～3 次，然后浇磁悬液 2～3 遍，或者将工件浸入磁悬液中 10～20s 后取出检测。

5.3.3 施加磁粉磁悬液

1. 干法操作要点

1）磁化时施加磁粉，观察和分析磁痕后去除磁场。

2）将磁粉在工件表面摊成薄而均匀的一层，吹去多余磁粉，有顺序地从一个方向吹向另一个方向。

2. 湿法操作要点

1）连续法宜用浇法，液流应微弱而均匀。

2）剩磁法用浇法、浸法均可，后者的检测灵敏度高于前者。

5.3.4　磁痕观察、记录与缺陷评定

1. 磁痕观察

磁痕的观察和评定一般应在磁痕形成后立即进行。磁粉检测的结果，完全依赖于检测人员的目视观察和对磁痕显示的评定，所以目视观察时的照明极为重要。

非荧光磁粉检测时，被检工件表面应有充足的自然光或荧光灯照明，可见光照度应不小于 1000lx，并应避免强光和阴影。当现场采用便携式手提灯照明，由于条件所限无法满足要求时，可见光照度可以适当降低，但不得低于 500lx。

荧光磁粉检测时使用黑光灯照明，并应在暗区内进行，暗区的环境可见光照度应不大于 20lx，被检工件表面的黑光辐照度应大于或等于 $1000\mu W/cm^2$。检测人员进入暗区后，至少应经过 3min 的暗区适应后，才能进行荧光磁粉检测操作。检测时，检测人员不准戴墨镜或使用光敏镜片的眼镜，但可以戴防紫外线的眼镜。辨认细小磁痕时，可用 2~10 倍的放大镜进行观察。

磁痕观察是磁粉检测的关键，要求在合适的照明条件下进行。检测人员应具备识别真伪缺陷的能力，并能根据磁痕特征识别相关显示、非相关显示或伪显示，能判断缺陷性质，如裂纹、白点、非金属夹杂等。根据磁痕形状（条形磁痕、圆形磁痕）、磁痕方向确定是纵向还是横向缺陷，根据标准进行缺陷评定。此部分内容见第 6 章。

2. 缺陷磁痕显示记录

工件上的缺陷磁痕显示记录有时需要连同检测结果一起保存下来，作为永久性记录。缺陷磁痕显示记录的内容有磁痕显示的位置、形状、尺寸和数量等。

缺陷磁痕显示记录一般采用以下方法。

（1）照相　通过照相、摄像记录缺陷磁痕显示时，要尽可能地拍摄工件的全貌和实际尺寸，也可以拍摄工件的某一特征部位，同时把刻度尺拍摄进去。

如果使用黑色磁粉，最好先在工件表面喷一层很薄的反差增强剂，这样可以拍摄出清晰的缺陷磁痕照片。

如果使用荧光磁粉，则不能采用一般照相法，因为观察磁痕是在暗区黑光下进行的，如果采用照相法，还应采取以下措施：

1）在照相机镜头上加装 520#淡黄色滤光片，以滤去散射的黑光，而使其他可见光进入镜头。

2）在工件下面放一块荧光板（或荧光增感屏），在黑光照射下，工件背衬发光，轮廓清晰可见。

3）最好用两台黑光灯同时照射工件和缺陷磁痕显示。

4）曝光时间为 1~3min，光圈放在 8~11 之间，具体可根据缺陷大小和缺陷磁痕显示荧光亮度进行调节，即可拍出理想的荧光磁粉检测缺陷的磁痕显示照片。

（2）贴印　贴印是利用透明胶纸粘贴复印缺陷磁痕显示的方法。将工件表面有缺陷的部位清洗干净，施加用酒精配制的低浓度黑磁粉磁悬液，在磁痕形成后，轻轻漂洗掉多余的磁粉，待磁痕晾干后用透明胶纸粘贴复印缺陷磁痕显示，并贴在记录表格上，连同表明缺陷磁痕显示在工件上的位置资料一起保存。

（3）磁粉检测-橡胶铸型法　用磁粉检测-橡胶铸型镶嵌复制缺陷磁痕显示，该方法直观、磁痕显示不会被擦除，并可长期保存。

（4）摄像　用摄像记录缺陷磁痕显示的形状、大小和位置，同时应把刻度尺拍摄进去。

（5）可剥性涂层　在工件表面有缺陷磁痕显示处喷上一层快干可剥性涂层，待干后揭下即可保存。

（6）临摹　在记录缺陷的表格上临摹缺陷磁痕显示的位置、形状、尺寸和数量。例如，焊缝试板的缺陷磁痕显示参量示意图如图 5-2 所示。

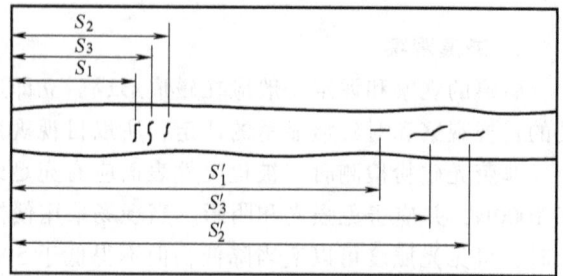

图 5-2　焊缝试板的缺陷磁痕显示参量示意图

S_1—第一组缺陷磁痕显示中最左端缺陷到试板左边线的距离
S_2—第一组缺陷磁痕显示中最右端缺陷到试板左边线的距离
S_3—第一组缺陷磁痕显示中最长缺陷到试板左边线的距离
S_1'—第二组缺陷磁痕显示中最左端缺陷中间到试板左边线的距离
S_2'—第二组缺陷磁痕显示中最右端缺陷中间到试板左边线的距离
S_3'—第二组缺陷磁痕显示中最长缺陷中间到试板左边线的距离

3. 缺陷评定

对于磁粉检测出来的磁痕显示，首先要鉴别出是相关显示还是非相关显示或是伪显示，因为只有相关显示是由缺陷引起的，影响工件的使用性能。如果是相关显示，则要进一步确定缺陷的性质是裂纹、白点还是非金属夹杂物等。再区分磁痕属于条形磁痕还是圆形磁痕，按磁痕方向确定属于纵向缺陷还是横向缺陷。磁粉检测不仅要检测出最小缺陷，并应对检测出的最小缺陷进行完整的描述，因为 NB/T 4013.4—2015 中规定"长度小于 0.5mm 的磁痕不计"。再根据相关标准的内容进行磁粉检测质量的分级或按某具体产品的磁粉检测质量进行缺陷的评定，从而决定产品合格与否。

5.4　退磁

退磁是去除工件中的剩磁，使工件材料磁畴重新恢复到磁化前那种杂乱无章状态的过程。由铁磁材料的磁滞回线可知，磁化中当磁化场恢复为零时，工件中的磁感应强度并不恢复为零；要使磁感应强度减小到零，则外磁场不能为零。退磁时，要求当外磁场恢复为零时，工件中的磁感应强度（剩磁）也趋近于零或降低到必要限值之内。

5.4.1　剩磁

剩磁产生的原因：磁粉检测时对工件的磁化，工件被磨削、电弧焊接、低频感应加热、与强磁体（如机床的磁铁吸盘）接触或滞留在强磁场附近，以及当工件长轴与地磁场方向一致并受到冲击或振动而被地磁场磁化等。铁磁性材料和工件一旦被磁化，即使在除去外加磁场后，某些磁畴仍会保持新的取向而不会恢复到原来的随机取向状态，于是该材料中就保留了剩磁。剩磁的大小与材料的磁特性、材料的磁化史、施加的磁场强度、磁化方向和工件的几何形状等因素有关。

若不退磁，纵向磁化会在工件的两端产生磁极，所以纵向磁化产生的剩磁比周向磁化产生的危害性更大。而周向磁化（如对圆钢棒进行磁化）的磁路完全封闭在工件中，不产生漏磁场，但对于工件内部的剩磁，周向磁化要比纵向磁化大。纵向磁化的磁场高度集中在工件两端并形成磁极，容易退磁；而周向磁化的剩磁几乎全部集中在工件内部，很少泄漏到工件外部，其剩磁比纵向磁化大得多。因而，周向磁化的工件往往先纵向磁化，再进行退磁。

工件上保留的剩磁，会对其进一步加工和使用造成很大影响，例如：

1）影响工件附近的磁罗盘、仪表和电子元件的正常工作。

2）吸附铁屑和磁粉，影响后续工序的加工质量。

3）影响工件表面磁粉的清除。

4）运动部件吸引磁粉后，会加速其磨损。

5）工件电镀时会影响电镀电流，从而影响电镀质量。

6）电弧焊中会使电弧偏吹，影响焊接质量。

7）在两个方向上磁化时，影响下一个方向的磁化。

由于具有上述影响，故应对工件进行退磁。退磁就是将工件内的剩磁减小到不影响使用的程度的工序。但是，有些工件上虽然有剩磁，却并不影响其进一步加工和使用，此时可以不退磁，例如：

1）工件的后续工序是热处理，即加热到材料的居里温度以上，此时材料变为顺磁性材料，可自然退磁。

2）工件中的剩磁不影响其使用。

3）工件在强磁场附近工作。

4）工件被夹持在电磁铁中。

5）交流电两次磁化之间。

6）直流电两次磁化之间，且下次磁化使用更大的磁场强度。

7）工件是低剩磁、高磁导率材料，如用低碳钢焊接的特种设备工件和机车的气缸体等。

5.4.2　退磁原理

退磁时，将工件置于交变磁场中，利用磁滞回线的递减规律进行退磁。随着交变磁场的幅值逐渐衰减，磁滞回线的轨迹也越来越小。当磁场逐渐衰

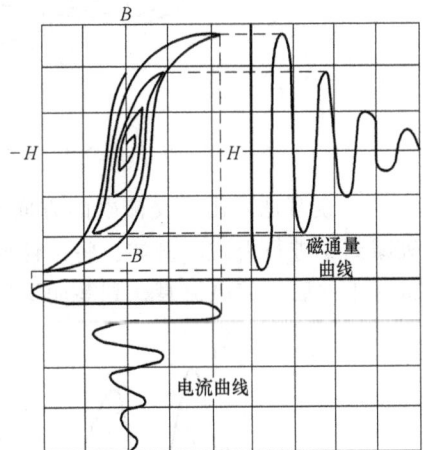

图 5-3　退磁原理

减到零时，会使工件中残留的剩磁 B_r 接近于零，退磁原理如图 5-3 所示。由此可见，退磁时，电流与磁场的方向和大小的变化必须"换向和衰减同时进行"。

5.4.3　退磁方法和退磁设备

1. 交流电退磁

交流电（50Hz）磁化过的工件用交流电（50Hz）进行退磁。利用交流电退磁时，可采

用通过法或衰减法，并可组合成以下几种方式。

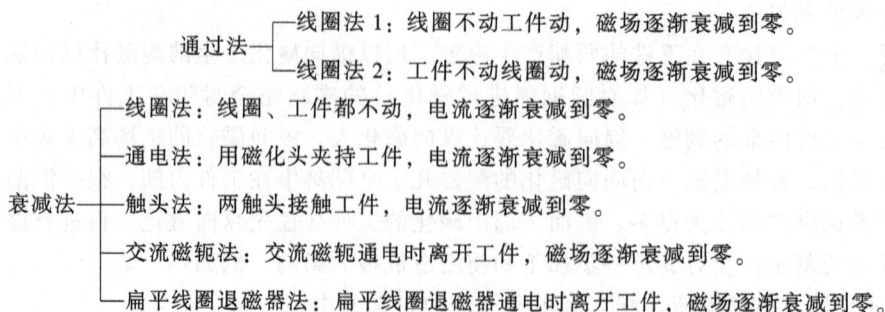

通过法 ┬ 线圈法1：线圈不动工件动，磁场逐渐衰减到零。
　　　 └ 线圈法2：工件不动线圈动，磁场逐渐衰减到零。

衰减法 ┬ 线圈法：线圈、工件都不动，电流逐渐衰减到零。
　　　 ├ 通电法：用磁化头夹持工件，电流逐渐衰减到零。
　　　 ├ 触头法：两触头接触工件，电流逐渐衰减到零。
　　　 ├ 交流磁轭法：交流磁轭通电时离开工件，磁场逐渐衰减到零。
　　　 └ 扁平线圈退磁器法：扁平线圈退磁器通电时离开工件，磁场逐渐衰减到零。

（1）通过法　对于中小型工件的批量退磁，最好把工件放在装有轨道和拖板的退磁机上进行退磁。交流磁化线圈对工件退磁的示意图如图5-4所示，退磁时，将工件放在拖板上置于线圈前30cm处，线圈通电后，使工件沿着轨道缓慢地从线圈中通过并远离线圈。在工件远离线圈至少1m后方可断电。

对于不能放在退磁机上退磁的重型或大型退磁线圈工件，也可以将线圈套在工件上，通电时，缓慢地将线圈通过并远离工件，最后在远离工件至少1m处断电。

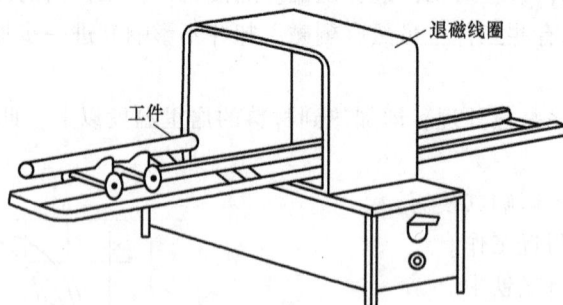

图5-4　交流磁化线圈对工件退磁的示意图

（2）衰减法　由于交流电的方向不断变换，故可用自动衰减退磁器或调压器将电流逐渐衰减到零进行退磁。例如，将工件放在线圈内、夹在检测机的两磁化夹头之间或用支杆触头接触工件后，使电流衰减到零而退磁。交流电退磁的电流波形如图5-5所示。

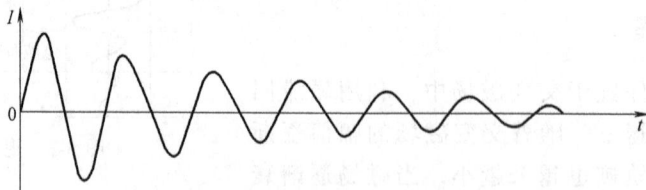

图5-5　交流电退磁的电流波形

对于大型特种设备上的焊缝，也可用交流电磁轭退磁。将电磁轭两极跨接在焊缝两侧，接通电源，让电磁轭沿焊缝缓慢移动，当远离焊缝1m以外后再断电，完成退磁。

对于大面积工件，可采用扁平线圈退磁器进行退磁，如图5-6所示。退磁器内装有U形交流电磁铁，铁心两极上缠绕退磁线圈，通以低电压大电流，外壳用非磁性材料制成。退磁时，退磁器像电熨斗一样在工件表面来回移动，最后在远离工件 1m 以外处断电，使磁场衰减到零而退磁。

2. 直流电退磁

直流电磁化过的工件用直流电退磁，可采用直流换向衰减退磁或超低频电流自动退磁。

（1）直流换向衰减退磁 通过不断改变直流电（包括三相全波整流电）的方向，同时使通过工件的电流递减到零进行退磁。直流电退磁的电流波形如图 5-7 所示。

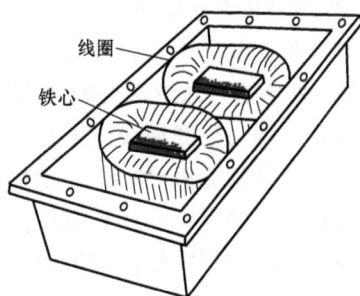

图 5-6 扁平线圈退磁器

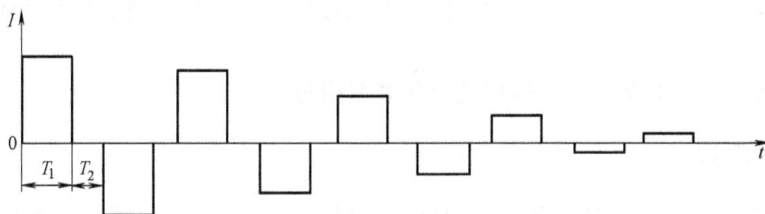

图 5-7 直流电退磁的电流波形

T_1—电流导通时间间隔 T_2—电流断电时间间隔

直流换向衰减退磁时，要保证断电时电流换向。电流衰减的次数应尽可能多（一般要求在 30 次以上），每次衰减的电流幅度应尽可能小。如果衰减的幅度太大，则达不到退磁的目的。

（2）超低频电流自动退磁 超低频通常是指频率为 0.5~10Hz，可用于对经三相全波整流电磁化的工件进行退磁。例如，C2Q 6000 型超低频退磁电流频率分为三档：0.39Hz、1.56Hz 和 3.12Hz；退磁一次的时间也分为三档：0~15s、0~30s 和 0~60s。5Hz 超低频退磁电流波形如图 5-8 所示。

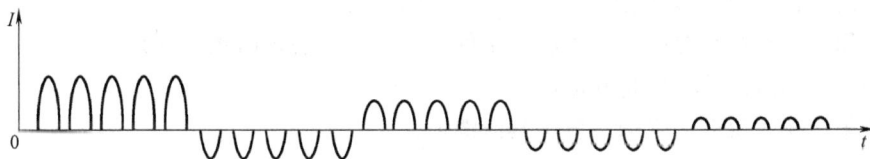

图 5-8 5Hz 超低频退磁电流波形

3. 加热工件退磁

通过加热，将工件温度提高至居里温度以上，是最有效的退磁方法，但这种方法通常不经济，所以不实用。

5.4.4 退磁时的注意事项

1. 采用衰减法退磁时的注意事项

1）退磁时的磁场强度应大于或等于磁化时的最大磁场强度。

2）经周向磁化的工件，可将其纵向磁化后退磁，以便于检测剩磁。

3）直流电磁化过的工件用直流电退磁，交流电磁化过的工件用交流电退磁；直流退磁后，若再用交流电退磁一次，可获得最佳效果。

4）两次磁化之间，若后者能克服前者，则可以不退磁，否则需要退磁。

2. 采用通过法退磁时的注意事项

1）工件与线圈轴线应平行，并靠近内壁放置。

2）工件的 $L/D \leqslant 2$ 时，应使用延长块加长后再进行退磁。

3）小工件不应以捆扎或堆叠的方式放在筐里退磁。

4）不能采用铁磁性的筐或盘摆放工件退磁。

5）环形工件或形状复杂工件应一边旋转，一边通过线圈进行退磁。

6）在工件缓慢通过并远离线圈 1m 后，方可断电。

7）退磁机应以东西方向放置，退磁的工件也应以东西方向放置，因为与地磁场方法垂直可有效退磁。

8）已退磁的工件不要放在退磁机或磁化装置附近。

5.4.5　剩磁测量

即使使用同样的退磁设备，若工件的材料、形状和尺寸不同，则其退磁效果也不相同。因此，应对工件退磁后的剩磁进行测量（尤其是对剩磁有严格要求和外形复杂的工件）。

剩磁的测量可采用剩磁测量仪，也可采用 XCJ 型或 JCZ 型袖珍式磁强计。剩磁应不大于 0.3mT，或符合产品技术条件的规定。

5.5　后处理与合格工件的标记

1. 后处理

磁粉检测之后，为了不影响工件的后续加工和使用，往往需要对工件进行后处理。后处理内容包括：

1）清洗工件表面，包括孔、裂纹和通路中的磁粉。

2）使用水磁悬液检测时，为了防止工件生锈，可用脱水防锈油处理。

3）如果使用过封堵，应将其取出。

4）如果涂覆了反差增强剂，应将其清洗掉。

5）被拒收的工件应隔离。

2. 合格工件的标记

（1）标记时的注意事项

1）检测内容作为产品验收项目者，应在合格工件或材料上做永久性或半永久性的醒目标记。

2）标记方法和部位应经委托或设计单位同意。

3）标记方法应不影响工件的使用和后续的检验工作。

4）标记应防止擦掉或污染。

5）标记应经得起运输和装卸的影响。

（2）合格工件的标记方法

1）打钢印。钢印应打在产品的工件号附近。

2）刻印。用电笔或风动笔刻上标记。

3）电化学腐蚀。对于不允许打印记的工件，可用电化学腐蚀的方法进行标记，标记所用的腐 蚀介质应对产品无害。

4）挂标签。对表面粗糙度值小的产品，或不允许用上述方法标记时，可以挂标签或装纸袋，用文字进行说明，表明该批工件合格。

3. 超标缺陷磁痕显示的处理和复验

当发现超标缺陷磁痕显示时，如果允许打磨清除，应打磨清除至肉眼不可见。打磨圆滑过渡后，再采用磁粉检测进行复验，直至确认缺陷完全清除为止。若打磨深度超过规定的要求，应采用其他方法进行处理，包括用补焊方法修补、按力学方法计算等。

出现以下情况时，应对工件进行复验：

1）检测结束后，用标准试片验证检测灵敏度不符合要求时。

2）发现检测过程中操作方法有误或技术条件改变时。

3）合同各方有争议或认为有必要时。

复验应按照规定的步骤进行。

5.6　检测记录和检测报告

由于磁粉检测所用的方法、设备和材料不同，因此得出的检测结果也不完全相同。检测记录是全部检测工作的原始资料和见证，具有重要的作用，因此，检测结束后，一定要及时、认真、准确地填写记录。记录和报告应能追踪到被检测的具体工件和部位，至少应包括以下内容：

1）委托单位、被检工件名称和编号。

2）被检工件材质、坡口形式、焊接方法、热处理状态及表面状态。

3）检测装置的名称和型号。

4）磁粉种类、磁悬液浓度和施加磁粉的方法。

5）磁化方法及磁化规范。

6）检测灵敏度检验及标准试片、标准试块。

7）磁痕记录及工件草图（或示意图）。

8）检测结果及质量等级评定、检测标准名称和验收等级。

9）检测人员和责任人签字及其技术资格。

10）检测日期。

5.7　磁粉检测工艺规范

磁粉检测用于产品（包括装置、设备和构件）的质量检查和控制，检测工作质量的高低直接关系到产品的优劣与生产单位的信誉。磁粉检测工艺能充分体现检测工作的质量，好的检测工艺应满足检测方法科学规范、技术参数正确合理的要求，以保证检测结果准确可靠。因此，在许多生产单位的成熟产品的磁粉检测中，与产品制造工艺单（卡）一样，需要编制磁粉检测工艺单（卡），有些单位也称其为磁粉检测工艺规范，用于规范操作人员实施检测工艺。此外，对于不具有检测资质和能力，需要将检测工作委托给检测单位的生产、使用单位，委托单位应将被检构件的名称、材质、图样、尺寸、表面状况、热处理状态、受力情况、检测部位、灵敏度要求和质量验收标准等写在委托书中，提交给检测单位。检测单位再根据构件的具体情况，按有关标准编制磁粉检测工艺规范，用于指导检测人员实施检测和质量评定。磁粉检测工艺规范以及检测人员按规范检测得到的结果、结论必须对委托方负责。检测工艺规范（单）是检测单位的技术文件，每一构件编写一单，通常是图表形式。

1. 工艺规范编制人员的资质

1）磁粉检测工艺卡，应由具有磁粉检测Ⅱ级或Ⅲ级资质的人员编制，由具有Ⅲ级资质的人员或工程师审核，由技术负责人批准。

2）当被检工件的设计资料、制造工艺、技术标准或检测规程需要修订时，也应对磁粉检测工艺规程进行更改。更改仍要履行编制、审核和批准签字手续。

3）在不影响检测结果的前提下，对磁粉检测设备或器材的代用，或者磁粉检测被其他无损检验方法所取代，都是允许的。但原工艺规程应修改或作废，并应有编制和审核两级签字。

2. 磁粉检测规范的内容

1）被检工件：名称、工件材质、形状、尺寸、表面状况、热处理和草图（检测部位）。

2）设备和器材：设备的名称和规格，磁粉及磁悬液的种类和相应技术要求。

3）工序安排和检测比例。

4）检测方法：湿法、干法、连续法或剩磁法。

5）磁化方法：通电法、线圈法、中心导体法、触头法、电磁轭法或交叉磁轭法。

6）磁化规范：磁化电流、磁场强度或提升力等。

7）检测灵敏度控制：试片类型和规格。

8）磁粉检测操作：从预处理到后处理，每一步的主要操作要求。

9）磁痕评定及验收标准。

10）编制、审核和批准人签字。

复习思考题

1. 磁粉检测方法有哪些？根据什么来区分？

2. 装配件为什么一般应分解后再检测？

3. 什么是连续法和剩磁法？简述它们的适用范围和优、缺点。

4. 什么是湿法和干法？简述它们的适用范围和优、缺点。

5. 什么是磁粉检测灵敏度？影响磁粉检测灵敏度的因素主要有哪些？

6. 磁粉检测时有哪些要求？

7. 退磁的原理是什么？退磁时应注意什么？

8. 为什么要退磁？退磁方法有哪些？

9. 采用线圈通过法退磁时应注意什么？

10. 剩磁用什么设备测量？承压设备对剩磁大小有哪些规定？

11. 合格工件的标记方法有哪些？

12. 在什么情况下应进行复验？

13. 超标缺陷磁痕显示如何处理？

14. 使用非荧光磁粉检测时，对照明有什么要求？

15. 使用荧光磁粉检测时，对照明有哪些要求？

16. 磁痕记录有哪些方法？

17. 磁粉检测预处理和后处理有哪些内容？

18. 磁痕观察的条件有哪些？

19. 记录磁痕显示主要有哪些方法？

第6章 磁痕分析与质量分级

6.1 磁痕分析的意义

磁粉检测是利用磁粉聚集形成的磁痕来显示工件上的不连续性和缺陷的。通常把磁粉检测时磁粉聚集形成的图像称为磁痕,磁痕的宽度一般为不连续性(缺陷)宽度的数倍,说明 磁痕对缺陷的宽度具有放大作用。

能够形成磁痕显示的原因有很多,主要分为三类:磁粉检测时,由于缺陷(裂纹、未熔合、气孔和夹渣等)产生的漏磁场吸附磁粉而形成的磁痕显示称为相关显示,又称为缺陷显示;由于磁路截面突变以及材料磁导率差异等非缺陷因素产生的漏磁场吸附磁粉而形成的磁痕显示称为非相关显示;不是由漏磁场吸附磁粉形成的磁痕显示称为伪显示。这三种磁痕显示的区别:相关显示与非相关显示是由漏磁场吸附磁粉形成的,而伪显示不是由漏磁场吸附磁粉形成的;只有相关显示影响工件的使用性能,而非相关显示和伪显示都不影响工件的使用性能。磁粉检测人员应具有丰富的实践经验,并能结合工件的材料、形状和加工工艺,熟练掌握各种磁痕显示的特征、产生原因及鉴别方法,必要时须用其他无损检测方法进行验证,做到去伪存真。磁痕分析的意义十分重大,主要体现在以下几方面:

1)正确的磁痕分析可以避免误判。如果把相关显示误判为非相关显示或伪显示,则会产生漏检,造成重大的质量隐患;相反,如果把非相关显示和伪显示误判为相关显示,则会导致合格的特种设备和工件被拒收或报废,造成不必要的经济损失。

2)由于磁痕显示能反映出不连续性和缺陷的位置、大小、形状和严重程度,并可大致确定缺陷的性质,因此,磁痕分析可为产品设计和工艺改进提供较可靠的信息。

3)对在用特种设备进行磁粉检测,特别是用于发现疲劳裂纹和应力腐蚀裂纹,可以做到及早预防,避免设备和人身事故的发生。

6.2 伪显示

伪显示不是由于漏磁场吸附磁粉而形成的磁痕显示,也称为假显示。其产生原因、磁痕特征和鉴别方法分别是:

1)工件表面粗糙(如焊缝两侧的凹陷、粗糙的工件表面),使磁粉滞留形成磁痕显示,磁粉堆集松散,磁痕轮廓不清晰,在载液中漂洗磁痕可去掉,如图6-1所示。

2)工件表面有油污或不清洁,粘附磁粉而形成的磁痕显示,尤其是在干法中最常见,磁粉堆集松散,清洗并干燥工件后重新检测时,该显示不再出现。

3)湿法检测中,磁悬液中的纤维物线头粘附磁粉滞留在工件表面形成的磁痕显示,容易被误认为缺陷显示,仔细观察即可辨认,如图6-2所示。

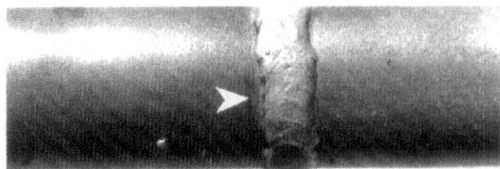

图 6-1　凹陷处磁粉沉淀引起的伪显示

图 6-2　纤维物线头引起的伪显示

4）工件表面的氧化皮、油漆斑点的边缘上滞留磁粉形成的磁痕显示，通过仔细观察或漂洗工件即可鉴别。

5）工件上形成的排液沟外形滞留磁粉形成的磁痕显示，尤其是沟槽底部的磁痕显示有的类似于缺陷显示，但漂洗后磁痕不再出现。

6）磁悬液浓度过大或施加不当会形成过度背景，磁粉松散，磁痕轮廓不清晰，漂洗后磁痕不再出现。

所谓过度背景，是指妨碍磁痕分析和评定的磁痕背景。过度背景的产生有很多原因，如工件表面太粗糙、工件表面被污染、磁场强度过大或磁悬液浓度过高等。磁粉堆积多而松散，容易掩盖相关显示。

综上所述，伪显示的鉴别方法为：伪显示的磁粉堆积比较松散，在分散剂中漂洗可失去磁痕，若为工件状态引起，可在工件表面找到原因；若为其他原因引起，在擦去磁痕并重新检测时，伪显示一般不会重复出现。

6.3　非相关显示

非相关显示不是来源于缺陷，但却是由于漏磁场吸附磁粉而产生的。其形成原因很复杂，一般与工件本身的材料、外形结构，采用的磁化规范和工件的制造工艺等因素有关。有非相关显示的工件，其强度和使用性能并不受影响，对工件不构成危害，但它与相关显示容易混淆，也不像伪显示那样容易识别。

非相关显示的产生原因、磁痕特征和鉴别方法如下。

1. 磁极和电极附近

（1）产生原因　采用电磁轭检测时，由于在磁极与工件接触处，磁感应线离开工件表面和进入工件表面都产生漏磁场，而且磁极附近的磁通密度大；采用触头法检测时，由于电极附近的电流密度大，产生的磁通密度也大。因此，在磁极和电极附近的工件表面上会产生一些磁痕显示。

（2）磁痕特征　磁极和电极附近的磁痕多而松散，与缺陷产生的相关显示磁痕特征不同。但在该处容易形成过度背景，会掩盖相关显示。

（3）鉴别方法　退磁后，改变磁极和电极的位置，重新进行检测，该处磁痕显示重复出现者可能是相关显示，不再出现者为非相关显示。

2. 工件截面突变

（1）产生原因　工件内键槽等部位的截面缩小，这一部分金属截面内所能容纳的磁感应线有限，由于磁饱和，迫使一部分磁感应线离开和进入工件表面，形成漏磁场，吸附磁粉，形成非相关显示，如图 6-3 所示。

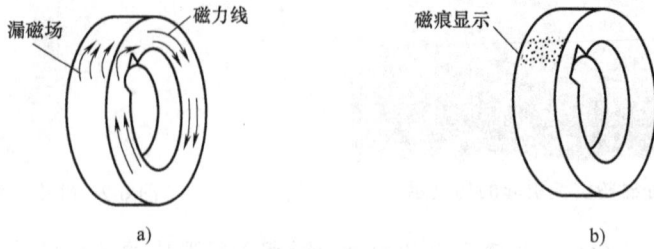

图 6-3 工件截面突变处的磁痕显示

a）键槽处产生的漏磁场 b）键槽处的磁痕显示

（2）磁痕特征 磁痕松散，有一定的宽度。

（3）鉴别方法 这类磁痕显示都是有规律地出现在同类工件的同一部位。根据工件的几何形状，容易找到磁痕显示形成的原因。

3. 磁写

（1）产生原因 当两个已磁化的工件互相接触或用一钢块在一个已磁化的工件上划过时，接触部位处便会产生磁性变化，产生的磁痕显示称为磁写，如图 6-4 所示。

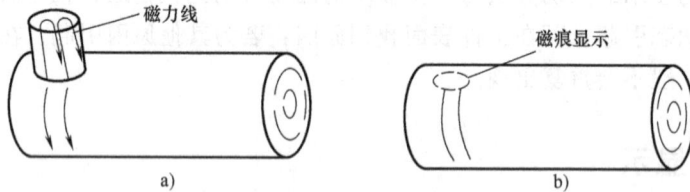

图 6-4 磁写及其磁痕显示

a）磁写处的漏磁场 b）磁写处的磁痕显示

（2）磁痕特征 磁痕松散，线条不清晰，像乱画的样子。

（3）鉴别方法 将工件退磁后，重新进行磁化和检测，如果磁痕显示不重复出现，则原显示为磁写磁痕显示。但严重者在进行多方向退磁后，磁痕才不再出现。

4. 两种材料交界处

（1）产生原因 在焊接过程中，将两种磁导率不同的材料焊接在一起，或者当母材与焊条的磁导率相差很大（如用奥氏体钢焊条焊接铁磁性材料）时，在焊缝与母材交界处就会产生磁痕显示。

图 6-5 由中碳钢与高速工具钢对焊成的大钻头对接处的磁痕图（交流磁轭磁化）

（2）磁痕特征 如图 6-5 所示，这类磁痕呈较宽大的线状，通常按规律分布。磁痕有的松散，有的浓密清晰，类似于裂纹的磁痕显示，并且在整条焊缝都出现同样的磁痕显示。

（3）鉴别方法 结合焊接工艺、母材与焊条材料进行分析。

5. 局部冷作硬化

（1）产生原因 工件的冷加工硬化（如局部锤击和校正等）会使工件局部硬化，导致磁导率变化，形成漏磁场。例如，弯曲后再拉直的一根铁钉（图 6-6a），其弯曲处金属变硬，磁导率发生变化，在原弯曲处就会产生漏磁场而吸附磁粉，形成非相关显示。局部冷作硬化磁痕显示如图 6-6b 所示。

图 6-6 局部冷作硬化磁痕显示

（2）磁痕特征 磁痕显示宽而松散，呈带状。

（3）鉴别方法 根据磁痕特征进行分析，或将该工件退火消除应力后重新进行磁粉检测，这种磁痕显示不再出现。

6. 金相组织不均匀

（1）产生原因 由于金相组织不均匀，而使工件内部的磁导率存在差异，形成磁痕显示。金相组织不均匀的原因如下：

1）工件在淬火时有可能造成组织不均匀，如高频感应淬火时，由于冷却速度不均匀而导致组织上存在差异，在淬硬层形成有规律的间距。图 6-7 所示为摩托车连杆，大头与小头采取局部淬火，大、小头硬度为 60HRC，杆部硬度为 30~32HRC，连杆的三个部位马氏体含量相差很大，形成了异相界面而使磁痕积聚。

2）马氏体型不锈钢的金相组织为铁素体和马氏体，其金相组织不均匀。

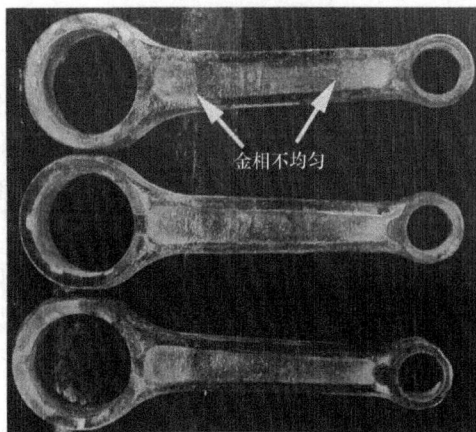

图 6-7 金相组织不均匀引起的磁痕显示

3）高碳钢和高碳合金钢的钢锭凝固时所产生的树枝状偏析，导致钢的化学成分不均匀，在其间隙中形成碳化物，在轧制过程中沿压延方向被拉成带状，带状组织导致组织不均匀。

（2）磁痕特征 磁痕呈带状，单个磁痕类似于发纹，磁痕松散不浓密。

（3）鉴别方法 根据磁痕分布、特征及材料进行分析。

7. 磁化电流过大

（1）产生原因 每种材料都有一定的磁导率，在单位横截面上容纳的磁感应线是有限的。当磁化电流过大时，在工件横截面突变的极端处，磁感应线并不能完全在工件内闭合，如棱角处的磁力线容纳不下时会溢出工件表面，产生漏磁场，吸附磁粉而形成磁痕，如图 6-8 所示。此外，过大的磁化电流还会把金属流线显示出来，流线的磁痕特征是成群出现的，而且呈平行状态分布。

（2）磁痕特征　磁痕松散，沿工件棱角处分布，或者沿金属流线分布，形成过度背景。

（3）鉴别方法　退磁后，用合适的规范磁化，磁痕将不再出现。

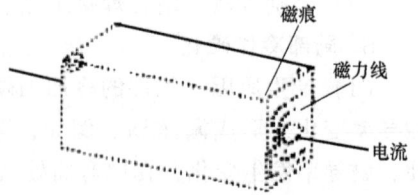

图 6-8　磁化电流过大引起的磁痕显示

6.4　相关显示

相关显示是由缺陷产生的漏磁场吸附磁粉而形成的磁痕显示，相关显示影响工件的使用性能。

缺陷按其形状不同，可分为裂纹、发纹、折叠、白点、夹杂、分层等；按形成时期，分为原材料缺陷、热加工缺陷、冷加工缺陷、使用后产生的缺陷以及表面处理产生的缺陷等。

6.4.1　原材料缺陷磁痕显示

由钢厂提供的材料因冶炼、开坯、热轧、冷轧等所产生的用磁粉检测法能发现的缺陷，主要有裂纹、发纹、折叠、残余缩管、外来夹杂物、夹层等。

1. 原材料表面裂纹与裂缝

钢锭在锻压开坯或轧制过程中，若某一方向上压延不足，则易形成凹槽，此凹槽在后续锻压或轧制时，即可形成沿材料纤维方向的表面裂纹。这些裂纹有时与棒、板、条、管等轧制品的长度相当，通常肉眼可见。

轧钢槽内有毛刺和杂质容易划伤轧制坯料的表面，在后续轧制时易形成被称为缝隙的细小表面裂纹，这类裂纹有时也很长。

当锻、轧坯加热温度过高时，钢材表面的氧化皮较多，若锻、轧中将这些氧化皮压入制品中，也会形成表面裂纹。这类裂纹有纵向、横向或不规则方向，如图 6-9 所示。

钢锭近表面的皮下气泡也可能造成表面裂纹。轧制时，皮下气泡被拉长变形成为与纤维方向一致的开口或不开口裂纹，这些裂纹的磁痕显示积聚较浓，两端细，一般不长，有时略呈弯曲状，如图 6-9 所示。

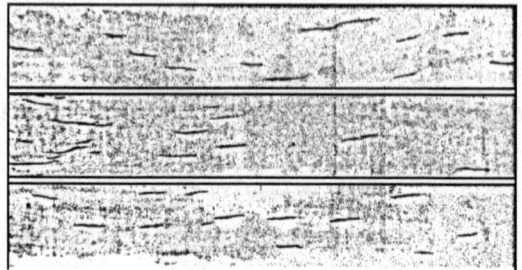

图 6-9　由皮下气泡轧制成的表面裂纹（未打磨）表面贴印件（φ180mm 的 45 钢棒，交流磁轭磁化，黑磁悬液）

2. 发纹

发纹是磁粉检测中常见的原材料缺陷，主要是由钢锭中的夹杂物，如硫化物、氧化物、氮化物、硅酸盐等形成的。在这些夹杂物中，硫化物的塑性较好，通常循轧制方向变形；后三类夹杂物的塑性差，不易变形，或保持铸态时的形状，或碎裂为更小的颗粒而以断续的链状随轧制方向延伸。

发纹通常与纤维方向一致，其磁痕细而直，短的不足 1mm，长的为 100～200mm。如果夹杂物呈带状分布，则发纹也呈带状或成群出现，如图 6-10 所示。

发纹不仅存在于钢材表面或近表面上，在材料内部甚至接近中心的部位也有发纹。一些机加工零件，有时内孔上的发纹比表面发纹更多。

对于在最终机加工后磁粉检测中发现的发纹，如果其长度和一定面积上的数量未超过要求，有时是允许的。有时可以在尺寸负公差范围内，用油石或细锉打磨的方法去除发纹（打磨方向必须与发纹方向垂直，且保持圆滑过渡）；如果无法通过打磨消除，且已开口，则零件报废与否，应由设计和工艺部门决定。

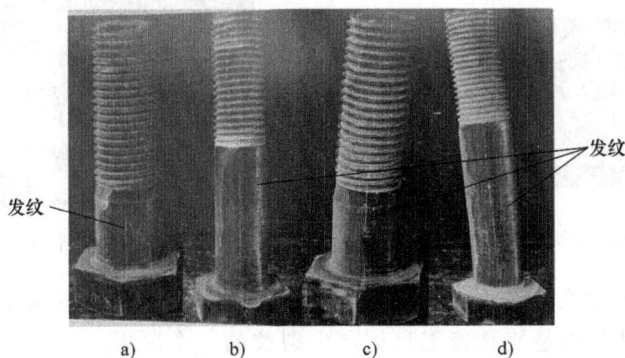

图 6-10　发纹

注：高强度螺栓 42CrMo 镦六角时已延伸；图 c 已做弯曲和强度试验。

3. 折叠

锻压开坯或轧制时，钢坯上有时会挤出一些材料而形成凸瘤，此凸瘤在后续压轧时若被覆盖，则会形成折叠。它往往与表面成尖的锐角，如图 6-11 所示。

4. 杯状裂纹

钢材在冷拔或挤压时，由于金属外层变形快、内部变形慢，以致在钢材内部与外层之间形成很大的拉应力，若此时材料的强度低于该拉应力，则会开裂成为杯状（也称为人字形）裂纹。这种裂纹往往成群出现，而且在成形加工中可听到"乓乓乓"的沉闷响声。

图 6-11　锻造折叠

图 6-12 所示为有杯状裂纹的 45 钢冷拔钢条制成的六角螺栓，采用交流磁轭法、荧光磁悬液进行磁粉检测。图 6-12a 所示为剖开后的杯状裂纹磁痕图，因六角头是镦出来的，所以裂纹形状发生了变化。图 6-12b 所示为螺栓外圆磁粉检测时的磁痕显示，其磁痕特点是环形和宽的带状，此剖分件在六角头附近有残余缩孔形成的裂纹。

5. 残余缩管

钢锭在改制成坯料前，由于冒口切除不足或锭中有二次缩孔，在后续轧制时成为残余缩管或缩孔，如果锻轧比足够大，将在横断面上成为裂纹状态。此类缺陷一般位于材料中部。图 6-13 所示为螺栓中残余缩管的磁痕显示。

6. 高速工具钢轧制中形成的表面裂纹和贯穿性裂纹

高速工具钢 W8Cr4V 的合金成分含量较高，导热性稍差，如果加热速度过快，易造成坯

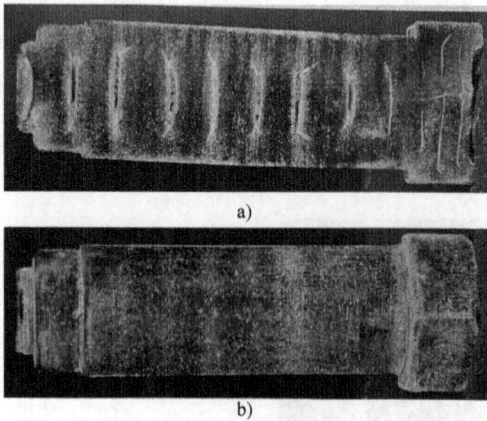

图 6-12　杯状裂纹

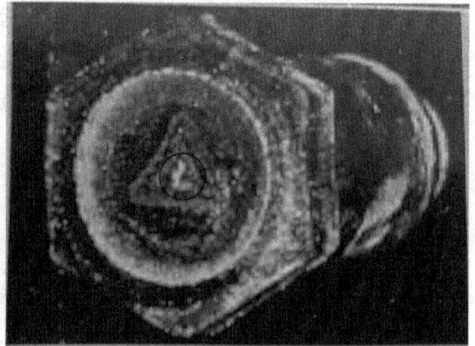

图 6-13　螺栓中残余缩管的磁痕显示

料表面温度与心部温度相差过大，从而在轧制过程中容易产生大量的表面裂纹与贯穿性裂纹。而碳化物偏析往往也是使高速工具钢产生裂纹的一个原因。图 6-14 所示为高速工具钢方坯轧制中出现的表面裂纹，已打磨掉 3~4mm，仍有纵向表面裂纹，由此试样可见，这种裂纹已贯穿该方坯。

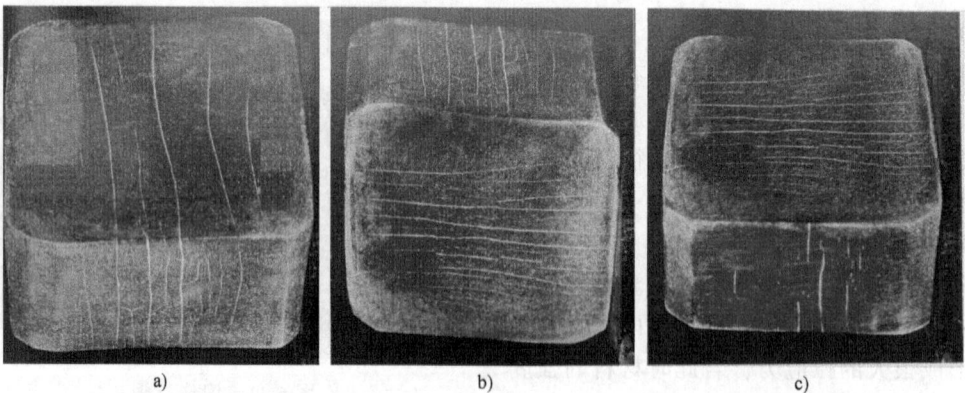

图 6-14　贯穿性裂纹（高速工具钢方坯，剩磁法，$I = 800A$）

6.4.2　锻造缺陷磁痕显示

1. 锻造裂纹

产生锻造裂纹的原因，归纳起来有两个：一是原材料因素，二是工艺因素。

1）原材料中的缺陷，如裂纹、折叠、皮下气泡或严重的非金属夹杂物等均是产生锻造裂纹的原因。

2）当锻造加热温度不均匀，锻造变形过大时，也会产生锻造裂纹。若加热温度不均匀，在拉伸时，工件将产生不均匀延伸，从而产生横裂纹。加热温度过高时，易产生氧化皮，这些氧化皮如果被压入锻件的，就会产生裂纹。加热温度不足时，则会因内部金属的塑性不良而出现裂纹，如图 6-15 所示。当终锻温度太低时，钢材的塑性下降，也可能产生裂纹。某些合金钢或大截面碳素钢，因内部含氢量较高，锻后冷却速度太快，过多的氢来不及逸出，将产生白点。

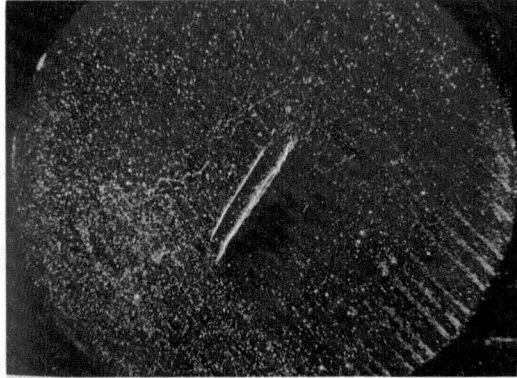

图 6-15　锻造心部裂纹（5CrW2Si 坯料，始煅温度偏低、心部塑性不足所致，交流磁轭磁化）

　　3）过烧裂纹。钢坯加热温度过高或加热时间过长，会产生过烧。这时，晶界上的氧化物或已熔化的晶界会使金属的塑性降低，以致锻造过程中的张力将锻件撕开破裂，有时甚至会开口，其分布方向可以是辐射状、平行状或成群出现，也有单个出现的，如图 6-16 所示。锻件表面往往有较厚的氧化皮。由于加热方式的原因，有时会产生局部过烧，严重时也会有磁痕显示。

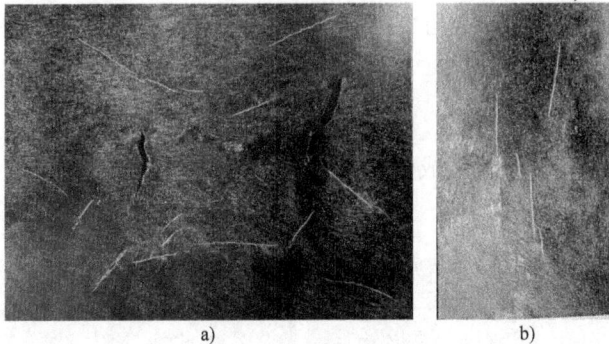

a)　　　　　　　　　　b)

图 6-16　锻造过烧裂纹

注：40Cr 钢棒料开坯即发现端面开口及裂纹，其背部磁痕如图 6-16b 所示，为平行状裂纹；采用交流磁轭磁化。

　　4）模锻件充型不足造成的裂纹。模锻件如果因充型不足而形成凹坑，则后续锻打时会形成裂纹，此类裂纹一般在可见光下可观察到这种裂纹的形态。图 6-17 所示的带链钩材料为 20CrMnTi，硬度为 38~43HRC。模煅时因操作不当，造成同一部位出现大量凹坑裂纹，第一件与第三件的凹坑裂纹在切边带热处理时沿纵向裂成"7"字形，这种凹坑在热处理时会扩张。

　　5）切边裂纹。模锻件为确保锻件成形，均须加大余量，这些多余的坯料将在合模处

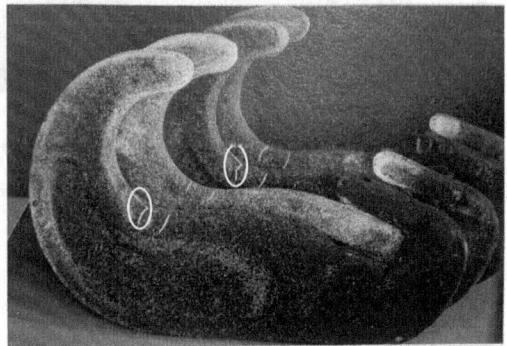

图 6-17　锻造凹坑裂纹（复合磁化，$I=300A$，线圈磁化 4000AT，荧光磁悬液）

形成飞边，在模锻成形后应趁热将飞边切除。如果切边时温度过低或切边厚度较大，则会在切边带造成撕裂而成为切边裂纹，如图 6-18 所示。虽然有时切边后并未开裂，但切边应力在后续热处理中可能引起开裂。

2. 折叠

钢材锻打时形成的凸瘤，在进一步锻打时将覆盖于本体上，此时凸瘤已被氧化，不可能与本体熔合，从而形成折叠。折叠与本体往往成弧形，有时成尖锐的夹角，如图 6-19 所示。

因模具型腔或操作不当，往往会在模锻件的同一部位出现很多折叠缺陷。

已形成的折叠只要能用打磨的方法去除，就不影响其使用。折叠如不消除，将会给后续热处理带来隐患，极易引起开裂。

图 6-18 切边裂纹（弹簧座穿棒复合磁化，$I=450A$，线圈磁化 5000AT）

图 6-19 锻造折叠（联轴器模锻件，两次垂直周向磁化，$I=800A$，荧光磁悬液）

3. 碾压裂纹

微型车半轴的圆饼部分是碾压成形的，由于材质较差，碾压时产生了弧形裂纹，如图 6-20 所示。

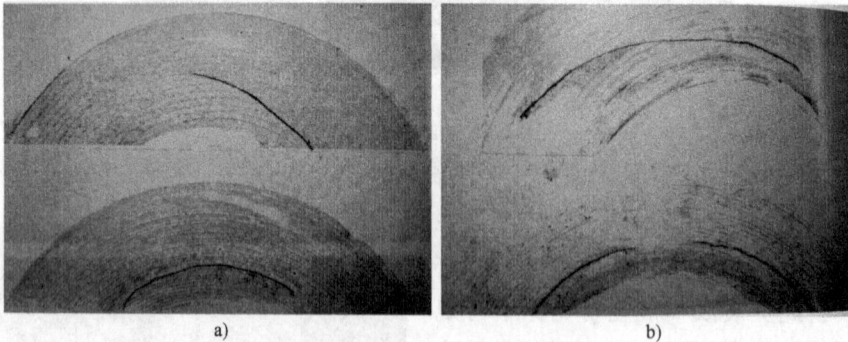

a)

b)

图 6-20 碾压成形时产生的弧形裂纹

注：材料为 40Cr，磁痕贴印，交流电磁轭磁化，大批量生产时可用线圈法磁化。

6.4.3 铸造缺陷磁痕显示

1. 铸造热裂纹

铸造热裂纹通常是在 900℃ 以上的高温下形成的。当铸件凝固时，材料偏析中熔点低的夹杂物使钢材的塑性、强度降低，铸件极易产生撕裂。如果铸造砂型、泥芯不合理，阻碍了铸件收缩，则更容易发生开裂。在铸件横截面积发生变化的区域，小截面先冷却，大截面冷却缓慢，该区域钢材表面容易产生较大应力，将铸件撕裂。某些涂料有时会使铸件表面产生浅层面撕裂，进而成为大面积表面龟裂，这些龟裂较浅，很容易打磨清除，否则会给后续热加工带来扩张的隐患。一些铸造热裂纹有时距表面较深，经机加工后仍未被磁粉检测发现。热裂纹为晶间裂纹，大多循晶粒间界，无定向走向，主要与合金的结晶温度间隔大小有关。如果裂纹与空气连通，则裂纹表面氧化色较重。

2. 铸造冷裂纹

铸造冷裂纹一般是在 200~400℃ 范围内形成的，是由组织应力和热应力产生的铸件表面裂纹。冷裂纹大多为穿晶裂纹，定向性大，如果形成温度较高，则表面有不同程度的氧化色。也有热裂纹导致冷裂纹产生的情况。产生冷裂纹的另一种情况是铸件脱模过早，加上工件受敲击碰撞在薄弱环节处产生撕裂。例如，图 6-21 所示的球墨铸铁件由于开箱过早，杆部遭遇撞击开裂，此处裂纹尚未全部断开。

图 6-21　冷裂纹（交流磁轭磁化）

3. 线状缩松

线状缩松实质上是疏松，因其长度与宽度之比大于 3 而定义为线状缩松。磁粉检测中，其磁痕显示大部分是散乱分布、成群出现的线条。线状缩松有时在机加工后暴露，其产生原因是金属液补缩不足。

4. 气孔

气孔是铸件内部的常见缺陷，常分布于铸件近表面。如果离表面较远，则磁粉检测无法发现。其成因是金属液本身含有气体，砂型也会产生气体，若砂型透气性差，则气体在金属液凝固前来不及逸出而留在金属内。图 6-22 所示为精铸件经粗加工后显露的气孔，热处理

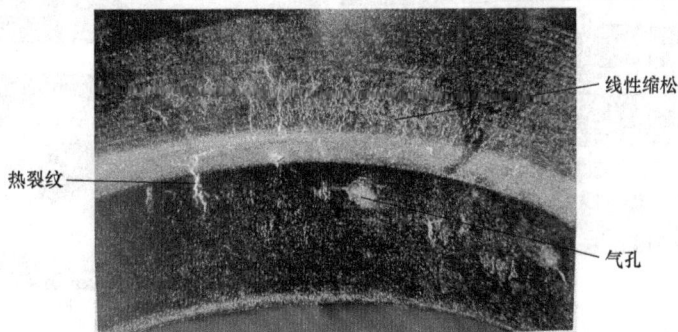

图 6-22　热裂纹、线状疏松和气孔（圆盘铸钢件，已加工，交流磁轭磁化）

时气孔有时会扩展成裂纹。

6.4.4　热处理裂纹的磁痕显示

　　钢铁结构件在热处理过程中产生裂纹，主要是由于热处理过程中的热应力和组织应力所致，两者有时可以相互叠加。钢结构件热处理前，在铸造、锻造、焊接等环节产生的缺陷，钢材内部夹杂物、残余缩管、缩孔，内部及表面裂纹、气孔，严重的偏析、凹陷和折叠等缺陷，也会在淬火时成为裂纹源而产生裂纹。钢结构件上的尖锐棱角、齿、键槽、小孔、较深的刀痕及截面剧变处，会因应力集中而产生裂纹。热处理工艺不当，如加热温度过高、冷却速度过快、回火不足或回火不及时等以及混料，也是产生热处理裂纹的原因。

　　热处理裂纹的磁痕显示有直线状、树枝状、弧形、辐射状及纺锤状，通常在圆饼的切线方向和法线方向开裂。热处理裂纹磁痕较浓密，两端尖细，相当一部分有裂纹的零件，采用剩磁法可重复显示磁痕。图 6-23 所示为长螺栓上的各种淬火裂纹，包括六角头内侧横向裂纹、纵向裂纹、纵横裂纹，长螺栓上的弧形纵裂纹、纵向贯穿性裂纹等，其中纵向贯穿性裂纹大多是由原材料纵向缺陷引起的。图 6-24 所示为弹簧座上各种形状及方向的淬火裂纹，采样浸液穿棒复合磁化。

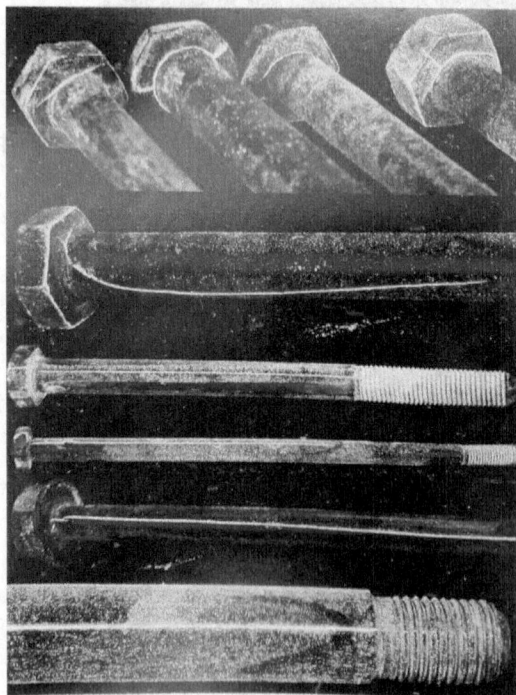

图 6-23　长螺栓上的各种淬火裂纹

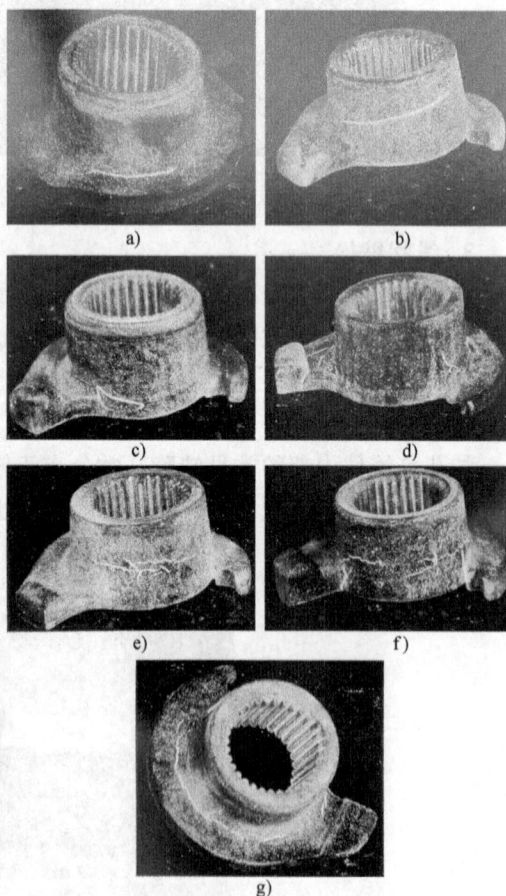

a)　　　　　　　b)

c)　　　　　　　d)

e)　　　　　　　f)

g)

图 6-24　弹簧座上各种形状及方向的淬火裂纹

6.4.5　焊接缺陷的磁痕显示

对于焊接件而言，磁粉检测仅能检测表面裂纹和根部未焊透等缺陷，对于有一定埋藏深度的气孔、夹渣、未熔合、内部裂纹等缺陷，磁粉检测比较困难，有些甚至是无法检测的。对于某些接近表面的未熔合、气孔、夹渣等缺陷，也会因焊缝表面不平整而影响观察，有时难以区分焊趾裂纹与咬边。

在磁粉检测中，以裂纹发生的部位、方向及形态区分，常见的焊接裂纹有纵向裂纹、横向裂纹、弧坑裂纹、羽状微裂纹、焊缝与热影响区贯穿裂纹、热影响区纵裂纹与横裂纹、焊趾裂纹等。图 6-25 所示特制熔焊裂纹试样，该试样上包含上述八种裂纹。上述裂纹若按形成的温度分类，则前四种一般为热裂纹，后三种一般为冷裂纹，第五种可能先有焊缝裂纹，然后再贯穿到母材上。

1. 焊接热裂纹

热裂纹一般是在奥氏体开始分解前形成的，产生于 1100~1300℃ 范围内，且大部分位于熔焊区，其沿晶界扩展开裂，在裂纹处可发现高温氧化色。由于焊缝所受应力和焊接条件的差异，热裂纹也有从熔焊区向母材扩展的情况。图 6-26 所示为一从动齿轮组件，组合后，在圆柱面上用氩弧焊焊合，在与环缝成 45°角的方向共有三条热裂纹。

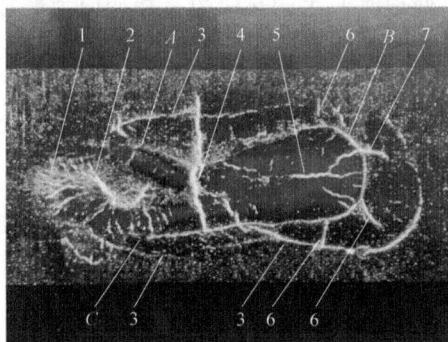

图 6-25　特制熔焊裂纹试样
1—羽状微裂纹　2—弧坑裂纹　3—热影响区纵裂纹
4—横向裂纹　5—纵向裂纹　6—热影响区横裂纹
7—焊缝与热影响区贯穿裂纹　*ABC*—焊趾
裂纹（*A*、*B*、*C* 所围区域即为焊道）

图 6-26　焊缝热影响区 45°裂纹（穿棒周向磁化）

2. 焊接冷裂纹

冷裂纹是在奥氏体分解之后形成的，一般产生于 100~300℃ 范围内。造成焊接冷裂纹的原因除了组织变化引起的内应力、焊条质量差、焊接前预热状况不理想外，另一个主要原因是氢的析出和聚集。由于不同温度的钢材对氢的溶解度相差很大，钢材焊接后，在室温状态下含氢量较高，而溶解度较低。此时，过饱和的氢将以原子和分子两种状态聚集在钢材缺陷内及晶格和晶界内。即使是在室温下，原子状态的氢也能在钢材内扩散并最终逸出；而分子状态的氢则很难在钢材内部扩散和逸出，只能残留在材料中。这些残留的氢分子，会导致焊缝及热影响区因氢脆而开裂。

为了防止冷裂纹产生，可以使用低氢焊条，采用烘烤焊条，焊缝区焊前预热、焊后缓冷，焊前除油、除锈、除湿及清理脏物等有效措施。对于多层焊，在采用层间磁粉检测法时，应使用干磁粉，不用水磁悬液，更不能用油磁悬液。

在施工或在役检测中发现焊缝有裂纹时必须打磨清除，被打磨的根部裂纹彻底清除后才能进行补焊，这对于大型结构件尤为重要。图6-27所示为在清根打磨后尚存在的裂纹。

6.4.6　表面处理裂纹的磁痕显示

对零件进行表面处理前往往先进行热酸腐蚀，这会削弱金属表面的强度，以致因热处理、磨削过盈配合等形成的残余应力易通过开裂而释放，造成表面处理裂纹。

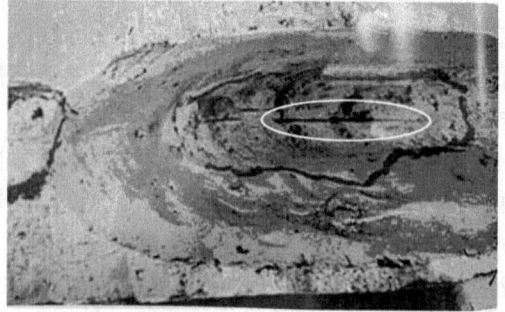

图 6-27　在清根打磨后尚存在的裂纹

另一个原因是酸蚀及某些表面处理作业中零件对氢的晶隙吸收，造成氢脆而开裂，而氢脆与材料的抗拉强度较高有关。因此，在表面处理工艺中，不同强度的材料，其表面处理方法有不同的要求。

图6-28所示为齿轮轴（材料为40Cr，硬度为60HRC）镀黑锌后的纵向裂纹，由于镀前和镀后未进行去除应力和去氢热处理，氢致应力与热处理时产生的热应力、相变应力叠加，致使工件开裂。这些裂纹与淬火裂纹极其相似，且成群出现。

图 6-28　镀黑锌后的纵向裂纹

图6-29所示的小齿轮轴（材料为20CrMo）在渗碳淬火后磨削外圆，经磁粉检测后，再进行薄层热镀锌。由于磨削应力未消除，加上酸蚀和渗氢而造成周向裂纹，与磨削裂纹极其相似。

图 6-29　小齿轮轴镀锌后的周向裂纹

图6-30所示为位移靠模板，在机加工成形后，进行热处理、磨削、镀锌。因强度高且未做去除应力和去氢处理，镀锌后致使磨削应力以开裂的形式释放，其形态与单纯的磨削裂纹极其相似，且裂纹的间距较有规律。

综上所述，产生表面处理裂纹的原因主要有两个：一是零件原有加工的残余应力；二是表面处理过程中对氢的吸收而引发的氢脆开裂。虽然表面处理裂纹的产生与残余应力和腐蚀有关，但它们不是应力腐蚀开裂。

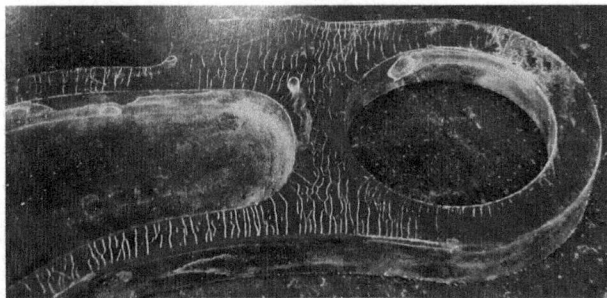

图 6-30 位移靠模板镀锌裂纹

6.4.7 机械加工中的裂纹的磁痕显示

零件在机械加工中产生的裂纹有磨削裂纹、研扩裂纹、被磨削覆盖的车刀纹、冲切裂纹、剪切裂纹、冷校正裂纹等。

1. 磨削裂纹

零件经热处理后,如果组织中存在残留奥氏体和网状碳化物或热处理产生的残余应力过大,则磨削过程中往往会产生磨削裂纹。

如果磨削时选用的砂轮不合适或不锋利,冷却不当,磨削量过大,则会使被磨削工件表面以 6000℃/s 的升温速度瞬间升温到 820~840℃,有时甚至更高。此温度足以使工件表面重新奥氏体化,并在急剧冷却过程中形成淬火马氏体。这种热应力和组织应力将导致零件产生磨削裂纹。

磨削裂纹通常细而浅,磁痕显示有网状、辐射状、平行状,有时呈有规律的排列,且间距大致相等。图 6-31 所示为典型的磨削裂纹,有单根裂纹、多根裂纹,有时成群、成片出现。平面磨削的裂纹大部分与磨削方向垂直;外圆磨削的裂纹大部分与磨削方向基本平行;内圆磨削的裂纹大部分与磨削方向垂直;台肩端面的磨削裂纹大部分呈一定角度的辐射状。

2. 研扩裂纹

轴承外圈内滚道在研扩过程中,由于材料和工艺的原因会产生研扩裂纹,如图 6-32 所示。

图 6-31 磨削裂纹

图 6-32 研扩裂纹

3. 被磨削覆盖的车刀纹

在轴承外圈的外圆车削中,如果车刀纹较深,而磨削工艺又不当,则会出现不仅未将车刀纹除掉,反而将其覆盖的现象,这种现象有时会在磁粉检测中被成批地检出。有些工件已被磨除大部分车刀纹，只剩少量车刀纹。内圆上偶尔也有较淡的磁痕显示。对于这类缺陷应予以避免，否则会在使用中引起应力集中，成为疲劳源。图 6-33 所示为轴承外圈的外圆车刀纹未处理干净，在此应作为裂纹性缺陷处理。

图 6-33　被磨削覆盖的车刀纹磁痕显示

4. 剪切裂纹

材料为 42CrMo 的 φ60mm 棒料用剪床下料时，由于蓝脆温度未控制好，第二天即发现一大半料有图 6-34 所示的剪切裂纹，裂纹深达 6~8mm。

6.4.8　粉末冶金件裂纹的磁痕显示

粉末冶金技术发展迅猛，原来用钢铁材料制造的结构件已有很多被铁磁性粉末冶金件所取代。粉末冶金件的生产率高、相对成本低，其性能与钢铁结构件相当，且具有其独特的性能——可制成含有一定孔隙的零件，这些孔隙可储存润滑油脂，这是钢铁结构件不可能具有的优越性。

图 6-34　剪切裂纹

粉末冶金件的力学性能也可以用热处理的方法来改善。目前，这在摩托车、汽车零部件中得到了较多的应用。一些特殊产品中受力不大或形状复杂的结构件，已广泛采用以注塑成形技术制成的粉末冶金件。

但是，粉末冶金件在成形及热处理过程中也会产生各类裂纹，可以通过磁粉检测检出这些裂纹。

1. 齿坯的热处理裂纹

图 6-35 所示为齿轮经调质处理后，在中心圆孔壁上发现的辐射状裂纹。

图 6-36 所示为摩托车齿轮的齿部在高频感应淬火时产生的裂纹，各裂纹的严重程度不

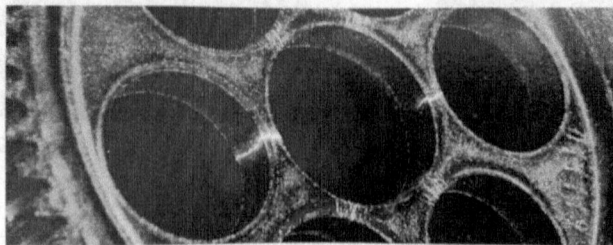

图 6-35　粉末冶金齿轮的热处理裂纹

一，严重的实际上已成为剥离裂纹（齿的横向裂纹靠近表面，可一块块地脱离本体，如图 6-36c 所示），具有这种裂纹的齿占总齿数的三分之一以上。

图 6-37 所示为注塑成形的粉末冶金复杂形状件上的淬火裂纹。

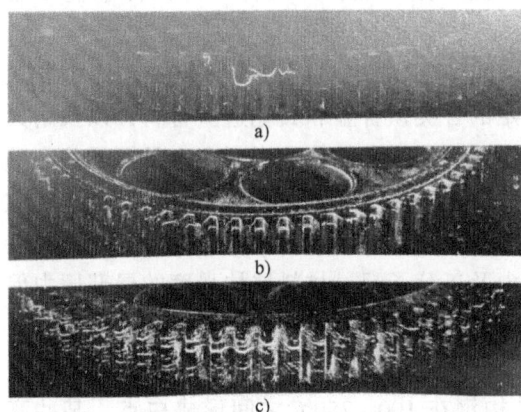

图 6-36　注塑成形的粉末冶金件上的淬火裂纹（一）

图 6-37　注塑成形的粉末冶金件上的淬火裂纹（二）

2. 压制脱模不当形成的撕裂（图 6-38）

3. 撞击破裂

烧结前，在零件坯料转运过程中，不慎将零件掉在地上而发生破裂，经烧结后发现，如图 6-39 所示。

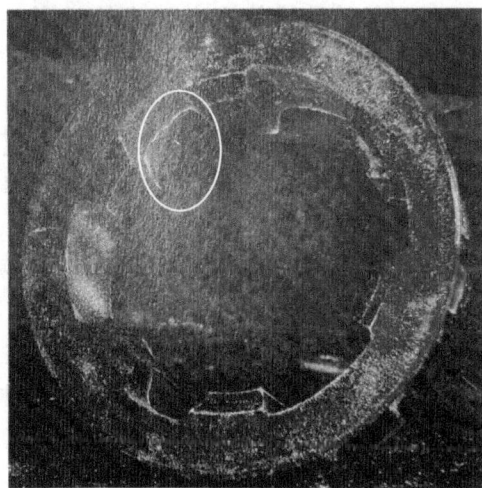

图 6-38　脱模不当撕裂磁痕

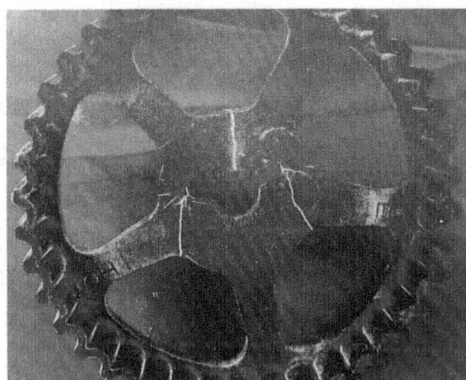

图 6-39　撞击破裂磁痕

6.4.9　白点的磁痕显示

白点是氢致开裂的一种，是由钢材内部所含有的"内氢"在并无外力作用的情况下，其原子聚集形成高温氢气而引起的。在做断口分析时，可以看到断口上有银白色、银灰色，以及与基体颜色相近的椭圆形或鸭嘴形斑点，这是因为氢保护了裂纹两侧的金属不被氧化和脱碳，使其保留了金属原有的光泽，所以呈银白色，白点便是因此而得名的。该斑点实为内部裂纹的侧壁，用肉眼或在低倍显微镜下观察便可看到。在电镜中观察白点时，可寻到发纹。白点的存在会使钢材的强度、塑性与韧性下降，位于应力集中部位的白点常成为结构的断裂源。铸锭开坯、轧制、锻造时均可能产生白点，焊接件、铸钢件中偶尔也会发现白点。

关于白点的形成，目前比较一致的观点是：氢与钢材的组织应力是形成白点的主要原因。钢在熔炼时会加入含有水分的废钢、烘干不足的各类铁合金和其他造渣材料，以及耐火材料、铸型涂料等，若它们的水分和有机物质含量过高，则会使钢液中存在大量原子状态的氢。当钢液冷却凝固后，随着温度下降，氢的溶解度也迅速下降，原子状态的氢来不及扩散逸出，而在钢锭的空隙中聚集成氢分子，氢分子是很难从钢材中扩散和逸出的。后续开坯、轧制和锻造中的各种变形应力、相变应力、热应力及氢分子超过材料抗拉强度的局部压力促进了白点的形成。

形成白点的温度范围与钢中的含氢量、合金成分、轧锻后的冷却速度有关。Ni、Cr、Mo钢在150℃以下即可形成白点，大部分合金结构钢在100～250℃之间形成白点。某些高合金钢大截面锻件的白点形成温度可能降低到室温或室温以下，只有在长期放置时，才会形成白点甚至破断。一般情况下，当含氢量低于2mL/100g时，不易产生白点。但在室温条件下，钢材的氢溶解度仅为0.0005mL/100g，是2mL/100g的1/4000，故对于大截面锻件，最好也进行去氢热处理。钢材在加热到200℃以上时，其中的氢分子又可变为氢原子，在一定温度下，使氢原子逐步扩散和逸出钢材的热处理，称为去氢热处理，也称锻后热处理或第一热处理。

合金结构钢中的某些合金元素，如Cr、Ni、Mn，有时是促使白点形成的元素，但ϕ150mm以上的中碳钢棒料，也有因白点而报废的。

由于白点是钢材的内部裂纹，故磁粉检测无法检出。但是，有白点的钢材经机械加工后，可在纤维方向及与其垂直的端面上用磁粉检测加以显示。白点的磁痕一般是短的棉线状直条或略带弯曲，有时呈锯齿状，磁痕堆积浓密，有时无两端尖细的现象。白点有单个存在的，更有成群出现的，成群出现的白点有辐射状、平行状、带状等形态或呈无规则分布。白点的磁痕长度有不足1mm的，也有数十毫米的。凡是发现并经断口分析或高倍金相分析，确认是白点的熔炼炉号，必须全部报废。

在生产实践中，检测原材料中白点的传统方法是酸蚀低倍检测，但白点并非一定存在于棒料的两端头，因而对于具有重要用途的原材料，应先通过超声波检测方式检测棒料全长，当发现有超出2平底孔当量（或更小平底孔当量）缺陷的地方时，再切片取样做低倍组织和断口试验。

例如，某厂生产的船用齿轮箱齿轮轴，材料为17CrNiMo，加工顺序为锻造→正火→机加工→整体调质处理。发现一批齿轮轴有严重裂纹，且在同一部位，经磁粉检测（穿棒法、周向磁化）发现，在20件齿轮轴中，有17件存在呈带状分布的疑似白点。经切片打断口证实确实是白点，如图6-40所示，图中的黑色斑点是白点贯穿表面，为空气进入氧化所致。磁痕显示如图6-41所示，六个齿轮端面、台阶孔、内孔壁上均有白点磁痕。该熔炼炉号共20件，全部报废。

图 6-40　齿轮轴白点断口

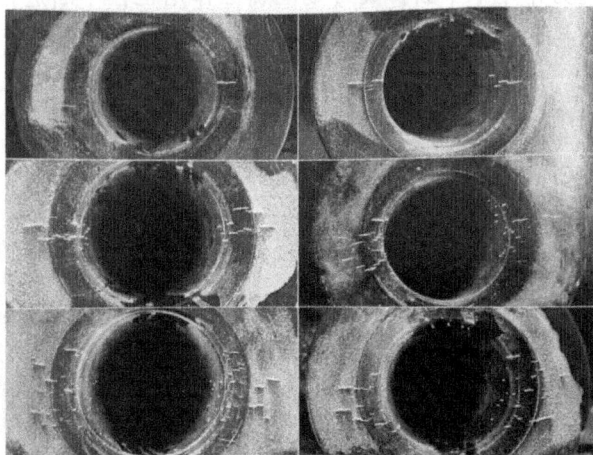

图 6-41　白点磁痕

6.4.10　在役检测的裂纹

由于铁磁性原材料中不可能不存在冶金缺陷，加之构件形状、表面状态及受力状况、使用时周围空气中有害介质的性质和危害程度等诸多因素的影响，使用中的结构件在没有达到使用寿命时，也可能出现提前破坏的情况。因此，必须定期对在役设备和构件做在役检测，而磁粉检测是在役检测中的一项重要内容，其目的主要是检测有无裂纹。

对于在役检测件，就其性质可将裂纹粗略分为下述类型。

1. 疲劳裂纹

工件在使用过程中如果反复受到交变应力的作用，则工件内原有的小缺陷、表面划伤、缺口和内部孔洞等都可能成为疲劳源，产生的疲劳裂纹称为疲劳裂纹。疲劳裂纹一般出现在应力集中部位，其方向与受力方向垂直。疲劳裂纹通常中间粗、两头尖，磁痕浓密清晰。

图 6-42 所示为游乐园过山车球铰连接器球铰杆部的疲劳裂纹，其材料为 20CrMn，经磁粉检测先后发现三件球铰连接器有疲劳裂纹，产生裂纹处受的力是周期性冲击载荷。三个零件的疲劳裂纹均在同一部位上。

载重汽车发动机飞轮的材质为可锻铸铁
件，它是一种传递发动机动力的结构件，和
与其对应的偶件之间，靠摩擦力来传递动
力。因此，大部分飞轮的接触面上均易产生
摩擦疲劳裂纹，如图 6-43 所示。图 6-44 所
示为石油钻井用钻杆接头处的疲劳裂纹。

图 6-42　游乐园过山车球铰连接器球
铰杆部的疲劳裂纹

2. 应力腐蚀裂纹

工件金属材料在特定腐蚀介质和拉应力
的共同作用下产生的裂纹，称为应力腐蚀裂
纹。工件金属材料由于受到外部介质（雨
水、酸、碱、盐等）的化学作用而产生的蚀坑，起到缺口作用而造成应力集中，成为疲劳
源。该疲劳源在交变应力作用下不断扩展（期间腐蚀作用也在不断进行），最终导致工件腐
蚀开裂。应力腐蚀裂纹与应力方向垂直。该拉应力包括外加应力和残余应力，其中残余应力
主要是由热处理、焊接、机械加工、装配等过程中的宏观变形和微观变形所引起的。应力腐
蚀裂纹磁痕显示浓密清晰。

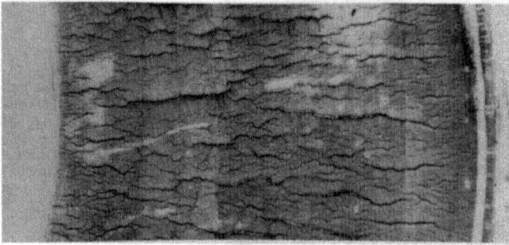

图 6-43　摩擦疲劳裂纹（磁痕贴印件，
交流磁轭磁化，黑磁悬液）

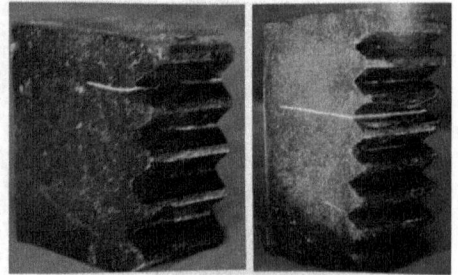

图 6-44　钻杆接头处的疲劳裂纹

蚀坑往往是应力腐蚀裂纹的先兆，蚀坑裂纹
是常见的危险性较大的应力腐蚀裂纹，因为这种
裂纹尖而细，扩张极快，极易成为疲劳裂纹源而
发生疲劳破断。一般情况下，难以通过磁粉检测
检出蚀坑，但当蚀坑内有裂纹时，便可通过磁粉
检测检出。一材质为 4CrNiMo、硬度为 30～32HRC
的 M42 螺栓，经磁粉检测发现，其全身均有腐蚀
点及坑，在杆部同一高度有五处较严重的蚀坑裂
纹，如图 6-45a 所示。蚀坑裂纹放大后的磁痕图如
图 6-45b 所示。金相照片（50×）显示了蚀坑裂纹
的纵深发展状况，三条裂纹间距约 18mm，裂纹深
度分别为 0.30mm、0.45mm 和 0.40mm，如图
6-45c 所示。由金相照片可见，蚀坑不平整，裂纹
最细处在 0.01～0.02mm 之间，裂纹的长度与宽度

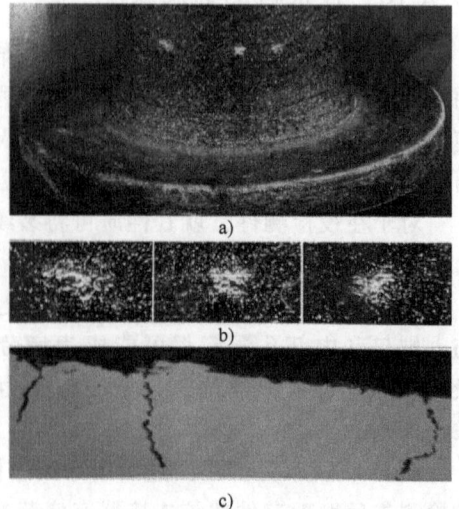

a)

b)

c)

图 6-45　蚀坑裂纹

之比为 30~45。这种尖细的裂纹容易扩展，最后会发展成疲劳源和产生疲劳断裂。

6.5　常见缺陷磁痕显示比较

1. 发纹和裂纹缺陷磁痕显示比较

发纹和裂纹虽然都是磁粉检测中十分常见的线性缺陷，但它们对工件使用性能的影响却完全不同，发纹对工件使用性能的影响较小，而裂纹的危害极大，一般不允许存在裂纹。因此，对它们进行对比分析，提高识别能力十分重要。发纹和裂纹缺陷的对比分析见表 6-1。

表 6-1　发纹和裂纹缺陷的对比分析

	发纹	裂纹
产生原因	发纹是由于钢锭中的非金属夹杂物和气孔在轧制拉长时，随着金属的变形伸长而形成的类似头发丝的细小缺陷	裂纹是由于工件淬火、锻造或焊接等原因，在工件表面产生的窄而深的"V"字形破裂或撕裂缺陷
大小和分布	沿金属纤维方向，分布在工件纵向截面的不同深度处，呈连续或断续的细直线，深度很浅，长短不一，长的可以到达数十毫米	产生于工件的耳、孔边缘和截面突变等应力集中部位的工件表面上，长短不一，边缘通常参差不齐、弯弯曲曲或有分岔
磁痕特征	磁痕均匀清晰而不浓密，直线形，两头呈圆角	磁痕浓密清晰，弯弯曲曲或有分岔，两头呈尖角
鉴别方法	(1) 擦掉磁痕，发纹缺陷目视不可见 (2) 在 2~10 倍放大镜下观察，发纹缺陷仍目视不可见 (3) 用切削刃在工件表面沿垂直磁痕的方向来回刮，发纹缺陷不阻碍切削刃	(1) 擦掉磁痕，裂纹缺陷目视可见或不太清晰 (2) 在 2~10 倍放大镜下观察，裂纹缺陷呈"V"字形开口，清晰可见 (3) 用切削刃在工件表面沿垂直磁痕的方向来回刮，裂纹缺陷阻碍切削刃

2. 表面缺陷和近表面缺陷磁痕显示比较

表面缺陷是指在热加工、冷加工和工件使用后产生的表面缺陷或经过机械加工才暴露在工件表面的缺陷，如裂纹等。表面缺陷有一定的深宽比，其磁痕显示浓密清晰、瘦直、轮廓清晰，呈直线状、弯曲状或网状，重复性好。

近表面缺陷是指工件表面下的气孔、夹杂物、发纹和未焊透等缺陷，因缺陷未露出工件表面，所以磁痕显示宽而模糊，轮廓不清晰。磁痕显示与缺陷性质和埋藏深度有关。

6.6　磁痕显示分类、观察和记录

6.6.1　磁痕显示的分类和处理

1）NB/T 47013.4—2015 将缺陷分为纵向缺陷和横向缺陷：当缺陷磁痕长轴方向与工件（轴类或管类）轴线或素线的夹角大于或等于 30°时，按横向缺陷处理；其他按纵向缺陷处理。

2）磁痕显示分为相关显示、非相关显示和伪显示。

3）长度与宽度之比大于 3 的缺陷磁痕，按线性磁痕处理；长度与宽度之比不大于 3 的缺陷磁痕，按圆形磁痕处理。

4）长度小于 0.5mm 的磁痕忽略不计。

5）当两条或两条以上的缺陷磁痕在同一直线上且间距不大于 2mm 时，按一条磁痕处理，其长度为两条磁痕之和再加间距。

6.6.2 磁痕显示的观察

1）缺陷磁痕的观察应在磁痕形成后立即进行。

2）非荧光磁粉检测时，缺陷磁痕的评定应在可见光下进行，且工件被检表面的可见光照度应不小于1000lx；现场检测时受条件所限，可见光照度应不低于500lx。

3）荧光磁粉检测时，缺陷磁痕的评定应在暗区黑光灯激发的黑光下进行，工件被检表面的黑光辐照度应不小于$1000\mu W/cm^2$；暗区或暗处的可见光照度应不大于20lx。检测人员进入暗区至少5min后再进行荧光磁粉检测，观察时不应佩戴对检测结果的评判有影响的眼镜或滤光镜。

4）除能确认磁痕是由于工件材料局部磁性不均或操作不当造成的之外，其他磁痕显示均应作为缺陷磁痕处理。为辨认细小的磁痕显示，观察时应辅以2~10倍的放大镜。

6.6.3 磁痕显示的记录

可用下列一种或几种方式记录磁痕显示：文字描述、草图、照片、透明胶带、透明漆"凝结"被检表面的显示、可剥离的反差增强剂、录像、环氧树脂或化学磁粉混合物、磁带、电子扫描。

6.7 磁粉检测质量分级

1）不允许存在任何裂纹显示；紧固件和轴类零件不允许存在任何横向缺陷显示。

2）焊接接头的质量分级按表6-2进行。

3）其他部件的质量分级按表6-3进行。

4）综合评级。当圆形缺陷评定区内同时存在多种缺陷时，应进行综合评级。对各类缺陷分别评定级别，取质量级别最低的作为综合评级的级别；当各类缺陷的级别相同时，则降低一级作为综合评级的级别。

表6-2 焊接接头的质量分级

等级	线性缺陷磁痕	圆形缺陷磁痕（评定框尺寸为35mm × 100mm）
I	$l \leqslant 1.5mm$	$d \leqslant 2.0mm$，且在评定框内不大于1个
II	大于I级	

注：l—线性缺陷磁痕长度，单位为mm；d—圆形缺陷磁痕长径，单位为mm。

表6-3 其他部件的质量分级

等级	线性缺陷磁痕	圆形缺陷磁痕（评定框尺寸为2500mm²，其中一条矩形边长最大为150mm）
I	不允许	$d \leqslant 2.0mm$，且在评定框内不大于1个
II	$l \leqslant 4.0mm$	$d \leqslant 4.0mm$，且在评定框内不大于2个
III	$l \leqslant 6.0mm$	$d \leqslant 6.0mm$，且在评定框内不大于4个
IV	大于III级	

注：l—线性缺陷磁痕长度，单位为mm；d—圆形缺陷磁痕长径，单位为mm。

复习思考题

1. 磁痕分析有什么意义？

2. 什么是相关显示、非相关显示和伪显示？它们的共同点与不同点分别是什么？试列举三个例子说明非相关显示的产生原因、磁痕特征和鉴别方法。

3. 锻钢件和铸钢件的常见缺陷有哪些？

4. 焊接热裂纹和冷裂纹的产生原因、磁痕特征分别是什么？

5. 磨削裂纹和疲劳裂纹的磁痕显示有什么不同？

6. 试比较发纹与裂纹缺陷的产生原因、磁痕特征和鉴别方法。

7. 表面缺陷与近表面缺陷的磁痕显示有什么区别？

8. 过度背景是由什么原因产生的？其磁痕特征如何？

9. 如何区分条状磁痕和圆形磁痕？

10. NB/T 47013.4—2015 规定哪些缺陷不允许存在？规定磁粉检测质量分级内容有哪些？

11. NB/T 47013.4—2015 规定如何综合评级？

第 7 章　磁粉检测的应用

磁粉检测可用于检测铁磁性材料零部件的表面与近表面缺陷，具有很高的检测灵敏度，是控制产品质量的重要手段之一。本章主要介绍焊缝磁粉检测的典型方法，同时介绍磁粉检测在锻钢件、铸钢件、在役与维修件及一些特殊工件上的应用。

7.1　焊接件的磁粉检测

焊接是利用加热、加压或加热与加压并用，加或不加填充材料的方式，将两种工件连接成一体的加工方法。焊接技术在机械、石油、化工、冶金、铁道、造船和宇航等领域已被普遍采用。焊缝中的缺陷，尤其是焊接裂纹，一般是与表面相通的，在使用中容易形成疲劳源，对承受疲劳载荷和压力作用的焊接结构危害极大。为了保证焊接件的质量可靠和安全运行，必须加强对焊接件的无损检测。而对于表面缺陷，由于磁粉检测灵敏度高、可靠、设备简单，可以方便地进行现场检测，发现缺陷后能够及时排除和修补，能做到防患于未然，因而得到了广泛应用。随着工业和科学技术的发展，焊接材料种类和工艺方法日益增多，对磁粉检测方法和工艺也提出了更高的要求。

7.1.1　检测工序和范围

1. 坡口检测

坡口中可能出现的缺陷有分层和裂纹。分层是轧制缺陷，它平行于钢板表面，一般分布在板厚中心附近。裂纹有两种，一种是沿分层端部开裂的裂纹，方向大多平行于板面；另一种是火焰切割裂纹。坡口检测的范围是坡口面和钝边区域。

2. 焊接过程检测

（1）层间检测　对于一些焊接性能较差的钢种，如一些高合金钢，在工程中一般要求每焊完一层就进行一次检测，以便及时发现裂纹并进行相应的处理，确认无缺陷后再继续施焊。另外一种情况是对于一些特厚板的焊接，当检测内部缺陷有困难时，可以每焊完一层进行一次磁粉检测，检测范围是焊缝金属及临近坡口的部位。在层间检测过程中，特别需要注意的是试件的温度，一般根据材料以及焊接形状和约束状态等条件来确定。在焊接过程中中断焊接时，如果层间焊缝温度冷却至常温，可采用常规的湿法或干法磁粉检测。如果层间焊缝保持在较高温度，则不能进行磁粉检测，因为湿法检测时将使磁悬液挥发，而干法检测时将使磁粉高温氧化。当层间焊缝温度为 300~400℃ 时，可以进行磁粉检测，但必须使用干法高温磁粉检测，如用 JCM 系列的空心球磁粉，它是铁、铬、铝的复合氧化物，高温下不会被氧化。

（2）电弧气刨面的检测　用于检测电弧气刨造成的表面增碳可能导致的裂纹。检测范围包括电弧气刨面和附近的坡口。

3. 焊缝检测

焊缝检测的目的主要是检出焊接裂纹、夹渣、气孔等焊接缺陷，其检测范围包括焊缝金属及母材的热影响区。由于热影响区的宽度在焊缝每边大约为焊缝宽度的一半，因此要求检测的宽度应为焊缝宽度的 2 倍。

4. 机械损伤部位的检测

在组装过程中，往往需要在焊接部件的某些位置焊上临时性的吊耳和卡具，施焊完毕后再割掉，在这些部位有可能产生裂纹，需要进行检测。这种损伤部位的面积不大，一般是从几平方厘米到十几平方厘米不等。

7.1.2　检测方法的选择

大型焊接结构不同于机械零件，其尺寸、质量都很大，无法用固定式设备，而只能用便携式设备分段检测。小型焊接件，如特种设备零件，可在固定式设备上检测。用于焊缝检测的磁化方法有多种，它们各有特点，应根据焊接件的结构形状、尺寸、检测内容和范围等具体情况加以选择。大型焊缝的常用磁化方法如下。

（1）磁轭法（图 7-1）　磁轭法是焊缝检测中常用的方法之一，其优点是设备简单、操作方便。但是，磁轭只能单方向磁化工件，因此，为了检出各方向的缺陷，在同一部位至少应做两次互相垂直的检测。检测焊缝中的纵向缺陷时，将磁轭垂直跨过焊缝放置；检测焊缝中的横向缺陷时，

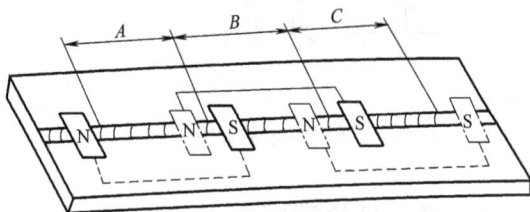

图 7-1　磁轭法分段磁化检测焊缝示意图

将磁轭平行于焊缝放置，磁轭的磁极间距为 75～200mm，但磁极连线间距 L 应不小于 75mm，每段检测长度比磁极间距小 10～20mm，应有不小于 10% 的重合。每段应互相垂直检测两次，若两次垂直检测探极配置不准确，易造成漏检，使检测效率降低。提升力要符合标准要求。

（2）触头法　触头法是单方向磁化的方法，也是特种设备焊缝检测常用的方法之一。其主要优点是电极间距可以调节，可以根据检测部位的情况及灵敏度要求确定电极间距和电流大小。但检测时为避免漏检，同一部位也要进行两次互相垂直的检测。检测焊缝纵向缺陷时，将触头平行于焊缝放置；检测焊缝横向缺陷时，将触头垂直跨过焊缝放置。触头法的电极间距应控制在 75～200mm，但两触头连线间距应不小于 75mm，两次磁化间两触头的间距 b 应不大于 $L/2$（L 为两触头连线间距）。

（3）交叉磁轭法　用交叉磁轭旋转磁场磁化的方法检测焊缝表面裂纹，可以得到令人满意的效果。其主要优点是检测灵敏度高、可靠性好，并且检测效率高，目前在焊缝检测中，尤其在锅炉压力容器磁粉检测中应用最为广泛。

交叉磁轭法的操作注意事项如下：

1）磁极端面与工件表面之间的间隙不宜过大，最大不宜超过 1.5mm。

2）交叉磁轭行走速度要适宜，速度不应超过 4m/min，且要连续行走检测。

3）磁悬液喷洒原则。检测球罐环焊缝时，磁悬液应喷洒在行走方向的前上方；检测球罐纵焊缝时，磁悬液应喷洒在行走方向的正前方。

　4）磁痕的观察应在磁轭通过检测部位后尽快进行。

　（4）绕电缆法　管道环焊缝可采用绕电缆法检测。通过将软电缆沿圆周方向绕 4~6 匝缠绕在工件上通电的方法进行磁化，形成纵向磁场，用于发现接管对接焊缝和角焊缝中的纵向缺陷，如图 7-2 所示。其有效磁化区是从线圈端部向外延伸 150mm 的范围内，对于超过150mm 的区域，其磁化强度应采用标准试片确定。绕电缆法具有方法简单、非电接触等优点，但工件的 L/D 值对退磁场和检测灵敏度有很大的影响，决定安匝数时应加以考虑。

　（5）平行电缆法　平行电缆法用于检测与电缆平行的裂纹，如图 7-3 所示。注意：返回电流的那段电缆要远离工件，避免干扰有效磁化场。

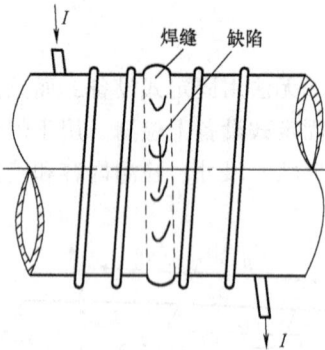

图 7-2　绕电缆法示意图

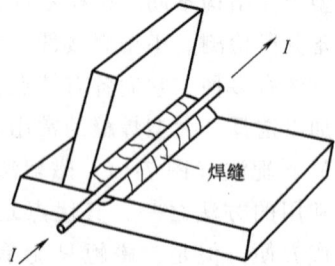

图 7-3　平行电缆法示意图

7.1.3　焊接件检测实例

1. 坡口检测

　利用触头法沿坡口纵长方向进行磁化，是检测坡口表面与电流方向平行的分层和裂纹缺陷的有效方法，其操作方便、检测灵敏度高。检测时，应在触头上垫铅垫或包铜编织网，以防打火烧伤坡口表面。也可以用交叉磁轭法检测坡口的缺陷，检测时，把交叉磁轭置于靠近坡口的钢板表面上，连续行走进行磁化检测，如图 7-4 所示。尽管旋转磁场的外侧磁场较弱，但仍可以检测出靠近交叉磁轭的有效磁化区内的缺陷。当利用外侧磁场进行检测时，必须用 A1：15/100 试片试验检测灵敏度和有效磁化区。

2. 电弧气刨面的检测

　用交叉磁轭法检测电弧气刨面时，应把交叉磁轭跨在电弧气刨沟槽两侧，如图 7-5 所示，然后沿沟槽方向连续行走进行磁化检测。注意：应根据电弧气刨面选择喷洒磁悬液的方

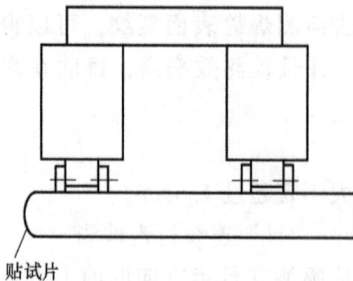

贴试片

图 7-4　交叉磁轭法检测坡口示意图

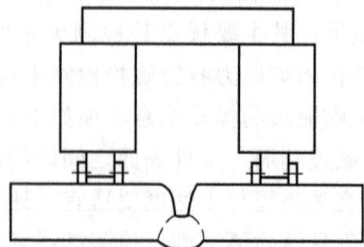

图 7-5　交叉磁轭法检测电弧气刨面示意图

法，原则是交叉磁轭通过后，不得使磁悬液残留在气刨沟槽内，否则将无法观察磁痕显示。

3. 焊缝检测

检测锅炉压力容器的对接焊缝时，如果工件的曲率半径较大，能够保证磁极与工件表面接触良好，则一般选择磁轭法和交叉磁轭法。用磁轭法检测平板和大曲率工件的对接焊缝时，磁轭的布置方向和要求见表 7-1。

表 7-1 磁轭法和触头法的典型磁化方法

磁轭法的典型磁化方法	要求	触头法的典型磁化方法	要求
	$L \geqslant 75\text{mm}$ $b \leqslant L/2$ $\beta = 90°$		$L \geqslant 75\text{mm}$ $b \leqslant L/2$ $\beta = 90°$
	$L \geqslant 75\text{mm}$ $b \leqslant L/2$		$L \geqslant 75\text{mm}$ $b \leqslant L/2$
	$L_1 \geqslant 75\text{mm}$ $b_1 \leqslant L_1/2$ $b_2 \leqslant L_2 - 50$ $L_2 \geqslant 75\text{mm}$		$L \geqslant 75\text{mm}$ $b \leqslant L/2$
	$L_1 \geqslant 75\text{mm}$ $L_2 > 75\text{mm}$ $b_1 \leqslant L_1/2$ $b_2 \leqslant L_2 - 50$		$L \geqslant 75\text{mm}$ $b \leqslant L/2$
	$L_1 \geqslant 75\text{mm}$ $L_2 \geqslant 75\text{mm}$ $b_1 \leqslant L_1/2$ $b_2 \leqslant L_2 - 50$		$L \geqslant 75\text{mm}$ $b \leqslant L/2$

交叉磁轭法常应用于锅炉压力容器上对接焊缝的磁粉检测。使用交叉磁轭检测焊缝时，应注意以下几个问题。

（1）磁极端面与工件表面的间隙不宜过大 磁极端面与工件表面之间保持一定间隙，是为了使交叉磁轭能在被检测工件上移动行走。如果间隙过大，将在间隙处产生较大的漏磁场，这个漏磁场一方面会消耗磁势使线圈发热，另一方面将扩大磁极端面附近产生的检测盲区，从而缩小检测的有效磁化区。因此，在使用交叉磁轭时应注意间隙的问题。一般来说，此间隙在保证能行走的情况下越小越好，如0.5mm。另外，提升力应大于或等于118N。

（2）交叉磁轭的行走速度要适宜 与其他方法不同，使用交叉磁轭时，通常是连续行走检测。交叉磁轭相对工件移动，也就是磁化场随着交叉磁轭在工件表面移动。对于工件表面有效磁化场内的任意一点来说，始终在一个变化着的旋转磁场作用下。因此，被检测面上任意方向的裂纹都有与有效磁场最大幅值正交的机会，从而可得到最大的缺陷漏磁场。这就是使用交叉磁轭旋转磁场检测的独特之处，从检测效果来说，与固定不动检测相比，连续行走检测不仅效率高，可靠性也高。只要操作无误，就不会造成漏检。但如果行走速度过快，则可能出现磁化时间不足的问题，因此，交叉磁轭的行走速度不应超过4m/min，检测灵敏度和行走速度应根据标准试片上的磁痕显示来确定。

（3）磁悬液的喷洒原则 为了避免因磁悬液的流动而冲刷掉缺陷上已经形成的磁痕，并使磁粉有足够的时间聚集到缺陷处，规定喷洒磁悬液的原则是：在检测球罐环焊缝时，磁悬液应喷洒在行走方向的前上方；在检测球罐的纵焊缝时，磁悬液应喷洒在行走方向的正前方，见表7-2。

表 7-2　绕电缆法和交叉磁轭法的典型磁化方法　　　　　（单位：mm）

绕电缆法的典型磁化方法	要求	交叉磁轭法的典型磁化方法
探纵向缺陷	$20 \leqslant a \leqslant 50$	
平行于焊缝的缺陷检测	$20 \leqslant a \leqslant 50$	

（续）

绕电缆法的典型磁化方法	要求	交叉磁轭法的典型磁化方法
平行于焊缝的缺陷检测	$20 \leqslant a \leqslant 50$	水平焊缝检测

注：N—匝数；I—磁化电流（有效值）；a—焊缝与电缆之间的距离。

（4）观察磁痕应尽快进行　用交叉磁轭检测时，在交叉磁轭通过检测部位之后，应尽快观察辨认有无缺陷磁痕，以免磁痕显示被破坏而影响对检测结果的判定。

其他焊缝，如 T 形焊缝、角焊缝的检测方法见表 7-1 和表 7-2。

7.2　锻钢件的磁粉检测

锻钢件是把钢加热后锻造或挤压成形的。锻造工艺能够节省钢材、生产率高，锻钢件材料致密、强度高，所以在机械零件生产中占有一定比例。但是，由于锻钢件加工工序较多，在生产过程中容易产生不同性质的缺陷，因此，只有把制造过程中产生缺陷的不合格品挑选出来，才能确保锻钢件的质量。

7.2.1　锻钢件缺陷检测的特点

锻造加工成形方法可大致分为自由锻和模锻两种形式，其工艺过程为：下料→加热→锻造→检测→热处理→检测→机械加工→表面热处理→机械加工→最终检测→成品。

从上面的工艺路线来看，锻钢件的缺陷来源大体上可归纳为以下几方面。

（1）锻造过程产生的缺陷　锻造过程产生的缺陷包括由于原材料不良（如夹渣、气孔、夹杂、疏松、缩孔等）、下料剪切和锻造操作工艺不当，以及模具设计不合理等原因产生的锻造裂纹、折叠、白点和发纹等。

（2）热处理过程产生的缺陷　热处理过程产生的缺陷包括为提高锻件强度、消除锻造应力而进行热处理时，由于热处理工艺不当、工件异形尺寸变化大而引起热应力集中，以及材料锻造缺陷在热处理时扩展等原因产生的淬火裂纹等。

（3）机械加工过程产生的缺陷　机械加工过程产生的缺陷包括磨削裂纹、校正裂纹等。

（4）表面热处理过程产生的缺陷　表面热处理过程产生的缺陷包括工艺不当引起的裂纹，孔、槽等部位热应力不均引起的淬火裂纹等。

上面分析了锻钢件的缺陷来源，说明锻钢件不但多数形状复杂，而且需要经历冷、热加工工序，容易产生各种性质的缺陷。

7.2.2 锻钢件缺陷检测方法的选择

选择锻钢件的缺陷检测设备和工艺时，应考虑工件的尺寸形状、材料磁性、检测部位、灵敏度要求和生产率等因素，原则上建议做如下考虑：

1）对于不能搬上固定式检测设备的大型工件，采用触头法、磁轭法或绕电缆法进行局部检测。

2）形状复杂的较大轴类工件（如曲轴等）采用连续法，并用轴向通电法和线圈法分段磁化，不建议采用剩磁法。

3）尺寸较小的轴类、销、转向节臂、齿圈、刀具等可选用通电法、穿棒法、线圈法或磁轭法。至于是采用剩磁法还是连续法，则应根据工件形状、磁性和热处理状态等确定。对于批量大的工件，最好用传送带进行半自动检测，以提高工作效率。

7.2.3 锻钢件磁粉检测实例

1. 曲轴的磁粉检测

曲轴的生产方式有模锻和自由锻两种，以模锻居多。

（1）检测方法 曲轴形状复杂且有一定的长度，可采用连续法，并用轴向通电法进行周向磁化，以线圈法进行分段纵向磁化，如图7-6所示。

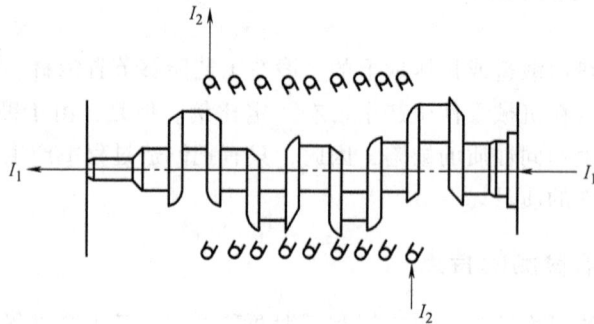

图 7-6 曲轴磁粉检测示意图

（2）缺陷特征

1）剪切裂纹分布于大、小头端部，横穿截面明显可见。

2）原材料发纹沿锻造流线分布，长的可贯通整个曲轴，短的为 1~2mm；出现部位无规律，且与整批钢材质量有关。非金属夹杂严重者在淬火时有的会发展为淬火裂纹，两侧无脱碳，借此可与锻造裂纹相区别。

3）皮下气孔锻造后呈短而齐头的线状分布。

4）锻造裂纹磁痕曲折粗大、浓密清晰。

5）折叠在锻造滚光和拔长对挤时形成，前者的磁痕与纵向成一角度出现，后者在金属流动较差的部位呈横向圆弧形分布。

6）感应加热引起的喷水裂纹呈网状，成群分布在圆周过渡区，长度从几毫米开始，深度一般不超过 0.1mm，磁痕很细，如果检测工艺不当，则容易漏检。

7）油孔淬裂的原因是感应加热时热应力分布不均，深度一般大于 0.5mm，长度不等。

裂纹由孔向外扩展，个别位于油孔附近，可单个存在，或多条呈辐射状分布。裂纹始端在厚薄过渡区，而不是在最薄部位。

8）校正裂纹多集中在淬硬层过渡带。

9）磨削裂纹的产生是由于曲轴在感应加热时已存在一定程度的热应力，在粗磨和精磨过程中，叠加了组织应力和热应力而导致开裂。裂纹垂直于磨削方向呈平行分布。

2. 塔形试样的磁粉检测

塔形试样是用于抽样检验轧制钢棒和钢管原材料缺陷的试件，如图 7-7 所示。塔形试件的磁粉检测主要为了检出发纹和非金属夹杂物等缺陷。

检测塔形试样时应做如下考虑：

1）发纹都是沿轴向或与轴向成一夹角，所以只进行轴向通电法检测。

2）塔形试样都是在热处理前进行检测，所以采用湿法连续法。

3）磁化电流可按各台阶的直径分别计算，磁化和检测顺序是从最小直径到最大直径，逐个台阶地进行。也可先按最大直径选择电流，检测塔形试样的所有表面，若发现缺陷，再按相应直径规定的磁化电流进行磁化和检测。

4）如果磁粉检测不能对缺陷定性，可用酸浸法进行试验验证和定性。

3. 万向接头的磁粉检测

万向接头是受力的锻钢件，如图 7-8 所示。由于缺陷方向不能预估，所以至少应在两个以上方向磁化，可在固定式检测机上用湿法连续法检测。磁化方法如下：

1）孔周围是关键的受力部位，应采用中心导体法磁化和检测孔内、外表面及端面的缺陷。

2）用轴向通电法进行周向磁化，检测纵向缺陷。

3）用线圈法进行纵向磁化，检测横向缺陷。当 $L/D<2$ 时，应采用延长块接长。

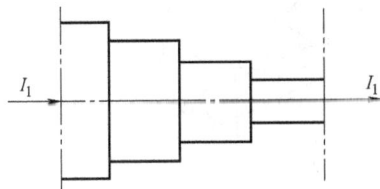

图 7-7　塔形试样磁粉检测示意图　　　　　　图 7-8　万向接头磁粉检测示意图

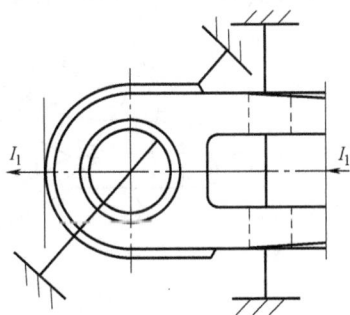

7.3　铸钢件的磁粉检测

7.3.1　铸钢件缺陷检测的特点

铸钢件由于易成形为复杂工件而被广泛使用。铸钢件种类繁多，大的砂型铸钢件重达数吨，一般表面粗糙、形状复杂；精密铸钢件的形状复杂、体积较小，但表面较光滑。

铸钢件的磁粉检测一般可做如下考虑：

1）精密铸钢件的体积和质量小，加工量也小，要求检出表面微小缺陷，所以应在固定式检测机上至少在两个方向上进行磁化，并用湿法检测。

2）砂型铸钢件一般体积和质量较大、壁厚较大，要求检出表面和近表面的较大缺陷，所以应采用单相半波整流电磁化，并用干法检测，以检出铸造裂纹和皮下气孔、夹渣等缺陷。磁化方法可选用触头法和磁轭法局部检测。

3）铸钢件由于内应力的影响，有些裂纹会延迟开裂，所以不应在铸造后立即检测，而应等一两天后再进行检测。

4）根据热处理状态、剩余磁感应强度和矫顽力值，来决定采用连续法还是剩磁法。

7.3.2　铸钢件磁粉检测实例

1. 空心十字铸钢件的磁粉检测

空心十字铸钢件如图7-9所示，其磁化方法是使用两次中心导体法进行周向磁化，并使用两次绕电缆法进行纵向磁化。磁化电流可采用交流电或整流电，中心导体法最好用直流电。根据钢材的磁特性，可采用连续法或剩磁法以湿法检测。

2. 高压厚壁三通管的磁粉检测

高压厚壁三通管的裂纹经常出现在三通管分岔处。图7-10a所示为用轴向通电法磁化三通管，在三通管上会产生周向磁场，但由于裂纹与磁感应线之间有一夹角，导致检测灵敏度不高而不易发现缺陷。若按图7-10b所示用绕电缆法磁化三通管，则产生的纵向磁场方向正好与裂纹方向垂直，有利于发现裂纹，检测灵敏度高。

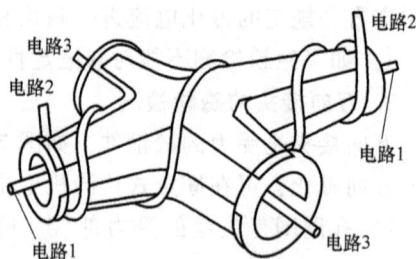

图 7-9　空心十字铸钢件磁粉检测示意图

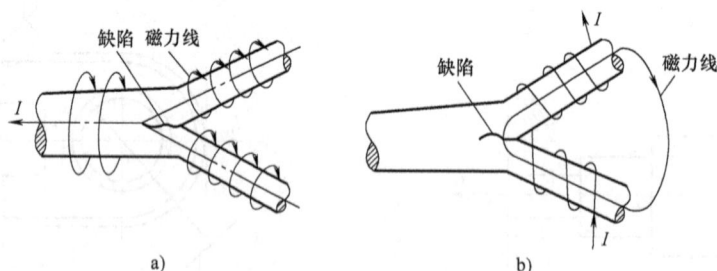

图 7-10　三通管磁粉检测示意图

3. 凸轮的磁粉检测

凸轮是受力的精密铸件，如图7-11所示。其材料为ZG35CrMnSi，需要在毛坯件和热处理、机加工后分别进行检测，工件表面要进行喷砂清理。磁粉检测时可做如下考虑：

1）毛坯件用湿法连续法检测，热处理、机加工后用湿式剩磁法检测。

2）轮子部位应采用中心导体法磁化，经常发现的缺陷是铸造裂纹和夹杂物。

3）对杆部进行轴向通电法磁化，再用线圈法进行纵向磁化，在杆的根部经常发现纵向和横向裂纹。

4）对发现的缺陷可以用打磨的方法排除。

4．铸钢阀体的磁粉检测

铸钢阀体如图 7-12 所示，其形状复杂、表面粗糙、检测面积很大，并且要求检测出近表面一定深度处的缺陷。根据以上特点，磁粉检测时要做如下考虑：

1）阀体的体积很大，难以放置在固定式检测机上，所以要用移动式检测机，在现场进行检测。

2）由于要求检测出近表面一定深度处缺陷，宜采用单相半波整流电。

3）工件表面粗糙，而且又是现场检测，宜采用干法检测。

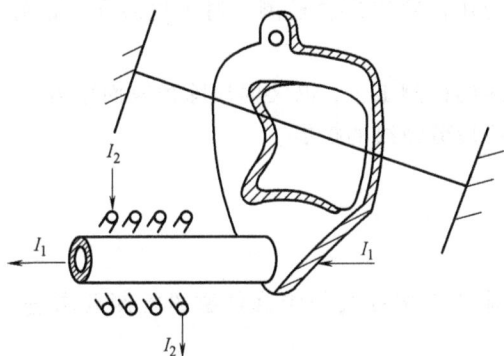

图 7-11　凸轮磁粉检测示意图

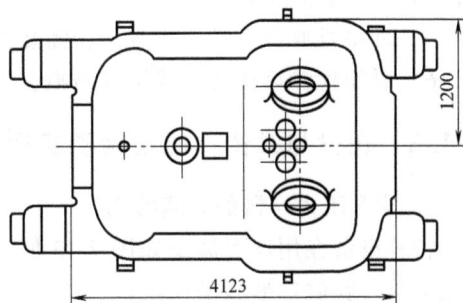

图 7-12　铸钢阀体

具体操作程序如下：

1）清理受检表面，将工件表面的砂子、氧化皮、油污等清除干净，表面必须完全干燥。

2）用触头法磁化，电流强度为 800A，支杆间距为 200mm。

3）在电流接通的情况下，用喷粉器将磁粉均匀地喷洒在工件上，随后用压缩空气吹走多余的磁粉，但风盘要适当拿握，不要将缺陷上已形成的磁痕吹掉。

4）切断电流，取下支杆电极。

5）在适当的照明下观察缺陷磁痕。

阀体上常出现的缺陷有热裂纹和冷裂纹，表现为锯齿状的线条；缩孔表现为不规则的、面积大小不等的斑点；夹杂表现为羽毛状的条纹。

7.4　在役与维修件的磁粉检测

7.4.1　在役与维修件磁粉检测的要求

1）对在役设备进行磁粉检测时，如果设备材料为高强度钢以及对裂纹（包括冷裂纹、热裂纹、再热裂纹）敏感的材料，或者长期工作在腐蚀介质环境下，即有可能产生应力腐蚀裂纹的场合，宜采用荧光磁粉进行检测，且检测现场环境应符合标准的要求。

2）对装过易燃易爆材料的容器，绝对不能使用通电法和触头法在容器内对焊缝进行磁粉检测，以防打火引起燃烧或爆炸，内部清理和表面预处理很重要。

7.4.2　在役与维修件磁粉检测的特点

1）设备维修件磁粉检测的目的主要是检出疲劳裂纹和应力腐蚀裂纹，所以检测前要充分了解工件在使用中的受力状态、应力集中部位、易开裂部位以及裂纹的方向。

2）疲劳裂纹一般出现在应力最大的部位，因此在许多情况下，只需要进行局部检测。特别是对于不能拆卸的组合件，只能进行局部检测。

3）常用的磁粉检测方法是触头法、电磁轭法、线圈法（绕电缆法）等，已拆卸的小工件常常利用固定式检测机进行全面检测。

4）对于不可接近或视力不可达的部位，可使用内窥镜配合检测。对于危险孔，最好采用磁粉检测-橡胶铸型法。

5）许多维修件有镀层或漆层，需要采用特殊的检测工艺，必要时应除掉表面覆盖层。

6）磁粉检测后往往需要记录磁痕，以便观察疲劳裂纹的扩展。

7.4.3　在役与维修件磁粉检测实例

1. 球形压力容器的开罐检测

特种设备在用球形储罐如图 7-13 所示，其检测应按在役与维修件磁粉检测要求进行，磁化规范与新制球形储罐一样。

现以焊条电弧焊焊接的球形容器的开罐检测为例，简述其磁粉检测的实施方法。

（1）检测部位　球形容器内、外侧的所有焊缝（包括管板接头及柱腿与球皮连接处的角焊缝）和热影响区以及母材机械损伤部位都需要进行检测。

（2）表面清理　应用砂轮打磨焊缝表面的焊接波纹及热影响区表面的飞溅，不允许有凹凸不平的棱角。当做过磁粉检测，已打磨过，表面只有浮锈时，可用喷砂或钢丝刷除去焊缝及热影响区表面的浮锈。

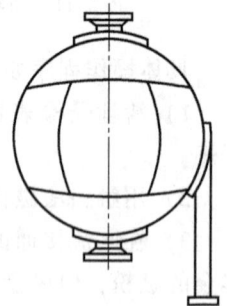

图 7-13　球形储罐

（3）检测时的注意事项

1）检测对接焊缝时，将交叉磁轭跨在焊缝上连续行走检测；检测球罐纵缝时，交叉磁轭的行走方向是自上而下。

2）对于进、出气孔及排污孔骨板接头的角焊缝，用磁轭法或触头法紧靠管子边缘沿圆周方向进行检测。

3）母材机械损伤部分的面积一般不大，可用磁轭法进行检测。

4）柱腿与球皮连接处的角焊缝，由于位置关系一般无法用交叉磁轭检测，大多用磁轭法检测。

2. 高压螺栓和石油钻管钻铤的磁粉检测

高压螺栓（图 7-14）和钻铤都是关键的受力零件。横向裂纹对高压螺栓的危害性要比纵向裂纹大得多。所以应选择最

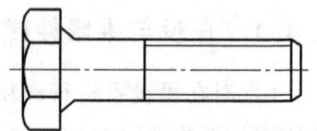

图 7-14　高压螺栓

佳方案，把高压螺栓表面的微小缺陷检测出来。一般推荐采用线圈法纵向磁化，采用湿法剩磁法和低浓度的荧光磁悬液检测，要反复施加磁悬液，既要使螺纹部分缺陷清晰，又要保证

衬度好。上述方法比使用通电法周向磁化（要求检测纵向缺陷时除外），并采用干法连续法和高浓度荧光磁悬液的检测效果好，也更可靠。周向磁化可用轴向通电法、湿法剩磁法检测。

3. 镀硬铬钢管的磁粉检测

使用中的镀硬铬钢管容易产生疲劳裂纹，所以要定期检测。最好是带镀层检测（如果铬层厚度小），这是因为高强度合金退铬后再镀铬，会影响工件的使用寿命，所以一般只允许再镀几次。由于铬层的表面粗糙度值小，表面覆盖层对检测灵敏度也有一定的影响。因此，应采用以下特殊工艺：

1）采用严格的规范进行周向和纵向磁化。

2）用连续法检测，每次只检测一小块面积，因工件表面粗糙度值小，磁痕容易分散消失。

3）应将管子沿圆周方向转动 4~6 次，每次检测完一个面后再转动钢管。

4）应采用优质的黑色磁粉或荧光磁粉进行检测，并且磁悬液浓度应大一些，建议荧光磁粉磁悬液浓度为 2g/L，黑磁粉磁悬液浓度为 20~25g/L。作为特例，油基载液可选择运动黏度在 10cst 以上的变压器油与黑磁粉配制成磁悬液，其检测效果更好。

5）必要时，可在铬层表面喷洒一层很薄的反差增强剂，这样磁痕容易形成且便于观察。

7.5　特殊工件的磁粉检测

对于某些形状、尺寸、质量特殊的工件，常常需要采用特殊的检测工艺或设备，现举例说明如下。

7.5.1　弹簧的磁粉检测

弹簧能够产生大量的弹性变形，从而吸收冲击能量和缓和冲击与振动，它受交变载荷作用，破坏的主要原因是反复疲劳载荷。弹簧存在缺陷可能导致重大机械事故，所以弹簧的检测极为重要。

弹簧分压缩弹簧和拉伸弹簧两种。

1. 压缩弹簧的磁粉检测

压缩弹簧（图 7-15）进行磁粉检测时应做如下考虑：

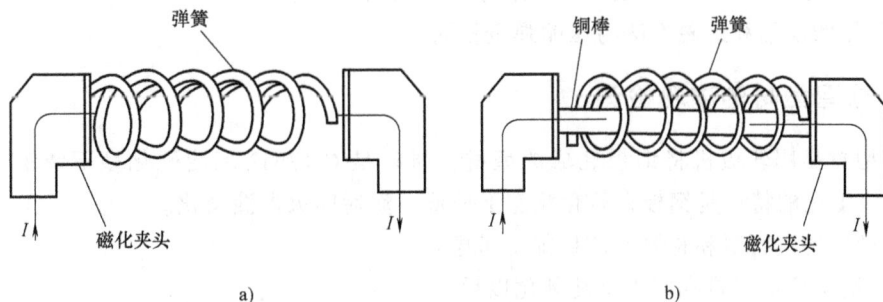

图 7-15　压缩弹簧

a）直接通电法　b）中心导体法

1）为了检测压缩弹簧钢丝上的纵向缺陷，可将弹簧钢丝夹在两磁化夹头之间，如图 7-15a 所示；或将弹簧套在一个比其长度略小的绝缘木棒或胶棒上，再将弹簧钢丝夹在两磁化夹头间。使电流通过弹簧钢丝对其进行磁化，其目的是用绝缘棒保持磁化夹头之间的距离，使弹簧不至于被过度压缩。检测用磁化电流的参考值见表 7-3。

表 7-3　检测用磁化电流的参考值　　　　　　　　　　　（单位：A）

检测磁化方法	一般通电（6s 以上）	快速通电（3～6s）	瞬时通电（1～3s）
连续法	（10～20）d	（15～25）d	≥20d
剩磁法	（20～30）d	（30～40）d	—

注：d 为弹簧材料直径，单位为 mm。

2）用中心导体法对弹簧进行周向磁化，如图 7-15b 所示，以检测与弹簧钢丝成一定角度的横向缺陷，其检测灵敏度较低。检测用磁化电流按表 7-3 近似计算，或用标准试片试验确定磁化规范。

3）根据材料的热处理状态和磁特性，选用湿式连续法或湿式剩磁法进行检测。

4）弹簧钢丝上经常出现的纵向缺陷有裂纹、发纹、拉痕等，一般可通过打磨去除。横向缺陷对弹簧的疲劳强度影响较大，处理时应慎重。

5）弹簧退磁困难，用线圈法退磁时，应边转动边拉出。

CXW-6000 型圆柱弹簧自动检测机可进行复合磁化，检测效果较好。

2. 拉伸弹簧的磁粉检测

对拉伸弹簧（图 7-16）进行磁粉检测时应做如下考虑：

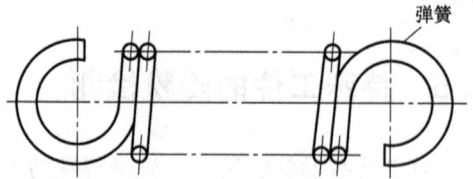

图 7-16　拉伸弹簧

1）为了检测拉伸弹簧钢丝上的纵向缺陷，应首先在拉力机上将弹簧拉开，再用绝缘棒支承弹簧，将其两端头夹在探伤机的两磁化夹头之间，用通电法磁化。检测用磁化电流与压缩弹簧相同。

2）为了检测拉伸弹簧钢丝上的横向缺陷，应在拉力机上拉开弹簧，在每圈之间夹上绝缘垫片，再采用中心导体法进行磁化，磁化电流按表 7-3 近似计算，或用标准试片进行试验来确定磁化规范。上述拉伸弹簧的磁化检测存在下列缺点：采用连续法检测时，在弹簧钢丝与绝缘垫片交界处观察不到磁痕，所以最好采用剩磁法。

3）常见的缺陷和退磁方法与压缩弹簧相同。

7.5.2　板弯型材的磁粉检测

板弯型材是用轧板机将钢板轧成的型材，材料是 Cr17Ni7 沉淀硬化型不锈钢，板厚为 0.8mm，该工艺的特点是钢板在软化状态下成形，然后回火沉淀硬化。

对这种工件进行磁粉检测时应做如下考虑：

1）检测工序应安排在回火沉淀硬化以后。

2）缺陷只存在于轧制线的两条棱上和两端面倒角处。因为棱在轧制时承受的是拉力，当倒角小、塑性变形不良时，原材料上的小缺陷会被扩大，产生纵长裂纹，内倒角承受的是压力，不容易产生缺陷；而两端面倒角的表面粗糙度值大，轧制时又受到内挤外拉的力，容易产生缺陷。

3）由于工件壁很薄，采用轴向通电法会引起烧伤或变形，触头法磁化同样会引起烧伤。

4）将工件放在铜棒或铜板上，用平行磁化法磁化，可避免烧伤和变形，如图 7-17 所示。

5）要保证棱上受检部位至少有 2400A/m 的磁场强度，即可保证标准试片上磁痕显示清晰。

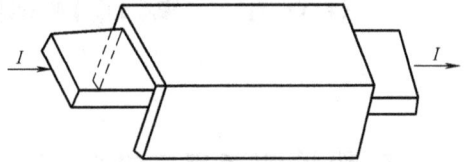

图 7-17　板弯型材的平行磁化

6）这种钢材的磁性较差，又要求检出微小缺陷，所以应采用湿式连续法检测。

7.5.3　滚珠的磁粉检测

滚珠的表面粗糙度值小，不允许采用夹持通电的方法，采用感应电流法可实现无电接触检测。首先把滚珠当作正方体，然后分别在 X、Y、Z 方向进行周向磁化和检测。

复习思考题

1. 用交叉磁轭法磁化球罐焊缝时，喷洒磁悬液有哪些要求？

2. 检测特种设备时常用哪些磁化方法？有哪些组合使用的磁化方法？

3. 锻钢件的磁化方法如何选择？

4. 设备在役与维修件磁粉检测的要求和特点是什么？

5. 磁粉检测—橡胶铸型法的应用范围和优、缺点有哪些？

6. 铸钢件的磁化方法如何选择？

7. 检测高压厚壁三通管表面各方向的缺陷时有哪几种磁化方法？

8. 高压螺栓及石油钻管钻铤螺纹根部的缺陷如何检测？

9. 检测特种设备的对接焊缝、T 形焊缝、管-板角焊缝和管-管角焊缝时常用哪些磁化方法？

第8章 磁粉检测通用工艺规程和工艺卡

8.1 磁粉检测通用工艺规程

磁粉检测通用工艺规程应根据相关法规、产品标准、有关技术文件和 NB/T 47013.4—2015 等相关检测标准的要求，并针对检测机构的特点和检测能力进行编制。特种设备磁粉检测通用工艺规程应涵盖本单位（制造、安装或检测单位）产品的检测范围。

特种设备磁粉检测通用工艺规程至少应包含以下内容：适用范围；引用标准、法规；检测人员资格；检测设备、器材和材料；检测表面制备；检测时机；检测工艺和检测技术；检测结果的评定和质量等级分类；检测记录、报告和资料存档；编制（级别）、审核（级别）和批准人；制定日期。

磁粉检测通用工艺规程的编制、审核及批准应符合相关法规或标准的规定。

8.2 磁粉检测工艺卡

实施磁粉检测的人员应按检测工艺卡进行操作。磁粉检测工艺卡应根据磁粉检测通用工艺规程、产品标准、有关技术文件和 NB/T 47013.4—2015 等检测标准的要求编制，一般应包含以下内容：

1）工艺卡编号（一般为流水顺序号）。

2）产品部分，包括产品名称，产品编号，制造、安装或检验编号，特种设备类别，规格尺寸，材料牌号，热处理状态及表面状态。

3）检测设备与材料，包括设备种类和型号、检测附件、检测材料。

4）检测工艺参数，包括检测方法、检测比例、检测部位、标准试块或标准试样（片）。

5）检测技术要求，包括执行标准、验收级别。

6）检测程序。

7）检测部位示意图，包括检测部位、缺陷部位、缺陷分布等。

8）制定日期。

磁粉检测工艺卡的编制、审核和审批应符合相关法规或标准的规定。磁粉检测工艺卡的表格格式见表 8-1，磁粉检测操作要求及主要工艺参数的表格格式见表 8-2。

磁粉检测工艺卡填写内容说明：

（1）产品（或工件）名称　如低温储罐、高压螺栓、吊钩。

（2）材料牌号　如 20g、16MnR、09MnNiDR。

（3）规格尺寸　如 φ2800mm×8000mm×18mm。

（4）热处理状态　如 880℃油淬，220℃回火。

（5）检测部位　具体标出检测部位和检测百分比。

表 8-1 ××××磁粉检测工艺卡 编号：

产品(工件)名称		材料牌号		规格尺寸/mm	
热处理状态		检测部位		被检表面要求	
检测时机		检测设备		标准试片(块)	
检测方法		光线及检测环境		缺陷磁痕记录方式	
磁化方法		电流种类、磁化规范		磁粉、载液及磁悬液浓度	
磁悬液施加方法		检测方法标准		质量验收等级	
磁粉检测质量评级要求					

磁化方法示意草图：

磁化方法附加说明：

编制	MT Ⅱ级(或Ⅲ级)	审核	NDT 责任工程师	审批	单位技术负责人
	年 月 日		年 月 日		年 月 日

表 8-2 ××××磁粉检测操作要求及主要工艺参数 编号：

工序号	工序名称		操作要求及主要工艺参数
1	预处理		
2	磁化	设备选择	
		磁化方法	
		磁化规范	
		磁化次数	
		试片校核	
3	施加磁悬液方式		
4	磁痕观察与记录	光线	
		检测环境	
		辅助观察器材	
		磁痕记录内容	
		磁痕记录方式	
		超标缺陷处理	
5	缺陷评级		
6	退磁		
7	后处理		
8	复验		
9	检测报告		
编制	MT Ⅱ级(或Ⅲ级)	审核	NDT 责任工程师	审批	单位技术负责人
	年 月 日		年 月 日		年 月 日

（6）被检表面要求　根据预处理要求进行填写。如果被检工件表面漆层厚，可填写"除去漆层，露出金属光泽"。当漆层较薄（小于 0.05mm），不影响检测结果且合同各方同意时，可填写"打磨掉工件表面与电极接触处的非导电覆盖层"。使用干法检测时可填写"清除油污等，工件表面要干净和干燥"。

（7）检测时机　一般焊缝可填写"焊接完后"；对有延迟裂纹倾向的材料，应填写"焊后至少 24h 后"；对 GB 12337—2014《钢制球形储罐》的焊缝，应填写"焊后至少 36h 后"。

（8）检测设备　根据工件尺寸、形状等选择合适的设备，如填写"CXE 交叉磁轭，CJX-2E0 型交流检测仪，CJE 交流电磁轭"。

（9）标准试片（块）　特种设备一般选用"A1-30/100 试片"，检测灵敏度要求高时选用 A1-15/100 试片"；被检工件表面较小或呈曲面，不便使用 A1 型试片时，可选用"C-15/50"试片。为了更准确地推断出被检工件表面的磁化状态，当用户需要或技术文件有规定时，可选用 D 型或 M1 型标准试片。

使用固定式检测机进行检测时，交流检测机用 E 型试块、直流检测机用 B 型试块进行综合性能试验。

（10）检测方法　检测对裂纹敏感的材料和可能产生应力腐蚀裂纹时，或检测重要的产品工件时，应使用荧光磁粉，其余使用黑磁粉或其他非荧光磁粉。因为特种设备的磁粉检测对质量要求高，所以一般用湿法，特殊情况下用干法，只有经过热处理（淬火、回火、渗碳、渗氮及局部正火等）的高碳钢和合金结构钢，且矫顽力在 1kA/m、剩磁在 0.8T 以上者，才可进行剩磁法检测，尤其是高压螺栓螺纹根部的检测必须用剩磁法，其余用连续法检测。

（11）光线及检测环境　使用荧光磁粉检测时，暗区的"环境光照度应小于 20lx，黑光辐照度应不小于 $1000\mu W/cm^2$"；使用非荧光磁粉检测时，"可见光照度应大于或等于 1000lx"；当现场采用便携式设备检测，由于条件所限无法满足照度要求时，可见光照度可适当降低，但"不得低于 500lx"。

（12）缺陷磁痕记录方式　用"照相""贴印""录像"或"临摹草图"等的任意一种。

（13）磁化方法　根据工件尺寸、结构、外形和要发现缺陷的方向，选择"磁轭法""交叉磁轭法""轴向通电法""触头法""线圈法""中心导体法"等方法中的一种或几种的组合进行检测。

（14）电流种类　根据产品或工件对发现缺陷的要求以及选用磁化电流的原则，选择"AC""DC""FWDC"和"HW"等磁化电流中的一种。

（15）磁化规范　采用磁轭法时填写提升力，如交流电磁化可填写"提升力大于 45N"；采用交叉磁轭法时可填写"提升力大于或等于 118N，间隙为 0.5mm"；采用触头法时可填写"$I = 5L = 1000A$"；采用轴向通电法（连续法）时可填写"$I = 15D = 1500A$"；采用线圈法（连续法）可填写"$I = 2000A$（$N = 5$）"和"磁化规范最终以 A1-30/100 试片上的磁痕显示确定"。

（16）磁粉、载液及磁悬液浓度

1）磁粉。有荧光磁粉和非荧光磁粉，对在用特种设备进行检测时，如果制造时采用高强度钢或对裂纹（包括冷裂纹、热裂纹和再热裂纹）敏感的材料，或者长期工作在腐蚀介质环境，即有可能产生应力腐蚀裂纹的场合，其内壁宜采用荧光磁粉进行检测。此时，可填写 "YC2 荧光磁粉" "HK-1 黑磁粉" 或 "HD-RO 黑油磁悬液喷罐" 等。

2）载液。油基载液优先用于以下场合：

① 须严格防止腐蚀的某些铁基合金（如经过加工的某些轴承或轴承套）。

② 水可能引起电击的地方。

③ 在水中浸泡会引起氢脆的某些高强度钢，载液可填写 "LPW-3 号油基载液"。

3）磁悬液浓度。现场磁粉检测一般填写配制浓度，如非荧光磁悬液填写 "10 ~ 25g/L"；在固定式检测机上进行磁粉检测时，一般填写沉淀浓度，如荧光磁悬液填写 "0.1 ~ 0.4mL/100mL"，也可用磁悬液喷罐，如填写 "HD-BO 黑水磁悬液喷罐" 或 "HD-YN 荧光磁悬液喷罐"。

（17）磁悬液施加方法　一般可用 "浇法" 和 "喷洒"，剩磁法用 "浸法" 检测灵敏度更高。

（18）检测方法标准　填写 "NB/T 47013.4—2015"。

（19）质量验收等级　分为 Ⅰ、Ⅱ、Ⅲ、Ⅳ四个级别，根据特种设备产品或工件验收级别内容填写，如 "Ⅰ级"。

（20）磁粉检测质量评级要求

1）对于焊接接头，可填写 "不允许存在任何裂纹"（焊接接头不产生白点）。对于Ⅰ级焊接接头，可填写 "不允许存在大于 1.5mm 的线性缺陷磁痕" "圆形缺陷磁痕（评定框尺寸为 35mm×100mm）长径 $d \leqslant 2.0$mm，且在评定框内不大于 1 个"。

2）对于加工部件和材料，可填写 "不允许存在任何裂纹和白点"；对于紧固件和轴类零件，可填写 "不允许任何横向缺陷显示"。对于Ⅲ级受压加工部件和材料，可填写 "线性缺陷磁痕长度 $l \leqslant 6.0$mm" "圆形缺陷磁痕（评定框尺寸为 2500mm^2，其中一条矩形边长最大为 150mm）的长径 $d \leqslant 6.0$mm，且在评定框内不大于 4 个"。

8.3　磁粉检测工艺卡编制举例

一般每种产品或工件只编写一份磁粉检测工艺卡，必要时，还应再附一份磁粉检测操作要求及主要工艺参数作为对磁粉检测工艺卡有关项目的补充。

下面将列举几个编制磁粉检测工艺卡的实例，因为有许多磁化方法、检测方法和设备及材料可供选择，可组合编制成各种形式的工艺卡，所以这里提供的工艺卡实例并不是唯一形式，也不一定是最佳的，仅供练习时参考，希望能起到举一反三的作用。

例 8-1　低温储罐的磁粉检测。

有一如图 8-1 所示的低温储罐，基本情况如下：设计压力为 1.78MPa；材质为 09MnNiDR；工件规格为 φ2800mm×8000mm×18mm；存储介质为丙烯；设计温度-45℃；焊后要求做整体热处理、水压试验和气密试验。

按 NB/T 47013.4—2015 标准，验收级别为Ⅰ级，自选条件优化、编制特种设备磁粉检测工艺卡，逐项填写特种设备磁粉检测操作要求及主要工艺参数，见表 8-3 和表 8-4。

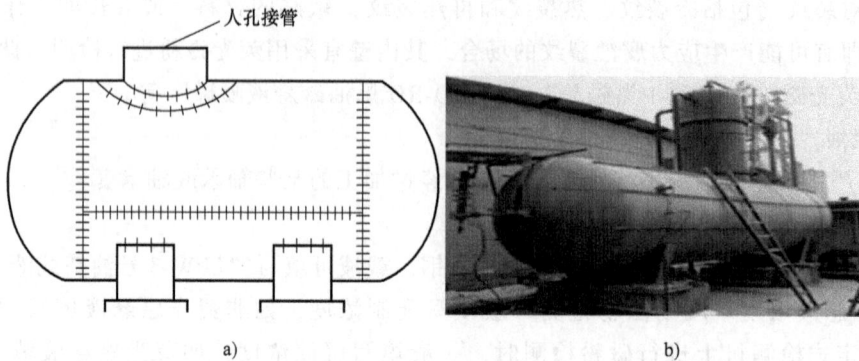

a)

b)

图 8-1　低温储罐

表 8-3　低温储罐磁粉检测工艺卡　　　编号：

产品（工件）名称	低温储罐	材料牌号	09MnNiDR	规格尺寸	$\phi 2800mm \times 8000mm \times 18mm$
热处理状态	—	检测部位	A、B_1、B_2、C、D 焊缝及热影响区，100% 检测	被检表面要求	清除并打磨焊缝及热影响区表面
检测时机	焊后至少24h后	检测设备	CXE 交叉磁轭、CJE 交流电磁轭	标准试片（块）	A1-30/100
检测方法	连续法、湿法、荧光法	光线及检测环境	暗区：可见光照度小于 20lx，黑光辐照度不小于 $1000\mu W/cm^2$	缺陷磁痕记录方式	照相、贴印、录像或临摹草图
磁化方法	磁轭法、交叉磁轭法	电流种类、磁化规范	磁轭法：AC，提升力 45N；交叉磁轭法：提升力 118N（间隙 0.5mm）	磁粉、载液及磁悬液浓度	YC2 荧光磁粉，LPW-3 油基载液，0.5~3g/L
磁悬液施加方法	喷法	检测方法标准	NB/T 47013.4—2015	质量验收等级	Ⅰ级
磁粉检测质量评级要求	1）不允许存在任何裂纹 2）不允许存在任何大于 1.5mm 的线性缺陷磁痕 3）圆形缺陷磁痕（评定框尺寸为 35mm×100mm）的长径 $d \le 2.0mm$，且在评定框内不大于 1 个				

磁化方法示意草图：

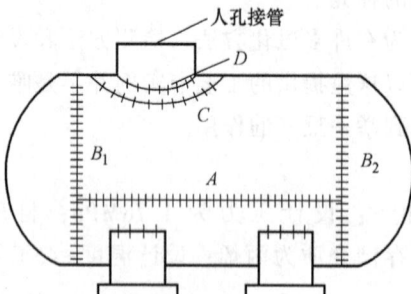

磁化方法附加说明：

1）A 焊缝用交叉磁轭磁化

2）B_1、B_2 焊缝用交叉磁轭磁化

3）C、D 焊缝用可变角度交流磁轭，在垂直或平行焊缝的两个方向磁化。磁极间距 $L \ge 75mm$，保证有效磁化区重叠，在磁化时施加磁悬液

4）磁化规范最终以 A1-30/100 标准试片上的磁痕显示确定

编制	MT Ⅱ级（或Ⅲ级）	审核	NDT 责任工程师	审批	单位技术负责人
	年　月　日		年　月　日		年　月　日

表 8-4　低温储罐磁粉检测操作要求及主要工艺参数　　　编号：

工序号	工序名称		操作要求及主要工艺参数
1	预处理		清除焊缝及热影响区表面的飞溅、焊渣,采用砂轮打磨的方式,保证被检区域光滑
2	磁化	设备选择	CXE 交叉磁轭、CJE 交流电磁轭
		磁化方法	磁轭法、交叉磁轭法
		磁化规范	磁轭法:AC,提升力 45N 交叉磁轭法:提升力 118N(间隙 0.5mm)
		磁化次数	两种磁化方法均考虑有效磁化区及其重叠部分
		试片校核	磁化规范最终以 A1-30/100 标准试片上的磁痕显示确定,标准试片的放置区域在两磁极连线外侧的 1/4 磁极距离处
3	施加磁悬液方式		A 焊缝:磁悬液施加在交叉磁轭行走方向的前上方 B_1、B_2 焊缝:磁悬液施加在交叉磁轭行走方向的正前方 C、D 焊缝:磁悬液自上而下、自高而低分两个半圆进行喷洒
4	磁痕观察与记录	光线	黑光辐照度不小于 $1000\mu W/cm^2$
		检测环境	在暗区进行,光照度小于 20lx,至少适应 3min
		辅助观察器材	必要时使用 2~10 倍的放大镜观察磁痕
		磁痕记录内容	记录缺陷性质、形状、尺寸及部位
		磁痕记录方式	采用照相、贴印、录像或临摹草图等方法
		超标缺陷处理	发现超标缺陷后,清除至肉眼不可见,再采用磁粉检测复验,直至缺陷清除
5	缺陷评级		确认是相关缺陷,按 NB/T 47013.4—2015 进行缺陷评级
6	退磁		可不退磁
7	后处理		清除残余磁粉或磁悬液
8	复验		按 NB/T 47013.4—2015 进行复验
9	检测报告		按 NB/T 47013.4—2015 签发磁粉检测报告
编制	MT Ⅱ级(或Ⅲ级) 年　月　日	审核	NDT 责任工程师 年　月　日　审批　单位技术负责人 年　月　日

例 8-2　锅炉接管的磁粉检测。

有一对如图 8-2 所示的锅炉接管,材料牌号为 20g。两根管子的几何尺寸分别为 $\phi273mm\times14mm$ 和 $\phi108mm\times8mm$。要求检测两根管子相交处角焊缝表面的缺陷。按 NB/T 47013.4—2015 标准,验收级别为Ⅰ级,自选条件优化、编制磁粉检测工艺卡,见表 8-5。

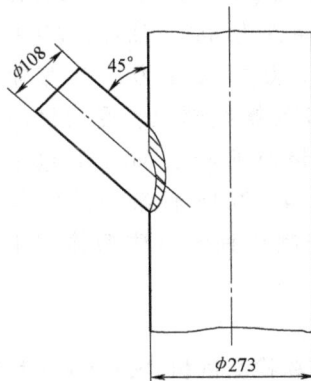

图 8-2　锅炉接管

表 8-5　锅炉接管磁粉检测工艺卡　　　编号：

产品（工件）名称	锅炉接管	材料牌号	20g	规格尺寸	φ273mm×14mm φ108mm×8mm
热处理状态	—	检测部位	焊缝及热影响区,100%检测	被检表面要求	清除并打磨焊缝及热影响区表面
检测时机	焊接完成后	检测设备	CJE 交流电磁轭	标准试片（块）	C-15/50
检测方法	连续法、湿法、非荧光磁粉法	光线及检测环境	可见光照度不小于1000lx	缺陷磁痕记录方式	照相、贴印、录像或临摹草图
磁化方法	磁轭法	电流种类、磁化规范	磁轭法:AC,提升力45N	磁粉、载液及磁悬液浓度	HD-RO 黑磁粉,油磁悬液喷罐,10~25g/L
磁悬液施加方法	喷法	检测方法标准	NB/T 47013.4—2015	质量验收等级	I 级
磁粉检测质量评级要求	1)不允许存在任何裂纹 2)不允许存在大于1.5mm的任何线性缺陷磁痕 3)圆形缺陷磁痕（评定框尺寸为35mm×100mm）的长径 $d \leq 2.0$mm,且在评定框内不大于1个				

磁化方法示意草图：

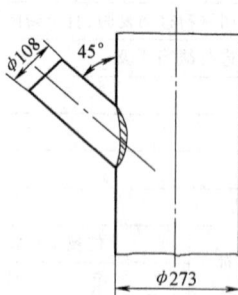

磁化方法附加说明：
1)使用活动关节电磁轭,保证磁极与工件接触良好
2)用交流电磁轭垂直于焊缝进行磁化,检测焊缝纵向缺陷
3)用交流电磁轭平行于焊缝进行磁化,检测焊缝横向缺陷
4)磁极间距 $L \geq 75$mm
5)保证有效磁化区重叠
也可用绕电缆法和触头法磁化;触头法磁化时的摆放方向、方式与磁轭法不同;绕电缆法可检测沿焊缝走向的缺陷

编制	MT II 级（或 III 级）	审核	NDT 责任工程师	审批	单位技术负责人
	年 月 日		年 月 日		年 月 日

例 8-3　在用起重机吊钩的磁粉检测。

有一如图8-3所示的在用起重机吊钩，材料为 30CrMnSiA，尺寸为 φ80mm×400mm；热处理条件为 880℃油淬，220℃回火，$B_r = 0.98$T，$H_c = 2712$A/m。受力区 A 为吊钩弯曲部位，受力区 B 为柄部，受力区 C 为螺纹部位，受力区不允许任何缺陷存在。表面涂漆，检测所有表面（不包括端面）疲劳裂纹，按 NB/T 47013.4—2015 标准，验收级别为 I 级，根据现有条件优化、编制特种设备磁粉检测工艺卡，见表8-6。

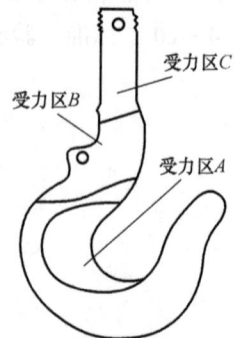

图 8-3　在用起重机吊钩

现有条件如下：

1) CJX-3000 型交流便携磁粉检测机和 CEW-6000 型交直流固定式磁粉检测机，并带有可绕线圈的软电缆。

2）CT-3 型特斯拉计。

3）UV-A 型黑光灯。

4）ST-80 型照度计。

5）UV-A 型黑光辐照计。

6）YC2 荧光磁粉、HK-1 黑磁粉、BW-1 黑磁膏、水、LPW-3 或 YT-3 型无味油基载液。

7）C、D 和 M1 型标准试片。

8）磁悬液浓度测定管。

9）XCJ 型袖珍磁强计。

10）2~10 倍放大镜。

表 8-6　在用起重机吊钩磁粉检测工艺卡　　　编号：

产品（工件）名称	在用起重机吊钩	材料牌号	30CrMnSiA	规格尺寸	$\phi80mm\times400mm$
热处理状态	880℃油淬，220℃回火	检测部位	所有表面（除端面）	被检表面要求	除去漆层，露出金属光泽
检测时机	使用后	检测设备	CJX-3000 交流便携式磁粉检测机	标准试片（块）	C-8/50
检测方法	剩磁法、连续法、湿法、荧光磁粉法	光线及检测环境	暗区：光照度小于 20lx，黑光辐照度不小于 $1000\mu W/cm^2$	缺陷磁痕记录方式	照相、贴印、录像或临摹草图
磁化方法	触头法、绕电缆法	电流种类、磁化规范	AC 周向磁化：$I_1=1200A$ 纵向磁化：$N=5$ 匝，$I_2=1000A$，$H=28kA/m$	磁粉、载液及磁悬液浓度	磁粉类别：YC2 荧光磁粉，LPW-3 油基载液 0.5~3g/L
磁悬液施加方法	浇或喷磁悬液	检测方法标准	NB/T 47013.4—2015	质量验收等级	Ⅰ 级
磁粉检测质量评级要求	（1）受力区 1）不允许存在任何裂纹显示 2）不允许存在任何横向缺陷磁痕 3）不允许存在任何线性缺陷磁痕 （2）非受力区　圆形缺陷磁痕（评定框尺寸为 2500mm²，其中一条矩形边长最大为 150mm）的长径 d≤2.0mm，且在评定框内不大于 1 个				

磁化方法示意草图：

磁化方法附加说明：

1）先周向磁化，纵向磁化分两次进行

2）周向磁化用触头从吊钩两端通电，并安装接触垫，以防打火烧伤。用连续法检测时，$I_1=15D=1200A$

3）受力区 A 和 B 用连续法检测，采用纵向绕电缆法，$N=5$，$L/D=5$，$\gamma<2$，因此用高充填因数公式计算：$IN=35000/(L/D+2)$，$I_2=1000A$

4）受力区 C 螺纹部分用剩磁法检测，纵向磁化，$L/D=5$，空载线圈中心磁场强度达 28kA/m

5）退磁后 $B_r\leqslant0.3mT$

编制	MT Ⅱ级（或Ⅲ级）	审核	NDT 责任工程师	审批	单位技术负责人
	年 月 日		年 月 日		年 月 日

例 8-4 锻制钢轴的磁粉检测。

（1）检测对象及要求　锻制钢轴的形状尺寸如图 8-4 所示，材料牌号为 45Cr，热处理工艺为 840℃油淬、580℃回火，其矫顽力为 664A/m，剩磁为 1.233T，最后一道加工工序为磨削。要求检测工件表面的周向缺陷（不包括端面），以高等级检测灵敏度检测。按 NB/T 47013.4—2015，验收级别为Ⅰ级，编制该工件的磁粉检测工艺卡，并填写操作要求及主要工艺参数。

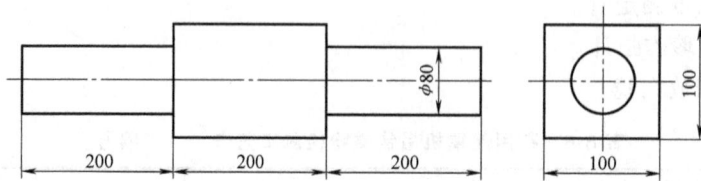

图 8-4　锻制钢轴

（2）现有检测设备与器材

1）CZQ-6000 型固定式磁粉检测机、CYD-3000 型移动式磁粉检测机、CEW-2000 型固定式磁粉检测机、CEW-1000 型固定式磁粉检测机，以上检测机均配置 ϕ150mm×50mm 的线圈，匝数为 10 匝。

2）GD-3 型毫特斯拉计。

3）ST-80（C）型照度计。

4）UV-A 型黑光辐照计。

5）黑光灯。

6）YC2 型荧光磁粉、黑磁粉、BW-1 型黑磁膏、水、煤油、LPW-3 号油基载液。

7）A1 型、C 型标准试片。

8）磁悬液浓度测定管。

9）2~10 倍放大镜。

（3）编制工艺卡的要求

1）在"计算依据"栏中，应填写充填因数、L/D 值、磁化电流公式及制表人认为与确定工艺参数相关的其他计算公式和计算过程。

2）在"操作要求及主要工艺参数"卡中，应按检测顺序及检测工艺卡所要求的内容逐项填写。

3）在"编制""审核""批准"栏中，填写相关人员的资格等级、职务和日期。

锻制钢轴磁粉检测工艺卡见表 8-7，操作要求及主要工艺参数见表 8-8。

表 8-7　锻制钢轴磁粉检测工艺卡

产品名称	锻制钢轴	工件规格	ϕ80mm×200mm，100mm×100mm×200mm	材料牌号	45Cr
检测部位	工件外表面（不包括端面）	表面状况	磨削加工	检测设备	额定电流不小于 1000A 的磁粉检测机均可，如 CEW-1000 型固定式磁粉检测机

（续）

检验方法	荧光或非荧光湿式、交流连续法	黑光辐照度、工件表面光照度	荧光法：不小于 $1000\mu W/cm^2$ 非荧光法：不小于 1000lx	标准试片	C-8/50（或 A1-7/50、A1-15/100）
磁化方法	线圈法	磁粉、载液及磁悬液配制浓度	荧光法：YC2 磁粉，LPW-3 油基载液（或水），0.5~3.0g/L 非荧光法：黑磁粉，水或油，10~25g/L	磁悬液施加方法	浇或喷洒磁悬液
磁化规范	正中放置： $I_1 = （359 ± 10\%）A$ $I_2 = （560 ± 10\%）A$ 偏心放置： $I_1 = （413 ± 10\%）A$ 最终以标准试片确定磁化电流	检测方法标准	NB/T 47013.4—2015	质量验收等级	I 级

不允许缺陷	1）任何裂纹和白点 2）任何横向缺陷磁痕 3）任何线性缺陷磁痕 4）圆形缺陷磁痕长径 $d>2.0mm$，且在评定框内多于一个

磁化方法示意图：

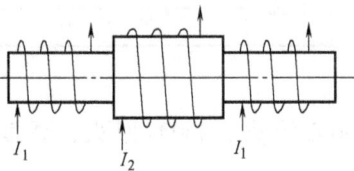

计算依据（充填因数、L/D 值、磁化电流公式）：

1）$S_{\phi 80} = \pi R^2 = \pi（80/2）^2 mm^2 = 5027mm^2$

$S_{L100} = 100 \times 100mm^2 = 10000mm^2$

$S_{线圈} = \pi R^2 = \pi（150/2）^2 mm^2 = 17672mm^2$

2）$\gamma_1 = S_{线圈}/S_{\phi 80} = 17672/5027 \approx 3.52$

$\gamma_2 = S_{线圈}/S_{L100} = 17672/10000 \approx 1.767$

因此，$\phi 80mm$ 钢轴线圈法磁化时为中充填，100mm×100mm 方钢线圈法磁化时为高充填

3）100mm×100mm 方钢横截面最大尺寸为，则 $D_{max} = 141mm$

$D_{eff} = 2\sqrt{\dfrac{A}{\pi}} = 112.9mm$

$\phi 80mm$ 钢轴处：$L/D = 200 \times 3/80 = 7.5$

100mm×100mm 方钢处：$L/D_{max} = 200 \times 3/141 \approx 4.26$

4）中充填因数：$IN_1 = [（IN）_h（10-\gamma）+（IN）_l（\gamma-2）]/8$

高充填因数：$IN_2 = 35000/（L/D_{max}+2）$

表 8-8　锻制钢轴磁粉检测操作要求及主要工艺参数

工序号	工序名称		操作要求及主要工艺参数
1	预处理		1)清除工件表面的油脂或其他粘附磁粉的物质 2)被检工件表面粗糙度 Ra 值不大于 25μm
2	磁化	磁化顺序	1)采用线圈法纵向磁化,检测工件两侧 φ80mm 钢轴处的周向缺陷 2)采用线圈法纵向磁化,检测 100mm×100mm 方钢处的周向缺陷
		试片校核	1)磁化时,先按 NB/T 47013.4—2015 中的公式计算出磁化电流 2)采用 C-8/50(或 A1-7/50、A1-15/100)标准试片验证磁化电流,以试片上人工缺陷清晰显示时的电流为最终磁化规范
		磁化次数	1)线圈法磁化时,其有效磁化范围为线圈宽度加两侧各 150mm,即 50mm+(150×2)mm=350mm 2)考虑有效磁化区域的重叠,一次磁化的实际长度为 350×(1-10%)mm=315mm 3)该工件三段长度均为 200mm,故锻制钢轴线圈法的磁化次数为 3 次 4)辅以试片确定最终磁化次数 5)同一部位至少磁化两次
		磁化时间	连续法磁化时,磁化、施加磁悬液及观察磁痕必须在通电时间内完成,通电 1～3s,停施磁悬液 1s 后再停止磁化
3	检测与复验	观察时机	检测应在磁痕形成后立即进行
		检测环境	1)荧光法:黑光辐照度不小于 1000μW/cm²,暗室可见光照度不大于 20lx 2)非荧光法:可见光下,工件表面光照度不小于 1000lx;受条件所限时,不小于 500lx
		缺陷观察	1)认真区分真、伪显示 2)必要时,可采用 2～10 倍放大镜辨认细小缺陷
		超标缺陷处理	发现超标缺陷后应认真记录,然后清除至肉眼不可见;再用磁粉检测复验,直至缺陷被完全清除
4	记录	记录方式	采用照相、录像和可剥性塑料薄膜等方式记录缺陷,同时应用草图标示
		记录内容	记录缺陷形状、数量、尺寸和部位
5	退磁		磁化结束后,应采用磁化线圈逐步远离工件或减小磁化电流的方式对工件进行退磁,并确保工件剩磁不大于 0.3mT(240A/m)
6	后处理		清除工件表面多余的磁悬液和磁粉
7	报告		按 NB/T 47013.4—2015 第 11 条要求签发磁粉检测报告
编制	MT Ⅱ级(或Ⅲ级) 年 月 日	审核	NDT 责任工程师　　年 月 日　　审批　　单位技术负责人　　年 月 日

例 8-5　三阶轴套的磁粉检测。

图 8-5 所示三阶轴套的材料 40Cr,热处理工艺为 850℃淬火、500℃回火,硬度为

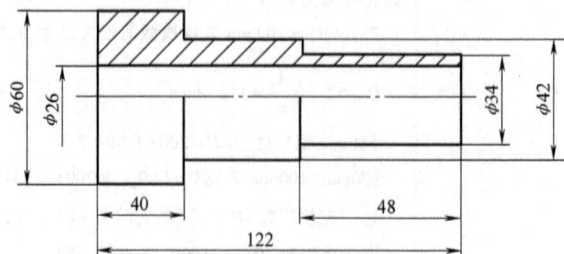

图 8-5　三阶轴套

40HRC，表面为机械加工面，要求按 HB/Z 72—1998 进行磁粉检测，按 NB/T 47013.4—2015 Ⅱ级验收。

三阶轴套磁粉检测工艺卡见表 8-9。

表 8-9 三阶轴套磁粉检测工艺卡   编号：

产品（工件）名称	三阶轴套	材料牌号	40Cr	规格尺寸	$\phi(34\sim60)$mm×122mm
热处理状态	850℃淬火、500℃回火	检测部位	所有表面（除端面）	被检表面要求	机械加工面
检测时机	机械加工后	检测设备	CEW-3000 型交流磁粉检测机	标准试片（块）	C-8/50
检测方法	剩磁法、湿法、荧光法	光线及检测环境	暗区：光照度小于 20lx，黑光辐照度不小于 1000μW/cm²	缺陷磁痕记录方式	照相、贴印、录像或临摹草图
磁化方法	中心导体法、线圈法	电流种类、磁化规范	交流周向磁化：$I_1=900A,I_2=1300A$ 单相全波电流纵向磁化：$N=1300$ 匝，$I_2=6A$，$H=24kA/m$	磁粉、载液及磁悬液浓度	YC2 荧光磁粉，LPW-3 油基载液，$0.5\sim3g/L$
磁悬液施加方法	浇或喷磁悬液	检测方法标准	HB/Z 72—1998	质量验收等级	NB/T 47013.4—2015 Ⅱ级
磁粉检测质量评级要求	\multicolumn{5}{l}{1）不允许存在任何裂纹，不允许存在任何横向缺陷磁痕}				

磁粉检测质量评级要求：
1) 不允许存在任何裂纹，不允许存在任何横向缺陷磁痕
2) 不允许存在任何大于 4.0mm 的线性缺陷磁痕
3) 圆形缺陷磁痕（评定框尺寸为 2500mm²，其中一条矩形边长最大为 150mm）长径 $d\leqslant4.0$mm，且在评定框内不大于 2 个

磁化方法示意图：

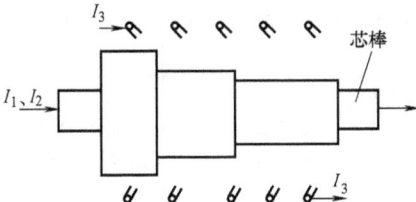

磁化方法附加说明：
1) 先周向磁化，检测 ϕ42mm、ϕ34mm，再检测 ϕ60mm 外圆；然后纵向磁化，检测周向缺陷
2) 直径变化较大，周向磁化分两次进行。由于周向磁化是交流电磁化，因此，将峰值电流置换为交流有效值，即

$I_1=30D/\sqrt{2}=(30\times42/\sqrt{2})A=891A$，取 $I_1=900A$

$I_2=(60\times30/\sqrt{2})A=1273A$，取 $I_2=1300A$

3) 纵向磁化时

$D_{eff1}=\sqrt{D_0^2-D_i^2}=\sqrt{60^2-26^2}mm=54$mm

$D_{eff2}=\sqrt{D_0^2-D_i^2}=\sqrt{42^2-26^2}mm=33$mm

$D_{eff3}=\sqrt{D_0^2-D_i^2}=\sqrt{34^2-26^2}mm=22$mm

$L/D_1=2.26;L/D_2=3.7;L/D_3=5.55$

$L/D_3=5.55$ 时，按标准 HB/Z 72—1998，磁场选取 16kA/m；线圈直径 $D=300$mm，长度 $L=120$mm，匝数 $N=1300$ 匝。按线圈磁场与磁化电流的关系 $I=\dfrac{H\sqrt{L^2+D^2}}{N}$，求得 $I_3=3.94A$，取 4A

$L/D=3.7$ 和 2.26 时，按标准 HB/Z 72—1998，磁场选取 24kA/m；线圈直径 $D=300$mm，长度 $L=120$mm，匝数 $N=1300$ 匝。则 $I_3=5.96A$，取 6A

4) 磁化次数。有效磁化区范围为 $(120+150\times2)$mm×90%$=378$mm，工件总长 122mm，$122/378\approx0.32$，故磁化次数取 1 次

5) 退磁后 $B_r\leqslant0.3$mT

编制	MT Ⅱ级（或Ⅲ级）	审核	NDT 责任工程师	审批	单位技术负责人
	年 月 日		年 月 日		年 月 日

例 8-6 在用高压压力容器设备上法兰螺栓的磁粉检测。

图 8-6 所示的法兰螺栓材质为 35CrMoA，规格为 ϕ48mm×310mm，按 NB/T 47013.4—2015 标准 I 级验收，采用中等检测灵敏度标准试片测试其综合性能。请自行选定最佳磁化方法、磁粉检测设备和器材，制定法兰螺栓磁粉检测工艺卡。可选用的设备和器材有 CYE-1A 型磁轭式磁粉检测仪、CDE-Ⅱ E 型旋转磁场式磁粉检测仪、CY-1000 型触点式磁粉检测仪、CEW-12000 型固定式磁粉检测仪、线圈（长 500mm、100 匝、内径 500mm）、黑光灯、A 型和 C 型标准试片、磁粉、载液等）。

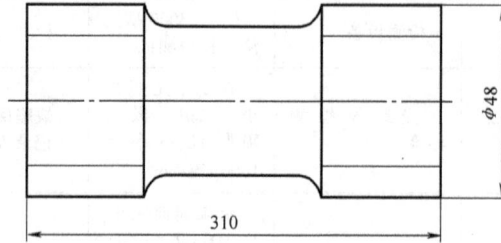

图 8-6　法兰螺栓

法兰螺栓磁粉检测工艺卡见表 8-10。

表 8-10　法兰螺栓磁粉检测工艺卡　　　编号：

产品（工件）名称	法兰螺栓	材料牌号	35CrMoA	规格尺寸	ϕ48mm×310mm
热处理状态	—	检测部位	外表面	被检表面要求	清除工件表面影响磁痕显示的物质
检测时机	使用后	检测设备	CEW-12000 型固定式磁粉检测仪	标准试片（块）	C-15/50
检测方法	剩磁法、湿法、荧光法	光线及检测环境	暗区：光照度小于 20lx，黑光辐照度不小于 1000μW/cm²	缺陷磁痕记录方式	照相、贴印、录像或临摹草图
磁化方法	线圈法、直接通电法	电流种类、磁化规范	整流电、直流电线圈法：$I=142A$ 直接通电法：$I=1200\sim2160A$	磁粉、载液及磁悬液浓度	荧光磁粉，油磁悬液，0.5～3g/L
磁悬液施加方法	浸法	检测方法标准	NB/T 47013.4—2015	质量验收等级	I 级
磁粉检测质量评级要求	（1）受力区 1）不允许存在任何裂纹显示 2）不允许存在任何横向缺陷磁痕 3）不允许存在任何线性缺陷磁痕 （2）非受力区　圆形缺陷磁痕（评定框尺寸为 2500mm²，其中一条矩形边长最大为 150mm）长径 $d\leqslant$ 2.0mm，且在评定框内不大于 1 个				

（续）

磁化方法示意图：

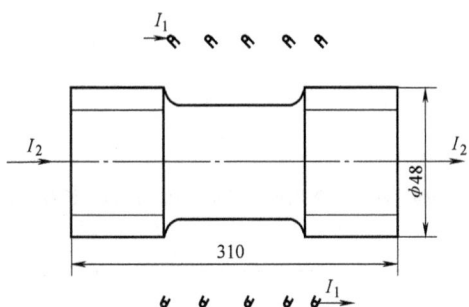

磁化方法附加说明：

$L/D = 310/48 = 6.46 > 5$

1）纵向磁化。空载线圈中心磁场强度为 20kA/m，根据

$$I = \frac{H\sqrt{L^2 + D^2}}{N}$$

得　　　　　$I = 141.4A$，取 142A

2）周向磁化。直流电或三相全波整流电

$I = (25\sim45)D = (25\sim45)\times48A = 1200\sim2160A$

编制	MT Ⅱ 级（或Ⅲ级）		审核	NDT 责任工程师		审批	单位技术负责人	
	年　月　日			年　月　日			年　月　日	

例 8-7　换热器管箱的磁粉检测。

图 8-7 所示换热器管箱的材质为 Q235B，要求 100%检测设备法兰与管箱封头焊缝的不连续性缺陷。按 NB/T 47013.4—2015 标准 Ⅰ 级验收，采用中等灵敏度标准试片测试综合性能。请选择最佳工艺参数并填写磁粉检测工艺卡（可选用的设备和器材同例 8-6）。

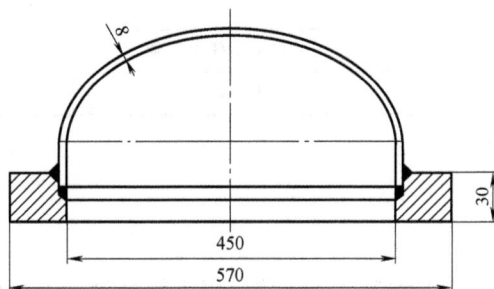

图 8-7　换热器管箱

表 8-11　换热器管箱磁粉检测工艺卡　　　编号：

产品（工件）名称	换热器管箱	材料牌号	Q235B	规格尺寸	见图 8-7
热处理状态	—	检测部位	焊缝及热影响区 100%	被检表面要求	砂轮打磨，清除飞溅、焊渣
检测时机	表面检验合格后	检测设备	CYE-1A	标准试片（块）	C-15/50
检测方法	连续法	光线及检测环境	试件表面光照度不小于 1000lx	缺陷磁痕记录方式	照相、贴印、录像或临摹草图
磁化方法	磁轭法	电流种类、磁化规范	提升力大于 45N	磁粉、载液及磁悬液浓度	黑磁粉，水悬液，10~25g/L

（续）

磁悬液施加方法	喷法	检测方法标准	NB/T 47013.4—2015	质量验收等级	Ⅰ级
磁粉检测质量评级要求	（1）受力区 1）不允许存在任何裂纹显示 2）不允许存在任何横向缺陷磁痕 3）不允许存在任何线性缺陷磁痕 （2）非受力区　圆形缺陷磁痕（评定框尺寸为 2500mm²，其中一条矩形边长最大为 150mm）长径 $d \leqslant$ 2.0mm，且在评定框内不大于 1 个				

磁化方法示意草图：

磁化方法附加说明：

1）采用磁轭法时，每一被检区应至少进行两次独立的检测，且磁力线方向应大致互相垂直

2）可见光照度受条件所限无法满足要求时，可适当降低，但不得低于 500lx

编制	MT Ⅱ级（或Ⅲ级） 年　月　日	审核	NDT 责任工程师 年　月　日	审批	单位技术负责人 年　月　日

8.4　工艺试题举例

　　从事承压设备磁粉检测工作的人员，应按照国家特种设备无损检测人员考核的相关规定取得相应无损检测资格。磁粉检测人员考核中的工艺试题可以综合考察检测人员对磁粉检测方法、工艺、设备、标准等的掌握情况及灵活应用能力，是反映检测人员能否独立完成检测工作的重要考核环节。下面通过两个例题，说明工艺试题的考核方式。

　　例 8-8　一大型游乐设施传动轴（局部）的结构尺寸如图 8-8 所示。材料牌号为20Cr13，热处理状态为调质处理（1050℃油淬，550℃回火），齿轮表面进行淬火处理（860℃油淬）。该工件为机械加工表面，经磁粉检测后需要进行精加工。要求检测该传动轴外表面各方向的缺陷（不包括两端面），参照 NB/T 47013.4—2015，采用高等级灵敏度检测，验收级别为Ⅰ级。现有以下探伤设备与器材：

　　1）TC-6000 型固定式磁粉检测机、CYD-3000 型移动式磁粉检测机、CEW-2000 型固定式磁粉检测机、CEW-1000 型固定式磁粉检测机，以上检测机均配置 ϕ300mm×100mm 的线圈，匝数为 5 匝。

　　2）GD-3 型毫特斯拉计。

　　3）ST-80（C）型照度计。

4）UV-A 型黑光辐照计。

5）黑光灯。

6）YC2 型荧光磁粉、黑磁粉、BW-1 型黑磁膏、水、煤油、LPW-3 号油基载液。

7）A1 型、C 型标准试片。

8）磁悬液浓度测定管。

9）2~10 倍放大镜。

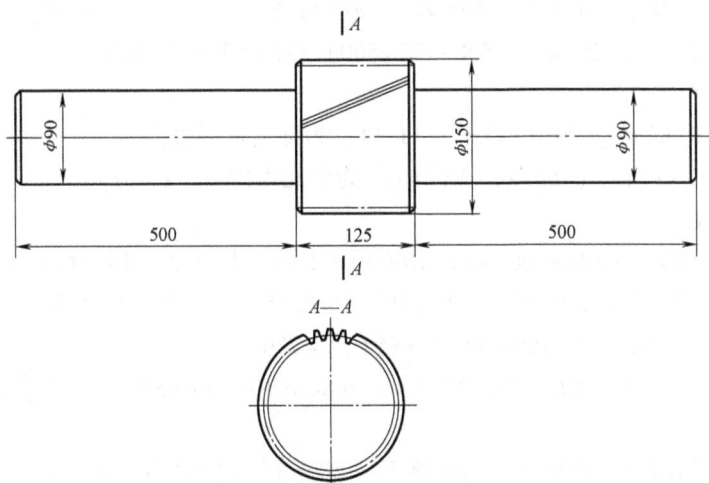

图 8-8　传动轴

请回答下列问题并填写磁粉检测工艺卡。

1. 为检测传动轴外表面各方向的缺陷，应选择下列磁化方法中的哪几种（在相应空格内画"√"）？并关于未选用的磁化方法说明不选择的理由。（3 分）

□✓□线圈法　　□触头法　　□✓□轴向通电法　　□磁轭法

答：1）考虑题目要求检测传动轴外表面各方向缺陷以及检测效率，在上述四种磁化方法中，只能选择轴向通电法和线圈法，而不宜选用磁轭法和触头法。（1 分）

2）不宜选用磁轭法和触头法的理由：若采用磁轭法和触头法检测该传动轴，则不但检测效率低，而且几乎难以操作。由于题目要求检测传动轴外表面各方向缺陷，而选择磁轭法和触头法检测该传动轴，就必须在大致垂直的两个方向进行磁化，而且要考虑相邻两次磁化区的重叠，因此检测效率低；另外，由于该传动轴的直径较小，检测时磁轭和触头很难与轴外表面紧密接触，难以实现对工件的有效磁化，且触头与工件接触时容易打火烧伤工件。因此，不宜选用磁轭法和触头法。（2 分）

2. 请比较荧光磁粉和非荧光磁粉检测的特点。对于该工件，选择哪种磁粉检测方法更合适？（4 分）

答：荧光磁粉检测的特点：荧光磁粉在紫外线照射下，能发出波长为 510~550nm 的色泽鲜明的黄绿色荧光（人眼对其极为敏感），所以荧光磁粉的可见度及工件表面的对比度很高，适用于任何颜色的受检表面，容易观察缺陷磁痕，检测灵敏度高，检测速度快。但受光线亮度的限制，荧光磁粉检测的设备、工序较复杂，成本也比非荧光磁粉检测高，而且需要考虑眼睛的防护问题。（2 分）

非荧光磁粉检测的特点：所需设备简单、工序较少，不受光线的限制，成本比荧光磁粉检测低，但灵敏度也比荧光磁粉检测低。（1分）

由于该工件要求高等级灵敏度检测、Ⅰ级为合格，因此，灵敏度是最重要的，故该工件选择荧光磁粉检测更合适。（1分）

3. 如果选用线圈法磁化，请计算不同直径的 L/D 值、充填因数和磁化次数。（5分）

答：1）L/D 值。

ϕ90mm 轴：$L/D_{\phi90}$ =（500+125+500）/90 = 12.5

ϕ150mm 斜齿轮：$L/D_{\phi150}$ =（500+125+500）/150 = 7.5（2分）

2）充填因数。

$\gamma_{\phi90}$ =（300/2）×2π/[（90/2）×2π] = 11.11，为低充填因数。

$\gamma_{\phi150}$ =（300/2）×2π/[（150/2）×2π] = 4，为中充填因数。（2分）

3）磁化次数。

ϕ90mm 段：500 /[（100+300）×（1−10%）] ≈ 1.39，取 2 次，则两段共 4 次。

ϕ150mm 段：125/[（100+300）×（1−10%）] ≈ 0.35，取 1 次。（1分）

I_1 = 45000/[（L/D）N] = [45000/（12.5×5）]A = 720A

IN_2 = [（IN）$_h$（10−γ）+（IN）$_1$（γ−2）]/8 = [3684×（10−4）+6000×（4−2）]/8 = 4263

I_2 = 853A

4. 如果选用轴向通电法磁化，请计算不同直径处的磁化电流。（2分）

答：ϕ90mm 轴：$I_{\phi90}$ =（8~15）$D_{\phi90}$ =（8~15）×90A = 720~1350A。

ϕ150mm 斜齿轮：$I_{\phi150}$ =（8~15）$D_{\phi150}$ =（8~15）×150A = 1200~2250A。

5. 叙述对该工件实施磁粉检测的磁化顺序，并说明理由。（4分）

答：磁化顺序：先采用轴向通电法，然后用线圈法磁化。即先对 ϕ90mm 轴进行轴向通电，再对 ϕ150mm 斜齿轮进行轴向通电；然后对 ϕ90mm 轴进行线圈法磁化，再对 ϕ150mm 斜齿轮进行线圈法磁化，遵循先小直径、后大直径，先小规范、后大规范的原则。（2分）

理由：如果先采用大规范，再进行小规范磁化，则会因磁场过大而容易产生过度背景，从而掩盖相关显示，影响磁痕分析。同时，由于周向磁化比纵向磁化更不容易退磁，因此，先轴向直接通电进行周向磁化，然后以线圈法纵向磁化更有利于退磁。（2分）

6. 该工件在使用过程中容易在哪些部位产生何种缺陷？预测缺陷的方向和磁痕特征。（4分）

答：由于该工件为一带有斜齿轮的传动轴，因此在使用过程中，其主要受力部位是齿轮的齿面，所以容易在齿根部位产生断裂，其缺陷属于疲劳裂纹。此外，该轴承受的转矩较大，在 ϕ90mm 与 ϕ150mm 变径处有应力集中倾向，容易产生裂纹，其性质也属于疲劳裂纹。（2分）

齿根部位断裂的方向为沿齿条平行方向，大致为纵向缺陷，与几何轴线的夹角和斜齿轮的齿条夹角相同；变径处疲劳裂纹的走向为圆周方向。（1分）

其磁痕特征一般为中间粗、两头尖，磁痕浓密清晰。（1分）

7. 该工件经磁粉检测后是否需要退磁？并简述理由。（3分）

答：该工件经磁粉检测后需要退磁。（1分）

由于该传动轴经磁粉检测后还要进行精加工，如果不退磁，则工件中的剩磁会吸附切屑等物质，在进行机械加工时，将影响工件的表面粗糙度和刀具寿命。同时，由于该传动轴的齿轮需要与其他齿轮啮合，如果不退磁，则齿轮处的剩磁会吸附切屑等物质，在使用中将严重影响其寿命。(2 分)

8. 请自行选择磁粉检测相关参数并填写工艺卡。(20 分)

表 8-12　传动轴磁粉检测工艺卡　　　　编号:

产品(工件)名称	传动轴	工件规格	$\phi150mm×125mm$, $\phi90mm×500mm$	材料编号	20Cr13
检测部位	轴外表面(不包括轴端面)	检测时机	热处理后(0.5分)	检测设备	CYD-3000、(TC-6000)(1分)
检测方法	荧光(或非荧光)湿式交流连续法(2分)	磁化方法	轴向通电法+线圈法(3分)	黑光照度或工件表面光照度	荧光检测时不小于$1000μW/cm^2$，非荧光检测时不小于1000lx(1分)
标准试片	C:8/50(或A1—15/100)(1分)	磁粉载液	YC2 型荧光磁粉、LPW-3 号油基载液(黑磁粉+水、BW-1 型黑磁膏+水)(0.5分)	磁悬液配制浓度	荧光法,0.5~3.0g/L;非荧光法,10~25g/L(1分)
磁悬液施加方法	喷、浇磁悬液均可(0.5分)	电流种类	交流电(0.5分)	周向磁化规范	按标准计算: $I_1=720~1350A$ $I_2=1200~2250A$ 最终以 C 型或 A 型标准试片确定(2分)
纵向磁化规范	正中放置 $I_1=(725±10\%)A$ 偏心放置 $I_2=(720±10\%)A$ 最终以 C 型或 A 型标准试片确定(2分)	检测方法标准	NB/T 47013.4—2015(0.5分)	质量验收等级	I 级(0.5分)
不允许缺陷	1)任何裂纹和白点,任何横向缺陷显示 2)任何线性缺陷磁痕 3)在 $2500mm^2$ 评定框内,其中一条矩形边长最大为 150mm,单个圆形缺陷磁痕直径 $d>2.0mm$,且在评定框内大于一个 4)综合评级超标的缺陷磁痕。(2分)				

示意图(画出磁化示意图):

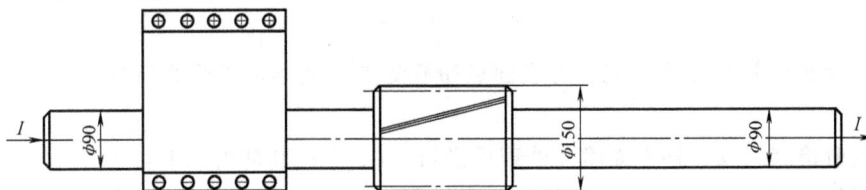

(1分)

（续）

磁化方法附加说明：

1）磁化顺序。先对 φ90mm 轴进行轴向通电，再对 φ150mm 斜齿轮进行轴向通电，然后对 φ90mm 轴进行线圈法磁化，再对 φ150mm 斜齿轮进行线圈法磁化

2）轴向通电法磁化。φ90mm 轴：$I_1 = (8 \sim 15)D = (8 \sim 15) \times 90A = 720 \sim 1350A$；φ150mm 轴：$I_2 = (8 \sim 15)D = (8 \sim 15) \times 150A = 1200 \sim 2250A$

3）线圈法磁化。φ90mm 轴：$\gamma = (300/2)^2 / (90/2)^2 \approx 11.11 > 10$，为低充填因数；φ150mm 轴：$\gamma = (300/2)^2 / (150/2)^2 = 4 < 10$，为中充填因数

磁化次数：对于 φ90mm 轴，$500/[(100+300) \times 90\%] \approx 1.39$，取 2 次，两段共 4 次；对于 φ150mm 轴，$125/[(100+300) \times 90\%] \approx 0.347$，取 1 次

4）纵向磁化时，轴长 $L = 500mm + 125mm + 500mm = 1125mm$。偏心放置时有

φ90mm 轴：$L/D = 1125/90 = 12.5$，$IN = 45000/(L/D) = 45000/12.5 = 3600$，$I = 3600A/5 = 720A$ 每端各磁化两次

φ150mm 轴：因为是中充填因数，所以要根据参数计算高、低充填因数

$L/D = 1125/150 = 7.5$，$IN = (IN)_h \dfrac{10-\gamma}{8} + (IN)_l \dfrac{\gamma-2}{8}$，$IN_l = 45000/(L/D)$，$IN_h = 35000/(L/D+2)$，$IN = 2763 + 1500 = 4263$，

$I = 852.6A$，取 853A

5）退磁后 $B_r \leqslant 0.3mT$

编制	MT-Ⅱ（MT-Ⅲ）（0.5分）	年　月　日	审核	（MT-Ⅲ）（0.5分）	年　月　日

　　例 8-9　一在制钢质无缝气瓶如图 8-9 所示，其公称工作压力为 15MPa，公称容积为 70L，盛装介质为氧气，主体材质为 34Mn2V，该材料经调质处理后的磁滞回路和磁化曲线如图 8-10 和图 8-11 所示。无缝气瓶的制造工艺为：落料→坯料加热→冲孔→拔伸→切口→收口整形→调质热处理→外表面喷丸→螺纹加工→水压试验→压钢印→铆颈圈→涂装→装阀→气密试验→成品入库。根据设计图样要求，气瓶外表面应进行 100% 磁粉检测，检测标准为 NB/T 47013.4—2015，验收级别为Ⅱ级。请回答下列问题。（25 分）

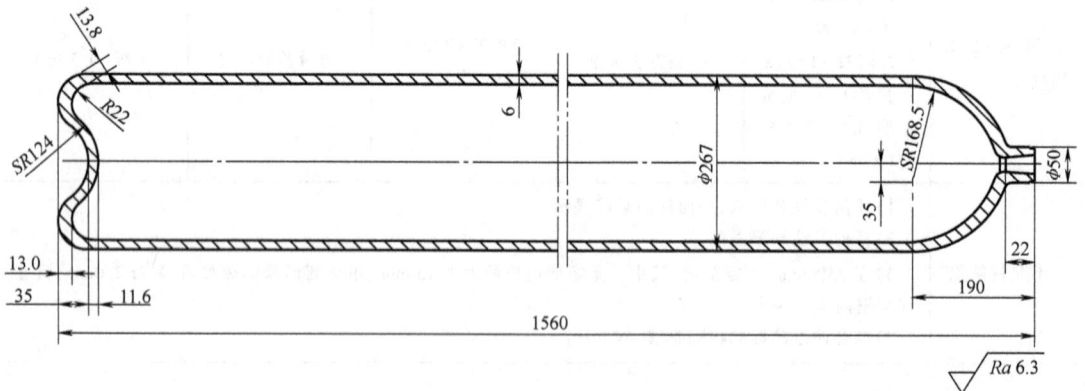

图 8-9　无缝气瓶

　　1. 根据无缝气瓶的生产工艺，外表面磁粉检测应放在哪道工序之后进行？并简述理由。（5 分）

　　答：磁粉检测应放在外表面喷丸处理后进行。（1 分）其理由如下：

　　1）为保证气瓶水压试验的安全性，磁粉检测一般应在水压试验前进行。（1 分）

　　2）磁粉检测应安排在容易产生缺陷的工序之后进行，调质热处理为淬火+高温回火，

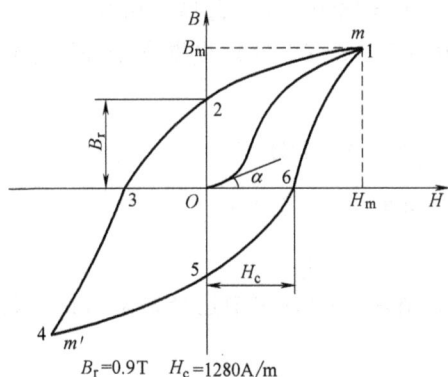

图 8-10　磁滞回路

$B_r = 0.9T$　$H_c = 1280A/m$

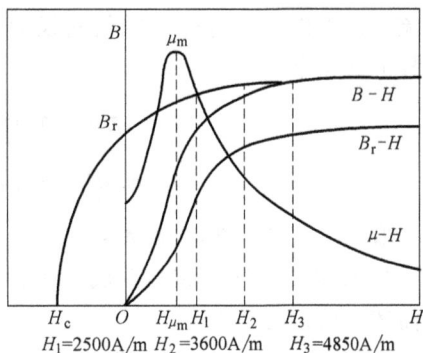

图 8-11　磁化曲线

$H_1 = 2500A/m$　$H_2 = 3600A/m$　$H_3 = 4850A/m$

而气瓶经淬火后容易产生淬火裂纹。（2分）

3）调质热处理后，气瓶表面的氧化皮等杂物会影响磁粉检测结果的正确性和完整性，气瓶经外表面喷丸处理后，能够去除表面氧化皮等杂物，使气瓶的表面粗糙度满足检测要求。因此，磁粉检测应放在外表面喷丸处理后进行。（1分）

说明：回答在螺纹加工后进行给4分，因为这样不利于控制成本；回答在调质热处理后进行给3分，因为调质热处理后，工件表面状态不能满足检测要求；回答在水压试验后进行给2分，因为这样不利于控制成本和保证试压安全；其他回答均不给分。

2. 根据图 8-10 中的条件及 NB/T 47013.4—2015 的规定，判断该气瓶能否采用剩磁法进行检测？并简述剩磁法的优点和局限性。（6分）

答：根据图 8-10，34Mn2V 钢经调质处理后的剩磁为 0.9T，矫顽力为 1280A/m，符合 NB/T 47013.4—2015 关于剩磁法检测的条件（矫顽力在 1kA/m 以上，剩磁在 0.8T 以上），可以采用剩磁法进行检测。（2分）

剩磁法的优点如下：（2分）

1）检测效率高。

2）具有足够的检测灵敏度。

3）缺陷显示重复性好、可靠性高。

4）目视可达性好。

5）易实现自动化检测。

6）能评价连续法检测出的磁痕显示属于表面还是近表面缺陷。

7）可避免螺纹根部、凹槽和尖角处的磁粉过度堆积。

剩磁法的局限性如下（2分）：

1）只适用于剩磁和矫顽力达到要求的材料。

2）不能用于多向磁化。

3）交流磁化受断电相位的影响。

4）检测深度小，对近表面缺陷的检测灵敏度低。

5）不适用于干法检测。

3. 如果采用轴向通电法对该气瓶的 ϕ267mm 圆周面的纵向缺陷进行检测，根据图 8-11 所示的磁化曲线，按照严格规范选择磁化电流值。（4分）

答：根据图 8-11，$H_1 = 2500\text{A/m}$，$H_2 = 3600\text{A/m}$，$H_3 = 4850\text{A/m}$，选择严格规范，磁化电流应使工件磁化时处于磁化曲线的基本饱和区（$H_2 \sim H_3$），（2 分）根据安培环路定律，选择的磁化电流 I 为：

$$I_1 = \pi D H_2 = 3.14 \times 0.267 \times 3600\text{A} \approx 3018\text{A} \quad（1 \text{ 分}）$$

$$I_2 = \pi D H_3 = 3.14 \times 0.267 \times 4850\text{A} \approx 4066\text{A} \quad（1 \text{ 分}）$$

取 $I = (I_1 + I_2)/2 = 3542\text{A}$。

4. 如果要对气瓶的凹形底外表面进行磁粉检测，请从下列方法中选择最适宜的方法，并简述理由。（5 分）

磁轭法　　轴向通电法+线圈法　　触头法

答：选择触头法最适宜（1 分），理由如下：

1）凹形底外表面不平整，选择磁轭法难以保证磁极与工件表面接触良好。（1 分）

2）采用线圈法磁化时，难以在凹形底中产生有效磁场；若采用轴向通电法，则难以观察检测区域。（1 分）

3）采用触头法可以保证触头与工件表面接触良好，可以检测不同方向的缺陷，灵敏度高、使用方便，适用于大中型工件的局部检测。注意：检测时应保证触头和工件接触良好，以防止工件出现过热和打火烧伤。（2 分）

说明：选择磁轭法给 2 分，选择轴向通电法+线圈法不给分。

5. 对气瓶进行磁粉检测时发现，在圆形缺陷评定区内存在图 8-12 所示的缺陷显示，根据 NB/T 47013.4—2015 的规定，该缺陷应评为几级？（5 分）

答：两线性磁痕的间距为 1.0mm，应按一条磁痕处理，其长度为 $(1.5 + 1.0 + 1.5)\text{mm} = 4.0\text{mm}$，应评为 Ⅱ 级（2 分）；$d = 1.5\text{mm}$ 的圆形磁痕有两个，应评为 Ⅱ 级（2 分）。在圆形缺陷评定区内，线性磁痕和圆形磁痕同为 Ⅱ 级，综合评级时应降低一级，即应评为 Ⅲ 级。（1 分）

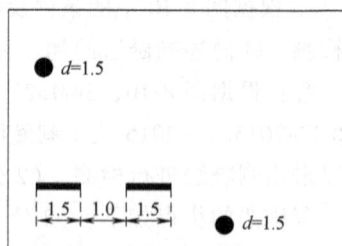

图 8-12　磁痕显示示意图

复习思考题

1. 特种设备磁粉检测工艺规程与工艺卡的主要区别是什么？

2. 特种设备磁粉检测工艺卡应分别由具有哪种资质的人员编制、审核和审批？

3. 图 8-13 所示电站锅炉的主要设计参数为：主蒸汽流量 $6.5 \times 10^4 \text{kg/h}$，主蒸汽出口压力 3.82MPa，主蒸汽出口温度 450℃；锅筒工作压力 4.22MPa；工作温度为饱和温度。该锅炉于 1994 年 9 月投入运行，运行总时长累计约 66000h，现停炉进行内部检测。锅筒材质为 20g 钢，所有接管的材质均为 20 钢，锅筒尺寸为 $\phi 1400\text{mm} \times 38\text{mm} \times 6400\text{mm}$。集中下降管尺寸均为 $\phi 273\text{mm} \times 25\text{mm}$，引入管和引出管尺寸均为 $\phi 108\text{mm} \times 6\text{mm}$，安全阀管尺寸均为 $\phi 89\text{mm} \times 5\text{mm}$，给水套管尺寸均为 $\phi 108\text{mm} \times 4.5\text{mm}$。该锅炉的磁粉检测执行 NB/T 47013.4—2015 标准，验收级别为 Ⅱ 级。请回答下列问题。

1）根据《蒸汽锅炉安全技术监察规程》和《锅炉定期检验规则》的要求，写出该锅炉定期检验中，对锅筒对接焊缝和角焊缝（图 8-13）进行无损检测的方法和比例。

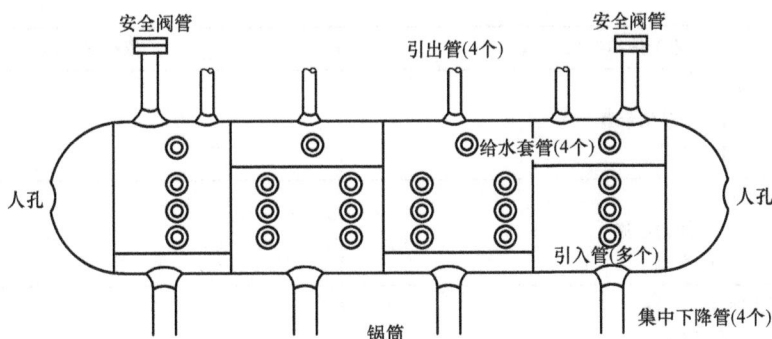

图 8-13　电站锅炉
注：粗线表示对接焊缝。

2）锅筒内表面对接焊缝用交叉磁轭进行磁粉检测，集中下降管角焊缝用交流电磁轭进行磁粉检测，如何确定磁化规范？为了保证检测灵敏度，应注意哪些问题？

3）对锅筒内表面焊缝进行磁粉检测，比较使用水磁悬液和油磁悬液、荧光磁粉与非荧光磁粉、交叉磁轭与交流电磁轭的区别。

4）用触头法检测安全阀管座角焊缝，确定磁化规范和磁化次数并说明依据和理由。

5）试比较用触头法、交流电磁轭和绕电缆法分别磁化安全阀管座角焊缝时的注意事项和主要优缺点。

4. 某 $1000m^3$ 大型球罐的设计技术参数为：设计压力 2.16MPa，尺寸规格 $\phi12300mm\times40mm$（球壳内直径×厚度）；材质 CF62（07MnCrMoVR）；容器类别Ⅲ；介质丙烯。请回答下列问题：

1）该球罐制造及安装过程中的无损检测工作应执行哪些文件规定？

2）该球罐制造及安装过程中哪些部位应采用磁粉检测或渗透检测？并注明检测比例和合格级别。

3）该球罐的球壳板制造时的气割坡口表面决定采用磁粉检测，如何选择磁化方法？检测中有哪些要求和注意事项？

4）该球罐运行两年后开罐检验，据用户介绍盛装介质中由于 H_2S 含量有时较高，发生应力腐蚀的倾向较大，开罐检验时的无损检测方法、比例和部位的选择有哪些针对性措施？

5）选择球罐交叉磁轭荧光磁粉法的工艺方法并说明理由，填写表 8-13。

表 8-13　球罐交叉磁轭荧光磁粉法工艺方法的选择及理由

工艺条件和参数	依据或理由
（1）磁化方法及磁粉和载液组合（　　） A. 交叉磁轭连续法，荧光磁粉干法 B. 交叉磁轭连续法，荧光磁粉水悬液 C. 交叉磁轭剩磁法，荧光磁粉干法 D. 交叉磁轭剩磁法，荧光磁粉水悬液	
（2）磁悬液中的磁粉浓度（　　）g/L A. 10~25　　　B. 5~12 C. 1.2~2.4　　D. 0.5~3	

（续）

工艺条件和参数	依据或理由
（3）标准试块（试片）（　　） A. A 型　　　　　　B. 磁场指示器 C. M₁ 型　　　　　　D. C 型	
（4）磁化电流类型（　　） A. 交流　　　　　　B. 冲击电流 C. 全波整流　　　　D. 直流	
（5）连续法通电时间（　　）s A. 1~3　　　　　　B. 1~2 C. 0.5~2　　　　　D. 0.2~1	
（6）交叉磁轭行进速度一般应小于或等于（　　）m/min A. 3　　　　　　　B. 4 C. 5　　　　　　　D. 6	
（7）磁悬液喷洒原则（　　） A. 检测环焊缝时应喷洒在行走方向的前上方 B. 检测环焊缝时应喷洒在行走方向的后上方 C. 检测纵焊缝时应喷洒在行走方向的正前方 D. 检测纵焊缝时应喷洒在行走方向的正后方	
（8）磁极与检测面之间的最大间隙应不大于（　　）mm A. 1.5　　　　　　B. 2 C. 2.5　　　　　　D. 3	

第9章　磁粉检测质量控制与安全防护

9.1　磁粉检测质量控制

为了保证磁粉检测的质量，即保证磁粉检测的灵敏度、分辨率和可靠性三个质量判据，必须对影响检测结果的诸因素逐个地加以控制。例如，检测人员要经过培训和资格鉴定；设备的精度和器材的性能要符合要求；从磁粉检测的预处理到后处理的检测全过程都必须严格按标准和规范进行；检测环境也应满足要求。即必须从人、机、料、法、环五个方面进行全面的控制。

所谓磁粉检测的灵敏度，是指发现最小缺陷磁痕显示的能力。能检测出的缺陷越小，检测灵敏度就越高，所以磁粉检测灵敏度是指绝对灵敏度。在实际应用中，并不是灵敏度越高越好，因为过高的灵敏度会影响缺陷的分辨率和细小缺陷磁痕显示检出的重复性，还将造成产品拒收率增加而导致浪费。

所谓磁粉检测的分辨率，是指可能观察到的最小缺陷磁痕显示和对其位置、形状及大小的鉴别能力。

所谓磁粉检测的可靠性，是指对细小缺陷磁痕显示检测灵敏度和分辨率的重复性，从而保证磁粉检测结果的可靠性。

9.1.1　人员资格控制

从事特种设备的原材料、零部件和焊接接头磁粉检测的人员，应按照《特种设备无损检测人员考核与监督管理规则》的要求取得相应的无损检测资格。

磁粉检测人员按技术等级分为Ⅲ级（高级）、Ⅱ级（中级）和Ⅰ级（初级）。取得不同无损检测方法各技术等级的人员，只能从事与该方法和该等级相应的无损检测工作，并负相应的技术责任。

由于磁痕显示主要靠目视观察，因此要求磁粉检测人员具有良好的视力。磁粉检测人员未经矫正或经矫正的近（距）视力和远（距）视力应不低于5.0（小数记录值为1.0），并应一年检查一次视力，也不得有色盲。

磁粉检测是保证产品质量和安全的一项重要手段，所以检测人员的培训、资格鉴定和人员素质是至关重要的，必须符合《特种设备无损检测人员考核与监督管理规则》的要求。磁粉检测人员除应具有一定的磁粉检测基础知识和专业知识外，还应具有无损检测相关知识和特种设备的专门知识，了解特种设备的相关法规及产品标准中有关无损检测的规定，并掌握 NB/T 47013.4—2015 标准和无损检测专业知识在特种设备无损检测中的应用。磁粉检测人员还应具有丰富的实践经验和熟练的操作技能。

9.1.2　设备质量控制

1. 电流表精度校验

磁粉检测机上的电流表可拆下来校验，但最好是在检测机上与电流互感器或分流器一起校验，至少半年进行一次。当设备进行重要电气修理、周期大修或损坏时，还应进行校验。

（1）交流电流表 使用标准交流电流表（指已校验过的精度高一级的电流表）和标准电流互感器在检测机上校验交流电流表的电路如图9-1所示。如果检测机的额定周向磁化电流为9000A，则可选用9000/5的标准电流互感器和5A的标准交流电流表进行校验。将一长为500mm、直径不小于25mm的铜棒穿在电流互感器中，夹持在检测机的两夹头之间进行通电，至少应在可使用的范围内选三个电流值，比较标准电流表与检测机上电流表的读数值，误差小于±10%者为合格。

（2）直流电流表 使用标准直流电流表（指已校验过的精度高一级的电流表）和标准分流器在检测机上校验直流电流表的电路如图9-2所示。

将标准分流器夹持在检测机的两夹头之间进行通电，至少应在可使用的范围内选三个电流值，比较标准电流表与检测机上电流表的读数值，误差小于±10%者为合格。

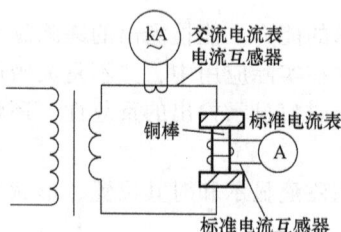

图9-1 校验交流电流表电路

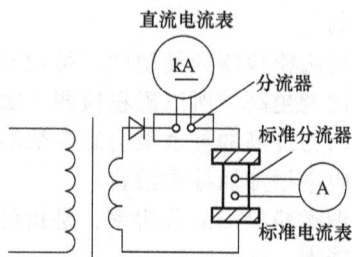

图9-2 校验直流电流表电路

2. 设备内部短路检查

磁粉检测设备如果出现内部短路，会造成工件成批缺陷的漏检，后果极其严重，因此，设备内部短路检查至少每年进行一次。检查方法：将磁化电流调节到经常使用范围的最大电流，当检测机两夹头之间不夹持任何导体时，通电后电流表的指针如果不动，说明无短路。此检查仅适用于磁化夹头通电的固定式检测机。

3. 电流载荷校验

检测机的电流载荷，是指检测机额定输出的周向磁化电流值。电流载荷至少每年校验一次。校验方法是将一长400mm、直径为25~38mm的铜棒夹持在检测机的两夹头之间通电，观察电流表指示值。将磁化电流值分别调节到最小值和最大值，检查最小电流值是否为零或足够小，不至于在检验小工件时烧伤工件；检查最大电流值能否达到检测机的额定输出，如果达不到，应挂标签说明实际可达到的磁化电流值范围。

4. 快速断电校验（NB/T 47013.4—2015 没有要求）

快速断电效应，可使用快速断电测量器（Quick Break Tester）校验。

校验三相全波整流电磁化线圈快速断电功能的方法如下：

1）去掉快速断电测量器上的钢板和托架。

2）去掉线圈内所有的铁磁性材料。

3）把快速断电测量器放在线圈内壁底部，与线圈绕组垂直，如图9-3所示。

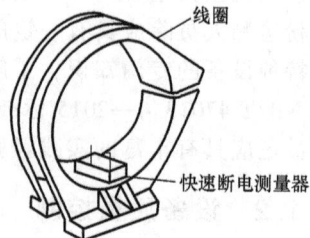

图9-3 快速断电校验

4）通以 2000A 的电流，通电时间约 0.5s，观察测量器上红色氖灯的指示情况。连续通电 20 次，若每次红色氖灯都亮，则说明该设备有快速断电功能。

5. 通电时间校验

在三相全波整流磁粉检测机上，用时间继电器控制磁化电流的持续时间，要求通电时间控制在 0.5~1s 范围内。可使用袖珍式电秒表测量，至少每年校验一次。

6. 电磁轭提升力校验

电磁轭提升力至少半年校验一次。在磁轭损伤修复后应重新校验。永久磁铁在第一次使用前应进行提升力校验。当使用磁轭最大间距时，交流电磁轭至少应有 45N 的提升力；直流电磁轭至少应有 177N 的提升力；交叉磁轭至少应有 118N 的提升力（磁极与试件表面间隙为 0.5mm）。

7. 退磁设备校验（NB/T 47013.4—2015 没有要求）

退磁设备应能保证工件退磁后表面的剩磁 $B<0.3$mT（相当于 240A/m），退磁效果可用袖珍式磁强计或剩磁测量仪测量。

为了测量和验收各种退磁设备的退磁效果，JB/T 8290—2011《无损检测仪器　磁粉探伤机》规定使用标准退磁样件进行校验。标准退磁样件的材料为 45 钢，规格为 ϕ30mm×300mm，热处理状态是 860℃ 水淬火、480℃ 回火，洛氏硬度为 38~42HRC。退磁后，剩磁不得大于 0.3mT（相当于 240A/m）。

8. 测量仪器校验

磁粉检测用的测量仪器，如照度计、黑光辐照计、袖珍式磁强计、毫特斯拉计（高斯计）和袖珍式电秒表等应每年校验一次。这些仪器在大修后还应重新校验。

9.1.3　材料质量控制

1. 磁悬液浓度测定

对于新配制的磁悬液，其浓度应符合表 4-5 的要求。对于在固定式检测机上循环使用的磁悬液，其沉淀浓度一般采用梨形沉淀管，用测量容积的方法来测定，每天开始检验前进行。

测定方法如下：

1）充分搅拌磁悬液，取 100mL 注入沉淀管中。

2）对沉淀管中的磁悬液进行退磁（新配制的除外）。

3）水磁悬液静置 30min，油磁悬液静置 60min，变压器油磁悬液静置 24h。

4）读出沉淀磁粉的体积。磁悬液浓度的测定如图 9-4 所示，磁悬液浓度应符合表 4-5 的要求或书面工艺要求。

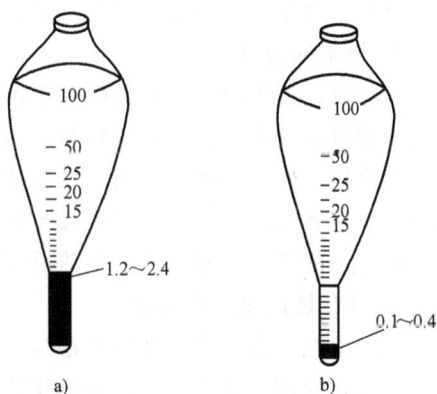

图 9-4　磁悬液浓度的测定
a）非荧光磁悬液　b）荧光磁悬液

2. 磁悬液污染判定

在每次新配制磁悬液时，将搅拌均匀的磁悬液在玻璃瓶中注满 200mL，放在阴暗处，作为标准磁悬液，用于每周一次和使用过的磁悬液做对比试验，进行污染判定。

测定方法如下：

1）充分搅拌磁悬液，取 100mL 注入沉淀管中。

2）对沉淀管中的磁悬液进行退磁（新配制的除外）。

3）水磁悬液静置 30min，油磁悬液静置 60min，变压器油磁悬液静置 24h。

4）在白光和黑光（用于荧光磁悬液）下观察，梨形管沉积物中若明显分成两层，当上层污染物体积超过下层磁粉体积的 30% 时为污染。

5）对未使用过的标准磁悬液与使用过的磁悬液进行比较，在黑光下观察，如果发现荧光磁粉的亮度明显降低和颜色明显变暗，或磁悬液沉积物之上的载液发荧光，以及磁悬液变色、结团等，都说明磁悬液已污染，应更换新磁悬液。

3. 水磁悬液润湿性能试验（水断试验）

应在每次磁粉检测前进行水磁悬液润湿性能试验，试验方法是将水磁悬液施加在工件表面，停止浇磁悬液后，如果工件表面的水磁悬液薄膜是连续不断的，在整个工件表面连成一片，说明润湿性能良好；如果工件表面的水磁悬液薄膜断开，工件有裸露的表面（即水断表面），则说明水磁悬液的润湿性能不合格。此时应添加润湿剂或清洗工件表面，使其达到完全润湿。

9.1.4 检测工艺控制

1. 文件的控制

文件的控制是确保磁粉检测结果可靠性的重要手段。磁粉检测技术文件包括产品标准和规范、检测标准、磁粉检测通用工艺规程、专用工艺卡等。对磁粉检测质量进行控制，应按照相关法规、产品标准、有关技术文件和检测标准的要求，并结合检测机构的特点和检测能力编制磁粉检测通用工艺规程。检测前，应根据受检工件的特点和通用工艺规程的要求，编制工件的检测工艺卡。所有技术文件应齐全、正确，并应是现行有效版次。对磁粉检测通用工艺规程和专用工艺卡的编制、审核、更改进行全过程控制，做到"每个过程均在受控状态下进行，每个人都在受控状态下工作"，从而保证检测的工作质量和检测结果的可靠性。

2. 记录的控制

做好磁粉检测原始记录是检测工作中极其重要的环节。原始记录不仅能追溯产品的质量状态，也可以证明检测工作的质量。因此，在磁粉检测工作中，应坚持"没有记录，就等于没有进行工作"的原则，对记录工作进行严格的控制。记录的填写应正确、完整、清晰，相关人员签署应齐全。对记录的修改应规范，原始记录要妥善保管，防止变质和丢失。为保证原始记录的唯一性和检测工作的可追溯性，每一个记录表应有唯一的编号。

3. 综合性能试验的控制

磁粉检测综合性能（系统灵敏度）试验应在初次使用检测机时及此后每天开始工作前进行。综合性能试验合格后，才能开始进行磁粉检测工作。综合性能试验可采取下述样件之一进行，试验方法如下：

（1）自然缺陷标准样件 按规定的磁粉检测要求，对自然缺陷标准样件进行检验，如果样件上的已知缺陷磁痕能清晰显示，则说明综合性能试验合格。

（2）E 型标准试块 将 E 型标准试块穿在铜棒上，通以 700A（有效值）的交流电，用中心导体法周向磁化，用湿法连续法检验时，如果 E 型标准试块上能清晰地显示出一个人工孔的磁痕，则说明综合性能试验合格。

（3）B 型标准试块 将 B 型标准试块穿在直径为 25～38mm 的铜棒上，用中心导体法周向磁化，用湿法连续法检验，当所用磁化电流与所显示孔的最少数量符合表 9-1 的要求时，说明综合性能试验合格。

表 9-1 B 型标准试块要求显示出的孔数

方法	磁化电流/A	所显示出孔的最少数量	方法	磁化电流/A	所显示出孔的最少数量
荧光磁粉/ 半荧光磁粉 湿法	1400	3	非荧光磁粉 干法	1400	4
	2500	5		2500	6
	3400	6		3400	7

注意：如果没有获得所要求的孔数，则按下述要求对 B 型标准试块进行退火：加热到 760～790℃至少保温 1h，以最大 22℃/h 的速率冷却到 540℃，随炉或空气冷却至室温。

（4）标准试片 将标准试片贴在被检工件表面，进行磁化和湿法连续法检验，按所要求的灵敏度等级，如果磁痕能清晰显示，则说明综合性能试验合格。

9.1.5 检测环境控制

采用非荧光磁粉检测时，检测地点应有充足的自然光或白光。采用荧光磁粉检测时，要有合适的暗区或暗室。

1. 可见光照度

在磁粉检测场地应有均匀而明亮的照明，要避免强光和阴影。采用非荧光磁粉检测时，被检工件表面的可见光照度应大于或等于 1000lx。当现场条件有限，无法满足以上要求时，可见光照度可以适当降低，但不能低于 500lx。ASME SE-709—2019 建议可见光照度采用照度计测量，且应每周测量一次。

2. 黑光辐照度

采用荧光磁粉检测时，应有能产生波长在 320～400nm 范围内、中心波长约为 365nm 的黑光灯。工件表面的黑光辐照度应大于或等于 $1000\mu W/cm^2$。黑光灯电源电路电压波动超过 ±10% 时，应装稳压电源。黑光辐照度采用黑光辐照计测量。ASME SE-709—2019 要求黑光辐照度最少每 8h 和每当工作场所改变时测量一次。

3. 环境光照度

采用荧光磁粉检测时，暗区或暗室的环境光照度应不大于 20lx。所谓环境光，是指来自所有光源，包括从黑光灯发射出的检测区域的可见光。ASME SE-709—2019 要求环境光照度用照度计测量，至少每周测量一次。

磁粉检测校验项目和周期见表 9-2。

表 9-2 磁粉检测校验项目和周期

校验项目	最长校验间隔
综合性能试验	每次检测工作开始前
可见光照度测量	NB/T 47013.4—2015 未做规定
黑光辐照度测量	黑光灯首次使用或间隔一周以上再次使用，以及连续使用一周内应进行黑光辐照度核查

（续）

校验项目	最长校验间隔
环境光照度测量	NB/T 47013.4—2015 未做规定
磁悬液浓度测定（循环使用的磁悬液）	每次检测前
磁悬液污染判定	每周
水磁悬液润湿性能试验（水断试验）	每次检测前
电流表精度校验	半年
电磁轭提升力校验	半年
设备内部短路检查	1 年
电流载荷校验	1 年
照度计校验	1 年
黑光辐照计校验	1 年
袖珍式磁强计校验	1 年
毫特斯拉计（高斯计）校验	1 年
袖珍式电秒表校验	1 年

9.2 磁粉检测安全防护

特种设备磁粉检测由于涉及电流、磁场、紫外线、铅蒸气、溶剂和粉尘等，而且有可能在高空、野外、水下或盛装过易燃易爆材料的容器中进行，因此磁粉检测工作者必须掌握相关安全防护知识，以保证安全地进行磁粉检测，避免出现设备和人身事故。

1. 紫外线的危害

1）使用黑光灯时，人眼应避免直接注视黑光光源，以防造成眼球损伤。应经常检查滤光板，不准有任何裂纹，因为 320nm 以下的短波紫外线若从裂纹穿过，对人的眼睛和皮肤都是有害的。有裂纹的滤光板应及时更换。磁粉检测人员在检测时应戴上相应的防护眼镜。

2）大多数黑光灯工作时温度非常高，皮肤与其接触会受到热和辐射而烧伤，这种烧伤非常疼痛且愈合很慢。

实践证明，使用 UV-A 黑光灯时，只要认真做好安全防护，就可有效避免黑光对人体的伤害。

3）检测人员连续工作时，期间应适当休息，避免眼睛疲劳。

2. 电气与机械安全

1）JB/T 8290—2011 规定，磁粉检测机整机绝缘电阻应不小于 $2M\Omega$，以防止电器短路给人员安全带来威胁。尤其是使用水磁悬液时，绝缘不良会造成电击伤人。

2）使用冲击电流法磁化时，不得用手接触高压电路，以防高压伤人。

3）气压和液压部件失效时，也会引起人身伤害事故。

3. 材料的潜在危险

1）磁悬液中的油基载液、荧光磁粉、润湿剂、防锈剂、消泡剂和溶剂等，作为一种组合物，并非是危险的化学品，但长期使用有可能会除去皮肤中的油脂而引起皮肤干裂，所以磁粉检测人员应戴防护手套，并避免磁悬液进入人的口腔和眼睛。除了水以外，几乎所有化合物都会刺激眼睛，许多材料可能会与口腔、喉和胃的组织起反应，所以工件场所应通风良好，避免操作人员吸入太多溶剂蒸气。

2）使用干法检测时，磁粉飘浮在空气中，所以检测区域应保持通风良好，避免人吸入太多磁粉。

4. 磁粉检测系统的潜在危险

1）使用通电法或触头法时，由于接触不良，与电接触部位有铁锈和氧化皮，或触头带电时接触工件或离开工件，都会产生电弧打火，火星飞溅，有可能烧伤检测人员的眼睛和皮肤，还会烧伤工件，甚至会引起油磁悬液起火。

2）为改善电接触，一般在磁化夹头上加装铅皮。当接触不良或电流过大时，也会产生打火并产生有毒的铅蒸气，轻则使人头昏眼花，重则使人中毒，所以只有在通风良好时才准使用铅皮接触头，并尽量避免产生电弧打火。

3）磁化的工件和通电线圈周围都会产生磁场，这会影响装在附近的磁罗盘和其他仪表的准确性。

4）安装心脏起搏器者，不得从事磁粉检测工作。

5. 检测场所的潜在危险

特种设备磁粉检测常在高空、野外、水下或容器内部操作，磁粉检测人员必须首先知道这些特殊环境中有哪些特殊的安全防护要求，必须学会在这类场所检测时的安全知识，保护自身不受到伤害。

6. 磁粉检测系统与检测环境相互作用的潜在危险

1）不要使用触头法和通电法检测盛装过易燃易爆材料的容器的内壁焊缝。在这种场合，由于会产生电弧起火，易引起人身伤亡事故。

2）在附近有易燃易爆材料的场所，禁止使用触头法和通电法进行磁粉检测。

3）磁粉检测使用低闪点油基载液时，在检测环境区内不允许有明火或火源。例如，某工厂在检测机附近进行焊接，由于焊接的火星飞落在低闪点煤油磁悬液槽中而引起着火，烧毁了检测机。

复习思考题

1. 影响磁粉检测质量的因素主要有哪些？
2. 说明磁粉检测的灵敏度、分辨率和可靠性的含义。
3. 磁悬液浓度如何测定？
4. 磁悬液污染度如何测定？
5. 什么是水磁悬液润湿性能试验（水断试验）？如何检验？
6. 磁粉检测有哪几方面危险？
7. 磁粉检测对可见光照度和黑光辐照度有哪些要求？
8. 综合性能试验可采用哪几种试片（块、样件）进行？其目的是什么？
9. 设备内部短路检查和电流载荷校验有什么意义？

第 10 章 磁粉检测标准

10.1 标准的基本知识

国家标准 GB/T 20000.1—2014《标准化工作指南 第 1 部分：标准化和相关活动的通用术语》给出的"标准"一词的定义如下："通过标准化活动，按照规定的程序经协商一致制定，为各种活动或其结果提供规则、指南或特性，供共同使用和重复使用的文件。"由"标准"的定义可知，标准具有以下几方面的性质：

（1）目的性 获得最佳秩序，并以最佳的秩序促进使用标准的各方获得最佳的共同效益。

（2）层次性 根据标准制定（即标准化）所涉及的地理、政治或经济区域的范围不同表现出的标准层次的差异。

（3）权威性 标准不同于一般的技术文献，其权威性体现在是由不同国家、组织或部门在该技术领域的专家编写起草的，经多方充分协商讨论确定，最后经专门机构批准。

（4）时效性 不论是新制定标准，还是修订标准，都会在标准的封面上给出标准的发布与实施日期。实施日期一般要比发布日期晚 3~6 个月的时间。从发布日期到实施日期之间的这一段时间是为标准的贯彻实施预留出的条件准备时期，其时间的长短取决于标准涉及的范围、条件准备与建设工作的难度及所需的时间。

（5）强制性与推荐性 强制性标准具有法律属性，是在一定范围内通过法律、行政法规等强制手段加以实施的标准。

部分国际组织与国外标准代号制定机构及其英文名称见表 10-1。

表 10-1 部分国际组织与国外标准代号制定机构及其英文名称

序号	标准代号	制定机构	制定机构的名称
1	ISO	国际标准化组织	International Organization for Standardization
2	IEC	国际电工委员会	International Electrotechnical Commission
3	IAEA	国际原子能机构	International Atomic Energy Agency
4	ICS	国际航运公会	International Shipping Conference
5	ANSI	美国国家标准学会	American National Standards Institute
6	ASTM	美国材料与试验协会	American Society for Testing and Materials
7	ASME	美国机械工程学会	American Society of Mechanical Engineers
8	MIL	美国军用标准	American Military Standards
9	BS	英国标准学会	British Standards Institute
10	LR	英国劳氏船级社	Lloyd's Register of Shipping
11	CEN	欧洲标准化委员会	European Committee for standardization

（续）

序号	标准代号	制定机构	制定机构的名称
12	DIN	德国标准化学会	German Institute for Standardization
13	JIS	日本工业标准调查会	Japane Industrial Standards Committee
14	NF	法国标准化协会	Association Francaise de Normalisation
15	ГОСТ	俄罗斯国家标准(苏联国家标准)	The State Standard Committee of Russian

在我国，国家标准、国家军用标准和行业标准的代号都是以标准所属层次关键词的第一个字的声母来表示的，如"国家标准"用代号"GB"表示，"国家军用标准"用"GJB"表示。依此类推，"JB"表示机械工业标准，"HB"表示航空工业标准，"QJ"表示原七机部标准即航天工业标准，企业标准用"Q/××"代号表示。部分国内标准代号的意义及其发布机构见表 10-2。

表 10-2　部分国内标准代号的意义及其发布机构

序号	代　号	意　义	发布机构
1	GB	中华人民共和国国家标准	国家标准化管理委员会
2	GJB	中华人民共和国国家军用标准	国防科技工业科学技术委员会 中国人民解放军总装备部
3	HB	航空工业标准	国防科技工业科学技术委员会
4	QJ	航天工业标准	国防科技工业科学技术委员会
5	CB	船舶工业标准	国防科技工业科学技术委员会
6	WJ	兵器工业标准	国防科技工业科学技术委员会
7	EJ	核工业标准	国防科技工业科学技术委员会
8	SJ	电子工业标准	中华人民共和国工业和信息化部
9	JB	机械工业标准	中华人民共和国工业和信息化部
10	YB	冶金工业标准	中华人民共和国工业和信息化部

10.2　磁粉检测常用标准

磁粉检测技术因其操作方便、缺陷显示直观、检测灵敏度高等优点而在各工业部门得到广泛的应用。和其他技术方法一样，磁粉检测技术在各工业领域的应用也是通过检测方法标准的制定与执行得到贯彻实施的。磁粉检测相关标准在数量上相对较少，且各标准化组织和工业部门制定的磁粉检测标准适用范围及技术内容等方面差异不大。以下仅将搜集到的国际标准化组织、美国材料与试验协会所制定的磁粉检测标准和我国国家标准、相关行业标准中的磁粉检测标准列出，以便于读者了解相关情况和查找相关标准。

1. 磁粉检测国际标准

国际标准化组织（ISO）制定的磁粉检测标准中，除了包括铸钢件、铁道轧材、无缝和焊制承压钢管等铁磁性材料及产品的磁粉检测方法标准外，还涉及与磁粉检测应用相关的设备与材料等方面的标准，如用于荧光磁粉检测的黑光源评价方法、磁粉检测材料及设备标准等。常用的磁粉检测国际标准如下：

1）ISO 3059：2002《Non-destructive testing - penetrant testing and magnetic particle testing - viewing conditions（无损检测　渗透检测和磁性粒子检测　检视条件）》。

2）ISO 5065-1：1986《Aircraft - Magnetic indicators—Part 1：Characteristics（航空器　磁粉检测指示器　第 1 部分：特性）》。

3）ISO 5065-2：1986《Aircraft - Magnetic indicators—Part 2：Tests（航空器　磁粉检测指示器　第 2 部分：检测）》。

4）ISO 4986：2020《Steel and iron castings-Magnetic particle testing（钢铁铸件　磁粉检测）》。

5）ISO 6933：1986《Railway rolling stock material-Magnetic particle acceptance testing（铁道轧材-磁粉验收试验）》。

6）ISO 9934-1：2016《Non-destructive testing-Magnetic particle testing-Part 1：General principles（无损检测　磁粉检测　第 1 部分：总则）》。

7）ISO 9934-2：2015《Non-destructive testing-Magnetic particle testing-Part 2：Detection media（无损检测　磁粉检测　第 2 部分：检测介质）》。

8）ISO 9934-3：2015《Non-destructive testing-Magnetic particle testing-Part 3：Equipment（无损检测　磁粉检测　第 3 部分：设备）》。

9）ISO 10893-5：2011《Non-destructive testing of steel tubes-Part 5：Magnetic particle inspection of seamless and welded ferromagnetic steel tubes for the detection of surface imperfections（钢管无损检测-第 5 部分：表面缺陷检测用无缝和焊接铁磁性钢管的磁粉探伤检测法）》。

10）ISO 17638：2016《Non-destructive testing of welds-Magnetic particle testing（焊接接头的无损检测　磁粉检测）》。

11）ISO 23278：2015《Non-destructive testing of welds-Magnetic particle testing-Acceptance levels（焊接接头的无损检测　磁粉检测　验收标准）》。

2. 我国磁粉检测标准

（1）国家标准

GB/T 5097—2020《无损检测　渗透检测和磁粉检测　观察条件》

GB/T 9444—2019《铸钢铸铁件　磁粉检测》

GB/T 10121—2008《钢材塔形发纹磁粉检验方法》

GB/T 12604.5—2008《无损检测　术语　磁粉检测》

GB/T 15822.1—2005《无损检测　磁粉检测　第 1 部分：总则》

GB/T 15822.2—2005《无损检测　磁粉检测　第 2 部分：检测介质》

GB/T 15822.3—2005《无损检测　磁粉检测　第 3 部分：设备》

（2）铁道行业标准

TB/T 1987—2003《机车车辆车轮对滚动轴承磁粉探伤方法》

TB/T 1619—2010《机车车辆车轴磁粉探伤》

TB 2044—1989《车辆车轮轴荧光磁粉探伤技术条件》

TB/T 2047.1—2011《铁路用无损检测材料技术条件　第 1 部分　磁粉检测用材料》

TB/T 2247—1991《机车牵引齿轮磁粉探伤验收条件》

TB/T 2248—1991《机车牵引齿轮磁粉探伤方法》

TB/T 2452.2—1993《整体薄壁球铁活塞无损探伤　球铁活塞磁粉探伤》

TB/T 2983—2000《铁道车轮磁粉检验》

（3）航空行业标准

HB/Z 72—1998《磁粉检验》

HB/Z 184—1990《钢铁零件磁粉检验缺陷显示图谱》

HB 5370—1987《磁粉探伤-橡胶铸型法》

（4）机械行业标准

JB/T 5391—2007《滚动轴承　铁路机车和车辆滚动轴承零件磁粉探伤规程》

JB/T 8290—2011《无损检测仪器　磁粉探伤机》

JB/T 8468—2014《锻钢件磁粉检测》

JB/T 9628—2017《汽轮机叶片　磁粉探伤方法》

JB/T 9630.1—1999《汽轮机铸钢件　磁粉探伤及质量分级方法》

JB/T 9736—2013《喷油嘴偶件、柱塞偶件、出油阀偶件　磁粉探伤方法》

JB/T 9744—2010《内燃机零、部件磁粉检测》

JB/T 10338—2002《滚动轴承零件磁粉探伤规程》

（5）能源行业标准

NB/T 47013.4—2015《承压设备无损检测　第 4 部分：磁粉检测》

10.3　NB/T 47013.4—2015 标准解析

NB/T 47013.4—2015 是国家能源局于 2015 修订的承压设备无损检测标准的第 4 部分——磁粉检测，用于替代 JB/T 4730.4—2005《承压设备无损检测　第 4 部分：磁粉检测》。与 JB/T 4730.4—2005 相比，其主要技术变化如下：

1）将原 JB/T 4730.1—2005 关于磁粉检测的术语与定义放在本部分。

2）增加了检测工艺规程的内容，规定了工艺规程的相关因素。

4.3.2 规定，工艺规程除满足 NB/T 47013.1—2015 的要求外，还应规定下列相关因素的具体范围或要求；当相关因素的一项或几项发生变化并超出规定时，应重新编制或修订工艺过程。

①被检测对象（形状、尺寸、材质等）。

②磁化方法。

③检测用仪器设备。

④磁化电流类型及其参数。

⑤表面状态。

⑥磁粉（类型、颜色、供应商）。

⑦磁粉施加方法。

⑧最低光照强度。

⑨非导电表面反差增强剂（使用时）。

⑩黑光辐照度（使用时）。

3）增加了标准试片使用、交叉磁轭法检测的相关内容。

4.7.1.2规定，磁粉检测时一般应选用A1：30/100型标准试片。当检测焊缝坡口等狭小部位，由于尺寸关系，A1型标准试片使用不便时，一般可选用C：15/50型标准试片。为了更准确地推断出被检工件表面的磁化状态，当用户需要或技术文件有规定时，可选用D型或M1型标准试片。

4.7.1.3规定，标准试片适用于连续磁化法，其使用要求如下：

① 标准试片表面有锈蚀、褶皱或磁特性发生改变时不得继续使用。

② 试片使用前，应用溶剂清洗防锈油，如果工件表面贴试片处凹凸不平，应打磨平，并除去油污。

③ 使用时，应将试片无人工缺陷的面朝外，并保持与被检工件有良好的接触。为使试片与被检面接触良好，可用透明胶带或其他合适的方法将其平整地粘贴在被检面上，并注意胶带不能覆盖试片上的人工缺陷。

④ 试片使用后，可用溶剂清洗并擦干，干燥后涂上防锈油，放回原装片袋保存。

⑤ 标准试片使用时，所采用的磁粉检测技术和工艺规程应与实际应用的一致。

4）增加了按经验公式确定磁化电流后，应经标准试片验证的相关规定。

5）根据GB/T 12604.5—2008，将偏置芯棒法改为偏心导体法。

6）调整了磁轭法检测的有效宽度和重叠范围。

4.10.5.1规定，磁极间距应控制在75~200mm之间，其有效宽度为两极连线两侧各1/4极距的范围内，磁化区域每次应有不少于10%的重叠。

4.10.5.2规定，采用磁轭法磁化工件时，其磁化规范应经标准试片验证。

7）调整了带非导电涂层磁粉检测的相关内容，放宽其检测的限制条件。

4.12.1规定，工件被检区表面及其相邻至少25mm范围内应干燥，并不得有油脂、污垢、铁锈、氧化皮、纤维屑、焊剂、焊接飞溅或其他粘附磁粉的物质；表面的不规则状态不得影响检测结果的正确性和完整性，否则应做适当的修理，修理后的被检工件表面粗糙度值$Ra \leqslant 25\mu m$。

被检工件表面有非磁性涂层时，如能够保证涂层厚度不超过0.05mm，并经检测单位（或机构）技术负责人同意和标准试片验证不影响磁痕显示后，可带涂层进行磁粉检测，并归档保存验证资料。

8）调整了线圈法磁化的有效磁化区域。

4.10.6.1规定，线圈法产生的磁场方向平行于线圈的轴线。其有效磁化区域：低充填因数线圈法为从线圈中心向两侧分别延伸至线圈端外侧各一个线圈半径范围内；中充填因数线圈法为从线圈中心向两侧分别延伸至线圈端外侧各100mm范围内；高充填因数线圈法或缠绕电缆法为从线圈中心向两侧分别延伸至线圈端外侧各200mm范围内。

4.10.6.2规定，超过上述区域时，应采用标准试片确定。

9）根据我国承压设备的安全技术规范和产品标准，结合ASME标准和ISO标准等国外标准，调整了焊接接头、受压机加工部件和材料的质量分级要求。

10）调整了记录显示的相关规定，增加了记录显示的方式。

6.3记录规定，可用下列一种或数种方式记录显示：文字描述、草图、照片、透明胶带、透明漆"凝结"被检表面的显示、可剥离的反差增强剂、录像、环氧树脂或化学磁粉混合物、磁带、电子扫描。

11）增加了磁粉检测安全方面的内容。

4.4 安全要求规定如下：

4.4.1　电流短路引起的电击或在所用相对较低电压下的大电流引起的灼伤。

4.4.2　使用荧光磁粉检测时，黑光灯激发的黑光对眼睛和皮肤产生的有害影响。

4.4.3　使用或去除多余磁粉时，尤其是干磁粉，其悬浮的颗粒物等被吸入或进入眼睛、耳朵导致的伤害。

4.4.4　使用不符合要求的有毒磁粉等材料引起的有害影响。

4.4.5　易燃易爆的场合使用通电法和触头法引发的火灾。

12）调整了在用承压设备磁粉检测的相关内容，提高了在用承压设备内壁磁粉检测的灵敏度要求。

对在用承压设备进行磁粉检测时，其内壁宜采用荧光磁粉检测法。对于制造时采用高强度钢以及对裂纹（包括冷裂纹、热裂纹、再热裂纹）敏感的材料，或长期工作在腐蚀介质环境下有可能产生应力腐蚀裂纹的承压设备，其内壁应采用荧光磁粉检测法进行检测。检测现场环境应符合 6.2.2 的要求。

参 考 文 献

［1］ 张瑜，李雪萍，付喆. 电磁场与电磁波基础 ［M］. 西安：西安电子科技大学出版社，2016.
［2］ 任吉林，林俊明. 电磁无损检测 ［M］. 北京：科学出版社，2008.
［3］ 严大卫，黄建明，刘连仲，等. 磁粉检测中常见缺陷的分析及磁痕图谱 ［Z］. 2007.
［4］ 夏纪真. 工业无损检测技术：磁粉检测 ［M］. 广州：中山大学出版社，2013.
［5］ 李以善. 无损检测员：磁粉检测 ［M］. 北京：机械工业出版社，2014.
［6］ 叶代平. 磁粉检测：Ⅰ、Ⅱ级适用 ［M］. 北京：机械工业出版社，2019.
［7］ 徐长英，高春法，翁康静. 钢球表面检测系统的研究 ［J］. 测控技术，2007，26（9）：84-87.
［8］ 高春法，黄昌光，宋凯，等. 磁记忆检测在压力容器检验中的应用 ［J］. 无损检测，2003，25（5）：247-268.